中国20世纪建筑遗产论纲

THE OUTLINE OF CHINA'S 20th-CENTURY ARCHITECTURAL HERITAGE

中国文物学会 20 世纪建筑遗产委员会
Chinese Society of Cultural Relics Committee
on 20th-Century Architectural Heritage

马国馨　金　磊◎主编
Ma Guoxin　Jin Lei Ed.

中国建筑工业出版社

《中国 20 世纪建筑遗产论纲》编委会

指导单位： 中国文物学会　中国建筑学会

主编单位： 北京市建筑设计研究院股份有限公司
清华大学建筑设计研究院有限公司
中国建筑设计研究院有限公司

名誉主编： 单霁翔　修　龙　马国馨　庄惟敏　徐全胜　李　琦

主　　编： 马国馨　金　磊

编　　委（姓氏笔画排序）：

马交国　王宇舟　王金岩　叶依谦　申作伟　冯　蕾　冯正功　永昕群
吕　成　朱铁麟　刘　艺　刘　淼　刘玉龙　刘兆丰　刘克成　刘伯英
刘晓钟　祁　斌　许世文　孙一民　李子萍　李兴钢　李秉奇　李海霞
杨　宇　杨　瑛　何智亚　汪晓茜　张　宇　张　一　张　兵　张　松
张　杰　张大力　张玉坤　张伶伶　张锡治　张鹏举　陈　雄　陈　纲
陈　雳　陈　薇　陈日飙　邵韦平　范　欣　周　恺　郑　勇　屈培青
孟璠磊　赵元超　胡　越　胡　燕　柳　肃　桂学文　钱　方　倪　阳
徐苏斌　殷力欣　殷天霁　高　静　郭卫兵　崔　彤　崔曙平　谌　谦
彭长歆　韩冬青　韩林飞　舒　平　舒　莺　路　红　褚冬竹　薄宏涛
戴　路

执行主编： 苗　淼　朱有恒　金维忻

执行编委： 李　沉　董晨曦　刘仕悦

图片提供： 除文章作者外，其余图片由中国文物学会 20 世纪建筑遗产委员会
万玉藻、李沉、朱有恒、金维忻、杨超英、刘锦标、陈鹤等提供

序一

我清晰记得，2014 年 4 月 29 日，在故宫博物院敬胜斋举行"中国文物学会 20 世纪建筑遗产委员会成立大会"的情景，当时我感慨地向媒体表示："今天建筑大师和文物专家们聚集在一起，共同研究 20 世纪建筑遗产保护问题，这一天时、地利、人和的现象，本身就体现出 20 世纪建筑遗产保护的本质意义，即文化传承。中国文物学会 20 世纪建筑遗产委员会的成立，使长期以来关注不够、极其珍贵的 20 世纪建筑遗产保护工作，从此有了专家工作团队。"2024 年，值中国文物学会 20 世纪建筑遗产委员会成立 10 周年之际，委员会秘书处推出了《中国 20 世纪建筑遗产论纲》一书，旨在向国内外业界展示中国 20 世纪建筑遗产在学术上的贡献及推动，特别值得肯定。

自 2014 年至今 10 年间，与 20 世纪建筑遗产相关的几件大事尤为难忘：在 2016 年 9 月 29 日，"致敬百年建筑经典：首届中国 20 世纪建筑遗产项目发布暨中国 20 世纪建筑思想学术研讨会"上，吴良镛院士感慨地表示，希望此项活动能与《北京宪章》相结合，成为中国建筑界向世界彰显中国 20 世纪建筑经典的舞台；2021 年 5 月 21 日，"深圳改革开放建筑遗产与文化城市建设研讨会"在被誉为深圳改革开放纪念碑的标志性建筑——深圳国贸大厦召开，马国馨院士在总结发言中从"对深圳改革开放 20 世纪建筑遗产的认知与更新传统的历史观"等五个方面对会议的意义与当代价值做出总结，使改革开放与 20 世纪建筑遗产的传承创新相互联系；2023 年 11 月 18 日，"光阴里的建筑——20 世纪建筑遗产保护利用"在江苏南京举行，尤其值得关注的是活动举办场地，南京市颐和路数字展示馆，是在中国第一座自主设计建造的生活用水处理中心——"南京市第一新住宅区生活用水处理中心旧址"基础上修建的，该场地不仅给我们留下全新的印象，更通过丰富的内容向行业和社会彰显了江苏 20 世纪建筑遗产的贡献与经验；2023 年 11 月 19 日，在中国安庆 20 世纪建筑遗产文化系列活动上，与陈独秀孙女陈长璞女士交流并造访陈独秀儿子陈延年、陈乔年烈士故居旧址等，让更多的人认知并感慨安庆这座城市是 20 世纪事件之城，是中国革命的先驱之城，更是充满 20 世纪遗产的现代文明之城；2024 年 4 月 27 日，"公众视野下的 20 世纪遗产——第九批中国 20 世纪建筑遗产项目推介暨现当代建筑遗产与城市更新研讨会"在天津市第二工人文化宫召开，同时在天津规划展览馆举行了"时代之镜·十载春秋——中国 20 世纪建筑遗产全纪录特展"，从学术及普惠的双重意义上，向社会展示了中国 20 世纪建筑遗产的历程。

2013 年，《中国建筑文化遗产》《建筑评论》"两刊"编辑部曾编撰出版了一部年度报告《中国建筑文化遗产年度报告（2002—2012）》，我曾在序中评介"它是一部旨在弘扬建筑文化遗产正确理念，提升规划设计，保护技术与优秀案例的著作；它是一部有价值、有深度、有文献性及学术意义的行业指导书"。我确信，新近由中国建筑工业出版社出版的《中国 20 世纪建筑遗产论纲》，立意更新颖，内容更扎实，不仅更契合当下城市更新与城市高品质发展的需要，同时也展示中国现当代建筑作品文化自信的设计实力与风貌，体现中国 20 世纪建筑遗产特有的魅力。特此为序。

中国文物学会会长
故宫博物院学术委员会主任
2024 年 4 月

序二

建筑是凝固的音乐，是历史的见证，是记录、传承、延续中华文明的重要载体之一，保护好、利用好建筑遗产对赓续城市历史文脉、弘扬中华文化、传承民族精神、坚定文化自信具有重要的历史意义。在城市建筑群中有历经沧桑的古建筑，也有优秀的现当代建筑，因此建筑遗产保护需要考量的标准，不仅要关注建成年代，更要关注建筑本身所承载的时代性、文化性、影响力和在地性。20 世纪以来，尤其是改革开放以后，中外建筑师设计了一大批优秀的建筑项目，虽然这些建筑的建成时间不过百年，但它们将传统文化与时代精神巧妙融合，成为这座城市发展进程中阶段性的历史文化载体，彰显着历史文脉传承和时代精神风貌。

习近平总书记一直高度重视城市历史文化保护传承工作，曾多次强调，城市规划和建设要高度重视历史文化保护，更多采用微改造这种'绣花'功夫，注重文明传承、文化延续，让城市留下记忆，让人们记住乡愁。在改造老城、开发新城过程中，要保护好城市历史文化遗存，延续城市文脉，使历史和当代相得益彰。❶ 现阶段，我国城市发展由大规模增量建设转为提质改造和增量结构调整并重，进入城市更新的重要时期。新时期的"城市更新"要求在保护延续城市文脉的同时实现建筑遗存的再利用，兼顾城市文脉保护和空间功能提升，让建筑遗存焕发新的生命、为城市发展注入新的活力。

中国建筑学会成立之初就设立了中国建筑研究委员会，以梁思成、刘敦桢为代表的建筑先贤们，为研究、抢救和弘扬中国的建筑遗产，筚路蓝缕，殚精竭虑，测绘于荒野，研究于陋室，为中国建筑遗产的保护研究作出了开拓性探索和杰出贡献。一直以来，中国建筑学会的学者们始终秉承着创始初心，赓续着先贤们的理想情怀，持续为中国建筑遗产发掘研究和保护活化事业的发展作着自身的努力和贡献。2014 年，中国建筑学会携手中国文物学会共同开启了保护中国 20 世纪建筑遗产的探索之路。自 2016 年，第一批"中国 20 世纪建筑遗产"推介项目在故宫博物院宝蕴楼问世，迄今已走过了近十载春秋，共同推介产生了九批共 900

❶ 来自人民网。

个"中国 20 世纪建筑遗产"项目，这不仅体现着两家学会携手奋进、跨界合作的丰硕成果，还持续填补着国家文物保护在 20 世纪建筑遗产类型上的空白，丰富着中国科学文化的理论体系，普及着大众的建筑文化审美，更给从事现当代建筑创作的建筑师们以新的启示：何为在传承的基础上实现创新。时至今日，中国 20 世纪建筑遗产推介活动得到业界和社会公众的广泛关注与认可，有效地推动了中国建筑文化与建筑评论的发展，尤其对树立中国建筑文化自信起到了示范作用，这也彰显了行业学会的使命责任和时代担当。

《中国 20 世纪建筑遗产论纲》凝结了中国建筑学会和中国文物学会携手开展 20 世纪建筑遗产保护研究的心血成果，本书的出版不仅是对过去学术探索与推介工作的总结回顾，更是对未来工作的指引展望。中国建筑学会和中国文物学会将继续深化跨界交流合作，充分发挥桥梁纽带的作用和专家智库的优势，胸怀"国之大者"、心系民之所望，持续探索 20 世纪与当代遗产的保护和活化利用的新技术、新路径和新模式，让珍贵的中国 20 世纪建筑遗产"保护活化"的经验与案例服务于城市建设和人民生活，为繁荣现当代中国建筑创作、推动城乡建设事业高质量发展贡献新的力量。

中国建筑学会理事长

2024 年 4 月

前言

　　当前我国已经进入了一个高水平开放、高质量发展的新时代，在新的时代背景下的 20 世纪建筑遗产的保护面临着如何深入和开拓的新课题。近现代遗产保护和活化利用的理论以及文化遗产学的研究，是一个多学科交叉的系统工程和综合工程。习近平总书记多次指出："历史文化遗产承载着中华民族的基因和血脉，不仅属于我们这一代人，也属于子孙万代。" ❶

一、20 世纪建筑遗产与城市历史文化

　　城市是在一定的地域范围内集聚了大量人口、建筑、财富、服务和基础设施的容器和载体，是体现人类文明进展、生活方式、交往活动，并与特定的自然地理环境结合在一起的巨大实体。一座城市既有视觉直接可见的雄伟和壮阔，同时又有经过细致体味才能感受到的精神和气质。正是透过空间的占有，加上时间的流变，而逐渐从城市和建筑中筛选出文物和遗产，最后形成文明的载体。近代建筑遗产就是在这样的背景条件下发生和成长起来的。我们的任务就是要通过历史的研究，打通过去和现在的时间界限，在回顾和展望的过程中考察古今之变，筹划未来之势。

　　从已推介的九批"中国 20 世纪建筑遗产"的回顾中可以看出，这些建筑遗产无不与所在城市的时代背景、历史文脉、规划布局、空间设置、景观风格密切相关，从而表现出其独特的历史文化特质。尤其是在我国城市化的热潮中，研究城市发展历史并从中找出一些可供借鉴的规律已经成为一门显学。其特色之一就是这门历史在具有学术性和理论性的同时，又兼具极强的现实性，与现实的城市动态发展联系在一起；它不单纯是一个规划学、设计学和建设学的问题，而是要和众多人文社会学科诸如社会学、经济学、人类学、生态学、考古

---

❶ 来自人民网，2022 年 1 月 27 日在山西晋中考察时的讲话。

学、宗教学、民族学、地理学等相结合，从这些学科的动态发展中研究城市结构、形态的发展、改造变化和去留。因此这种历史更接近社会发展史，又如同人们生活变迁史。正如雅各布斯所说："对于城市未来，最重要的指引应该是社会学，而不是城市规划学，更不是社会经济学。"而这种历史的研究主体和对象，也分别陆续由总体、群体、个体等不同的层次而构成一个完整的系统。因此，作为个案研究对象的 20 世纪建筑遗产的课题，自然也就应运而生，20 世纪建筑遗产保护和活化利用也自然要归于这个巨大的课题之中。一方面把 20 世纪建筑遗产的形成、发展与社会政治、经济发展结合起来，同时又要从艺术潮流和技术进展角度分析，从而提出研究的深度和广度要求。

就 20 世纪建筑发展的一些先行城市的遗产案例而言，清末一些城市洋务运动的开办和帝国主义国家租界的开设，以及民国时期帝国主义势力的再次入侵及民族工商业的缓慢发展都成为这一时期建筑遗产研究的重要背景，如上海成为以外国租界为主体的商埠城市；天津市先后开设的九国租界，中英法日租界逐渐形成天津城市的主体，尤其英租界前后经营 80 余年，占地最大，民国以后的建筑活动也多集中于租界区，又是北洋军阀的大本营，从而形成了形式多样、风格各异的混杂建筑特色。按其历史文化的重要性，先后有 58 座建筑被列入 20 世纪建筑遗产。又如北京的长安街和天安门广场，是 1949 年以来中华人民共和国建设成果的主要体现，而其建设历史过程及文化意义又与北京市历次总体规划的拟定和修改执行有密切关系，同时又是共和国政治、经济发展的重要历史事件的体现和见证，也先后有 132 座建筑被列入中国 20 世纪建筑遗产名录。

习近平总书记指出："城市是一个民族文化和情感记忆的载体，历史文化是城市魅力之关键。"❶ 城市就是这些遗产的容器和载体。所以城市建设史和建筑发展史二者间互相依存又互相促进，彼此有着千丝万缕的关联。在历史和现代之间，城市进程与单纯的个案之间，城市模式和建筑功能之间，新兴技术和建筑表现之间都直接影响着对建筑遗产历史文化价值的认识和发展。

---

❶ 来自人民网。2018 年 8 月 21~22 日，全国宣传思想工作会议。

二、20 世纪建筑遗产与城市历史记忆

对历史的重视，是文明社会的重要标志。而历史本身就是一个国家和民族的集体记忆，是基本的知识形态，也是人类的重要思维方式，是对已发生事物的理解和认知，是总结性的反思。

联合国教科文组织在 1992 年设立了一个世界记忆遗产项目，该项目是对世界范围内正在逐渐老化、损毁、消失的珍贵文献档案，通过国际合作并使用最佳技术手段来进行抢救性保护，从而使人类的历史记忆得以存续并更加完整。实际上记忆遗产可以分为文字类和非文字类遗产。

由于历史的认识过程是一个不断深入和积累的过程，通过追根溯源，集体记忆和个人记忆不断叠加，从而把众多碎片逐渐拼接成一个较为完整以及比较接近历史真相的结论。对于历史的记忆，有共同集体性也有因人而异的个性，这是一个无限渐进的过程，我们所遵循的"学史明理，学史增信，学史崇德，学史力行"中就包含了如何把这种记忆遗产通过传承和总结而变成人类社会共同财富，真正做到"以史为鉴"。

在 20 世纪建筑遗产的研究过程中，如何发掘、认识、整理、分析、考证这种历史记忆就成为遗产研究中的重要内容，因为只有这些历史记忆、人物和故事的充分导入，才更有助于理解遗产中所蕴含的文化基因和当代价值。虽然 20 世纪建筑遗产距今不过百多年的时间，是距离我们最为近迫的时代，但是历史记忆的缺失仍是十分突出的问题。

对 20 世纪建筑遗产的建设过程和文字性文献也可称为物质形式的记忆，包括文件、档案、志书、图纸、合同、契约，从审批到立项、设计、施工、运营的各种资料，仅这一部分就不是目前的城建档案资料馆的收藏所能全部涵盖和包括的。到目前为止，许多列入 20 世纪建筑遗产项目的基本资料如设计单位、施工单位、设计实践以至竣工时间都没有完全弄清。另外，如前所述，不同建筑类型在使用过程中的社会、经济、历史、文化事件的始末钩沉，也都没有系统地整理，涉及人文社会科学的内容也有待进一步发掘。对于建筑风格、建筑形式、建筑技术、建筑材料的分析和研究也多流于外观和一般叙述，更缺少对室内设计和风格的研究与分析。

建筑遗产物质性记忆的另一个重要内容是关于设计人以及由此引发的设计过程、设计修改等方面的文献和记录。在相当长一段时间内，人们的着力重点在建筑物本身而忽视了人的方面，即便注意到了也仅仅涉及设计公司（事务所）或主要建筑师，对于创作集体、配合专业、营造厂商等也多语焉不详，由此而产生许多记忆缺失和谬误。

对人物的物质形式的回忆首先是涉及本人的有关文献材料，如本人的回忆、自传、信札、日记、工作笔记、图像等内容。如相关人士回忆，张镈有专著《我的建筑创作道路》《回到故乡》，还有相关领导袁镜身、肖桐、何郝炬、沈勃、陈干等人的回忆。北京建筑大学李浩教授最近整理的早期主管北京城建工作的郑天翔同志在那一时期的工作日记，是十分珍贵的史料和

记忆。笔者也曾看过北京建工局技术领导胡世德撰写的《历史回顾》一书，根据作者工作日记的详尽记录，整理了北京市从建工局专家局、国庆工程、前三门统建、旅游饭店以及北京建工局科技处的发展和成果，记录中有时间、有地点、有人物，详尽可信。当下这种当事人的回忆资料也日渐增多，这一类第一手的记忆资料十分珍贵，需要我们进一步挖掘、研究，尤其是许多当事人手中的文字记录、日记、信件等都需要以披沙拣金的精神做深入细致的工作。

档案属于社会生活具有保存价值的原始记录，也是了解过去、论述现在、准备未来的珍贵文献。到2017年为止，我国就有13项档案入选了《世界记忆名录》。保护文档是保护人类历史记忆的重要组成部分。我们国家根据所有权形式，可分为国家所有、集体所有、个人所有等，分别有不同的收集和管理办法，根据《中华人民共和国档案法》规定，一般以25年为开放界限，经济、教育、文化、科技类档案可以少于25年，涉及国家安全或重大利益或不宜开放的档案可以多于25年。档案开放以后可以允许个人查询。李浩教授在查档过程中，就发现了过去从未见到的梁思成、林徽因、陈占祥三位先生署名的一份报告，对于了解当时的情况很有帮助。

图像史料也日益受到人们的重视，这是一个有待进一步开发研究的学术领域。通过富于史料文献性质的照片，同时再配以解读文字和历史故事，则可对遗产进行更为丰富多元的考证和阐发，也就是"图像证史"和"图文互见证史"。这种记忆更形象、更直接，表现内容也更为广泛，凝聚了特定时间和空间的图像记录已成为历史记忆中不可或缺的组成部分。许多看似普通的图片，20年后就成为历史，50年后就可能成为文献。仅就目前而言，对一幅照片的考证，包括拍摄时间、地点、其中人物的识辨都成为学术研究的重要成果。

当下研究者通过对当事人进行采访并在沟通过程中整理成口述史料，已成为历史记忆研究的重要方式。口述史料的价值就是可以作为前述各种物质形式记忆的文献和史料的重要补充，具有不可替代的特殊作用。它一方面具有自下而上的"个人性"特点，但对宏大的历史记忆来说，又有自己原始而质朴的独特之处，可以了解到正史中所看不到的生动细节和鲜活个人体验。口述史用人民自己的语言，把历史交还给了人民。同时在口述记忆和相关史料的基础上，将事件记述还原，撰写文集、传记、年谱等成果也相继产生，进一步完善了历史记忆的拼图。

然而这些物质性或非物质性的记忆，由于各种主客观条件的限制也常会发生失真变形、扭曲或伪造，都需要研究者去粗存精、去伪存真地鉴定和分析，必要时利用"二重证据法"或"多重证据法"加以考证研究，这样也便于体现城市历史记忆的准确价值。

三、20世纪建筑遗产与城市更新

在我国城镇化进入高质量发展的过程中，城市更新课题被提上日程，中央经济工作会议提出实施城市更新行动，打造宜居、韧性、智慧城市。这是城市建设进入新阶段的选择，也是践行人民城市理念的内在要求；是提升城市核心功能的重要支撑，也是推动经济持续回升的重要举措。事关全局和长远；也事关城市的发展，事关人民群众的切身利益。对于城市中历史街区的近代建筑遗产，同样面临着保护、传承和利用的机遇和挑战。

从城市的发展历程来看，城市更新实际一直在进行之中。而这次专门提出城市更新，实际是改变城市发展方式的必然选择。总结目前各地城市更新的许多做法，可看出这是提升城市空间效益和质量的过程，是传承城市历史文化的过程，是再造城市品质和城市功能的过程，是修复城市自然生态的过程，也是治理和修订城市所存在问题和短板的过程。它不是新一轮的"大拆大建"，而是涉及城市整体发展的系统工程，需要有全面、有效、稳定的考虑和举措，从物质功能、视觉感知、生态平衡、社会认同、精神心理诸方面予以充分满足，从而开创一个城市发展的新局面。而历史生态上的文化遗产保护传承和活化利用，自然而然也成为人们更加关注的问题。

联合国教科文组织曾在 2011 年发布《关于历史性城镇景观（HUL）的建议书》，强调保护和真实性结合，保护区域或对象作为城市的一部分，与城市同时保持动态和活力，强调将纯技术层面的活动与文化层面的需求结合起来。保护的理念也应该是各种领域知识集合之后的再创造，这种保护不单着眼于若干历史建筑，还要为城市的未来发展作出贡献。因此在保护传承和活化利用的过程中，也有着各种探索和试验，要避免更新模式的单一或雷同，既不能过度开发，也不能与世隔绝，不同情况采取不同的措施，避免一刀切，需要不断总结和探讨。

首先在法制和规范上要有针对 20 世纪建筑遗产的规定，通过政策支持明确保护利用的行为边界，对遗产保护的干预程度有所界定，保养、维修、复建、迁移、拆除等行为都要有明确细化的管理审批流程，保证高质量发展和可持续更新。

历史遗产建筑的保护和修缮，其出发点是执行"完整性、历史性、文献性和时代性"的原则，详细考证，创新保护技术，还原其原始面貌、原始工艺、原始材料、原始形制，以及室内外的全面整治，尤其是周围自然环境的整治，以达到完美的融合。如北京大学燕南园项目获 2023 年亚太文化遗产保护优秀奖。该项目占地 48 亩，建成于 20 世纪 20 年代，园内现存 17 栋建筑，曾入选北京市第一批历史建筑名单。在保护过程中，遵循最小干预原则，巧妙诠释建筑和景观的空间关系，最大限度保护了建筑风貌和生态完整性，同时又十分重视师生广泛参与的集体记忆与文化感悟。又如上海冯继忠先生 1986 年设计的名作何陋轩，是代表中国现代园林建筑的最高水准，寄托了作者用建筑语言来表达自己的人生感悟，经过三十多年后的本次大修，在两年内，尊重原有的特点甚至缺陷，没有做过多改动，把传统工艺与现代技术和绿色低碳理念相结合，注重史料的发掘和归档，于 2023 年竣工，被誉为里程碑式作品的"重生"。

同时注重整体空间形态的保护，注重鼓励活化利用，通过维持原有功能或注入全新功能，使他们焕发新生。北京的798园区此前已经积累了较多的经验，又如首钢工业园区的更新改造，是对工业遗产的保护和再利用，同时又对城市发展起到推动作用。自2010年首钢停产以后，在保护改造规划中确定了以体育、数字智能和文化创意为主导产业的目标，经过近十年的修复改造创新，保留了原有工业建筑的风貌特色和记忆，衍生出一个全新的园区，除了在北京冬奥会大放异彩外，其已成为北京重要的新地标。此外如北京五四运动的重要文化遗址赵家楼，更新改造后，在保留历史记忆的同时，作为赵家楼饭店经营。上海黄浦江畔的工业遗产永安栈房西楼，对内部空间合理规划，原有结构精心保护，使用功能提升，最后以世界技能博物馆的面貌出现。另外，20世纪70年代的上海徐家汇"万体馆"，还做了大量专业服务功能的提升，提供了多元化的体育服务。

最近国家文物局依托不同的文物和遗产资源，利用创新工作机制，将资源的有效保护、合理利用和推动社会经济高质量发展方面的特定区域作为保护利用示范区，也将进一步引导不同保护模式的升级。

由于各城市自然条件和发展历史的差异，城市空间既表现了对自然的适应，也是一种社会秩序的表达，是各种矛盾的冲突、调和、再生的过程，是人们智慧的体现。在保护和活化过程中，理念和手法也在不断创新和探索中。如上海美丰大楼的保护更新工程，在政府、专家和开发商、设计单位的共同参与下，把原有保留价值的三层沿街清水墙立面脱离原结构体，采用套筒式双层结构，在围合的空间范围内紧贴此立面建起了60米高的新高层建筑，被认为是"有机更新，新旧更生"的探索。另外，北京工人体育场作为国庆十周年北京"十大建筑"之一，2021年在城市更新理念下进行了拆除改造复建，以"传统外观，现代场馆"为指导，完成了"历史风貌留存保护，功能体验提质升级"。但这些做法如何更精准体现保护建筑遗产的历史性、文献性和艺术性，看来还有讨论的余地。

城市要发展要更新，遗产要保护要活化，文化基因要利用要传承。城市本身就是漫长历史进程的叠加和积存，是文化遗产和历史记忆的不断丰富。让城市实现高质量发展和转型，同时又让历史文化建筑遗产有尊严地走向未来，是我们肩负的迫切任务。

中国工程院院士
全国工程勘察设计大师
北京市建筑设计研究院股份有限公司顾问总建筑师
2024年4月

目录

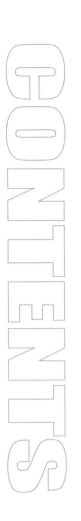

篇二　分　论　地域类别

附　录

篇 一

综 论
理论建构

金磊，北京市建筑设计研究院有限公司高级工程师（教授级），北京市人民政府专家顾问，现任中国文物学会20世纪建筑遗产委员会副会长、秘书长，中国建筑学会建筑评论学术委员会副理事长，中国灾害防御协会副秘书长。

苗淼，中国文物学会20世纪建筑遗产委员会常务副秘书长、办公室主任。主要从事中国20世纪建筑遗产的文化传播与活化利用研究。

金维忻，毕业于英国伦敦布鲁内尔大学，获得设计品牌与创新硕士，纽约帕森斯设计学院设计史与策展研究硕士。现为中国文物学会20世纪建筑遗产委员会策展总监、策展部主任。

20 世纪建筑遗产概论

金 磊 苗 淼 金维忻

　　1972 年召开的联合国教科文组织大会，通过了《世界遗产公约》，目的是保护那些承载历史的文化遗产与濒危的自然环境。本书旨在向中国与世界展示中华民族的现代文明——20 世纪建筑遗产，它们也许并非最负盛名，但它们代表了中国在 20 世纪伟大进程中的城市发展、建筑进步与艺术创作。

　　《遗失的城市》[（意）卡塔内奥，（意）特利福尼编著，接力出版社出版，2013 年 6 月第一版]（图 1），介绍了《世界遗产名录》中最重要的 100 处考古遗址，不仅为了寻找并传播那些叹为观止的生动图谱，也在告知人类保护遗产的价值。也许，遗产的价值及其保护国内外并未真正引起重视，2024 年 5 月 2 日深夜，从河南大学传来噩耗：第六批全国重点文物保护单位，也被推介为中国 20 世纪建筑遗产项目，1934 年建成的河南大学大礼堂，全称河南大学河南留学欧美预备学校旧址大礼堂，在 5 月 2 日晚的大火中轰然倒塌。火灾后，国务院安全生产委员会成立了挂牌督导组，省市领导非常重视，也有人建议拆了再建，但河南大学人的精神气质与图腾的象征已经化为乌有，还可以用什么载体见证河南近代高等教育的历史沧桑呢？不少河南大学学子表示，它与南京中央大学的大礼堂、清华大学的大礼堂相比，各有各的特色，其影响力是不可取代的。早在 2019 年，国家文物局、应急管理部联合发文《关于进一步加强文物消防安全工作的指导意见》，特别明确"……施工现场易燃可燃物品要安全存放，现场废料、垃圾等可燃物品要及时清理等。"2021 年，应急管理部、国家文物局发布《关于印发文物建筑和博物馆火灾风险防范指南及检查指引（试行）的通知》；2024 年 5 月 12 日，在河南大学火灾十天后，国家文物局、国家消防救援局联合发文《关于进一步加强文物消防安全隐患排查整治工作的通知》；2024 年 5 月 15 日，国家文物局"文物保护利用和文化遗产保护传承推进座谈会"在山西运城召开，会议强调"在低级别文物保护、文物安全责任落实、强化文物督察和执法检查、排查整治安全隐患、筑牢文物安全底线"等方面要做好工作。

据记载，2018 年英国格拉斯哥艺术学院发生火灾，起火的是上百年历史的麦金托什大楼；2019 年举世闻名的巴黎圣母院因电线短路发生火灾，导致最具代表性的尖顶坍塌；2019 年 7 月，拥有百年历史的武汉江汉饭店发生火灾，木质屋顶全部烧毁……这不仅给历史建筑，更给 20 世纪建筑遗产的安全保护敲响了警钟。对遗产建筑的任何失当，都不应是容忍此次火灾的理由。

图 1 《遗失的城市》

2002 年，罗哲文、杨永生主编的《失去的建筑》（中国建筑工业出版社）出版，古建专家罗哲文在前言中说："历史的车轮总是一样的无情，不经碾碎如棱的岁月，也碾碎了许许多多'石头的史书'……被称为'万园之园'的圆明园，在帝国主义的纵火抢劫下，顷刻间变成了废墟遗址……此外还有自然力量的破坏，使历史上的杰作巨构被毁灭……"如果说战争与不可抗力的自然灾害是摧毁建筑遗产的元凶，那么人为失当及建设性破坏的拆除更是令人痛心且必须加以遏制的。在罗哲文、杨永生《失去的建筑》（图 2）中共收编照片277 幅，涉及项目 170 个，拆除的多为古建筑，但仔细分析涉及近现代建筑的也有 32 项，它们何以被拆，何以会失去，确成为 20 世纪遗产传承发展的迫切主题。在被推介为中国 20 世纪建筑遗产项目的某市工人俱乐部（1955 年建设），由于改造建设，已经面目全非，不仅缺乏城市公共建筑的审美，更失去了城市的记忆。它解读出一个问题，该如何有文脉且有尊严地开展城市更新行动，对于新中国建筑是不是应特别珍惜保护。

图 2 《失去的建筑》

一、瞩目国际传承中国 20 世纪建筑遗产

全世界真正关注 20 世纪遗产是新千年以后的事。但它以 20 世纪世界建筑的三大文献即《雅典宪章》（1933）、《马丘比丘宪章》（1977）、《北京宪章》（1999）为标志，尤其两院院士吴良镛代表国际建筑师协会，在 1999 年 6 月 23 日北京第 20 届世界建筑师大会

图 3 《北京宪章》

上解读的《北京宪章》(图 3)，更成为全球在 21 世纪研究 20 世纪经典主义思想的理论纲要，时隔 20 多年已成为"遗产"文献的《北京宪章》颇具意义。

《雅典宪章》针对城市的历史文化遗产指出："有历史价值的古建筑应保留，无论是单体还是城市片区；代表某种历史文化并引起普遍兴趣的建筑应当保留；历史建筑的保留不应妨碍居民享受健康生活条件的要求；避免干道穿行古建筑区，甚至采取大动作转移某些中心区；借美学名义在历史性地区建造旧形制的建筑，这种做法有百害而无一利，应制止。"《雅典宪章》在分析了清除历史性纪念建筑周边的贫民窟，也提出将其改建为绿地，会破坏古老氛围，但也说明，以绿地取代旧建筑，对环境大有裨益。

《马丘比丘宪章》强调："只有当一个建筑设计能与人民的习惯、风格自然地融合在一起的时候，这个建筑才能对文化产生重大影响。要做到这样的融合必须摆脱一切老框框，诸如威特鲁威柱式、巴黎美院传统以及勒·柯布西耶的五条设计原理。"《马丘比丘宪章》也分析了文物和历史遗产的保存和保护问题，指出"城市的个性和特性取决于城市的体型结构和社会特征，因此不仅要保存和维护好城市的历史遗址和古迹，而且还要继承一般的文化传统。一切有价值的说明社会和民族特性的文物必须保护起来。"保护、恢复和重新使用现有历史遗址和古建筑必须同城市建设过程结合起来，以保证这些文物具有经济意义并继续具有生命力。在考虑再生和更新历史地区的过程中，特别应把优秀设计的当代建筑物包括在内。可见，这是国际建筑宪章最早对 20 世纪遗产的瞩目。

《北京宪章》强调："20 世纪既是伟大而进步的时代，又是患难与迷茫的时代。20 世纪以其独特的方式载入了建筑的史册：大规模的工业技术和艺术创新造就了丰富的建筑设计作品；建筑师医治战争创伤，造福大众……当今的建筑环境仍不尽如人意，'建设性破坏'始料未及……新材料、新结构和新设备的应用，创造了 20 世纪特有的建筑形式……技术的建设力和破坏力同时存在，如何才能趋其利而避其害？文化是历史的积淀，它存留于建筑间，融汇在生活里，建筑学的广阔而纵深的拓展赋予 20 世纪建筑师前所未有的用武之地，对世界建筑师来说，在东方古都北京提出建筑学发展的整合意义深远……"

　　值得关注，于 1965 年在波兰华沙成立的国际古迹遗址理事会（ICOMOS），是联合国世界遗产委员会的专业咨询机构，由世界各国文化遗产专业人士组成，在审定世界各国提名的世界文化遗产申报名单上起主要作用。每年 4 月 18 日的"国际古迹遗址日"，提出的主题都代表着其对当下遗产保护重点的关注，仿佛是行进在变革的理性"宫殿"。1983 年 11 月，联合国教科文组织大会号召各国要推进"国际古迹遗址日"活动，1993 年中国古迹遗址保护协会成立，2002 年曾以"20 世纪遗产保护"为主题，2024 年主题"《威尼斯宪章》60 周年与时代挑战"。于 1964 年发布的《威尼斯宪章》，在当下风云变幻的时代背景下，仍对世界文化遗产面临的各种威胁提供思想之源。国际社会当下 ICOMOS 正在围绕纪念主题，并按照 2023 年第 21 届全球会议上通过的 2024—2027 三年行动计划，关注"灾害与冲突下的文化遗产：预防、应对与复原"。ICOMOS 下的 20 世纪科学委员会，2011 年 6 月，在马德里召开"20 世纪建筑遗产处理办法的国际会议"，发布了《20 世纪建筑遗产保护办法的马德里文件（2011）》，2017 年又完成了该文件修订，并公布其替代文件《20 世纪文化遗产保护办法马德里—新德里文件 2017》等。

　　在新德里举行的第 19 届 ICOMOS 大会上，批准并促进"ICOMOS 国家和国际科学委员会使用和分发 2017 年保护 20 世纪遗产的方法，以此作为 20 世纪遗产地和地方的基本国际文件"。2004 年，马国馨院士以中国建筑学会建筑师分会理事长名义，向国际建协提交了《中国 20 世纪建筑遗产项目名单》，这无疑是国内第一次以 20 世纪遗产名义告知世界建筑界的行动；2005 年，ICOMOS 报告《世界遗产名录：填补空白》强调现代遗产在《世界遗产名录》中的缺失，因为在"名录"的 700 多个项目中，现代遗产仅有十几项；2008 年中国通过《20 世纪遗产保护无锡建议》，国家文物局发文《关于加强 20 世纪遗产保护工作的通知》；2012 年，中国 20 世纪建筑遗产保护论坛在天津召开；2012 年，美国盖蒂保护研究所发布"保护现代建筑倡议"；2014 年，中国文物学会 20 世纪建筑遗产委员会成立，据此自 2014—2024 年举办了为期十年的专项推介、研究、普惠、传播的城市更新与活化工作，20 世纪遗产正式成为公众视野下的新类型。

马国馨院士对 20 世纪遗产是这样描述的："20 世纪是一个复杂变革的时代，这一时期发生的许多重大事件和社会变革，在建筑上留下了历史的痕迹与记忆。20 世纪遗产是具有多元、多重价值的复合遗产，具有政治、经济、历史、文化、科技、美学、生态等多方面价值属性。"要注意到通过研究国外 20 世纪遗产项目，也发现世界文化遗产在保护上的新趋势，不仅有修订版《实施世界遗产公约的操作指南》（2004 版）的调整，反映出世界遗产委员会对于遗产保护的策略及重点，还感悟到除相关知识与信息要补充完善外，普遍价值及评价标准、全球策划及特殊类型都应关注。联想到 2017 年 7 月 8 日，世界遗产大会将厄立特里亚国家首都 20 世纪的阿斯马拉城市，列入

图 4　中国 20 世纪建筑遗产考察团

世界文化遗产名录。它完整地保存了自 1893 年至 1941 年各种风格建筑，联合国教科文组织将该市描述为"非洲 20 世纪初期现代都市风格城市的典范"，在这个"非洲最现代化的城市"世界遗产中，它们对历史界线内的建筑物实施非常严格的保护措施，但其目的不是将城市像博物馆那样原封不动地保存起来，而是使其能可持续发展，保证城市的繁荣建设并不以牺牲其独特的风貌为代价等。同时，20 世纪以来，世界文化遗产在经历持续性动态发展进程后，新的遗产内涵与类型愈来愈受关注，2011 年联合国教科文组织通过《关于历史性城镇景观的建议》，它意在将城镇理解为具有文化和自然价值特性的历史积淀，提出以建成遗产与人类营造、城镇规划文化内涵为核心的保护理念及方法，所以基于城市的 20 世纪规划遗产尤应充分关注并投入研究（图 4~ 图 6）。

　　仅从科技文化的大事件看，全球的 20 世纪历史正丰富着中外 20 世纪建筑遗产的发展：如果说 19 世纪末属冲刺阶段，旨在它的科技

图 5　中国 20 世纪建筑遗产考察团在悉尼考察

图6 2024年4月27日，"时代之镜·十载春秋——中国20世纪建筑遗产全纪录特展"在天津市规划展览馆开幕

图7 《弗莱彻建筑史》第20版

文化进步为 20 世纪的新百年奠定了基础，电话、电报、电影、X 射线、留声机、合成纤维、蒸汽涡轮发动机等上千种发明都是 19 世纪的产物，但 1900 年继 19 世纪伦敦地铁后，纽约和巴黎通了地铁，洛杉矶地震警示人类关注抗震技术；1910 年后，第一次世界大战扼杀了 20 世纪初人类萌发的希望，德国包豪斯设计学校的创立，中国新文化五四运动等，带来了新百年的创新设计希望；1920 年，世界希望恢复战前状况，不仅霍华德·卡特打开了图坦卡门的陵墓，惊扰了安息数千年的埃及法老，伴随着新技术，中国建筑师自己的事务所也在创生；1930 年，面对美国纽约帝国大厦、洛克菲勒等项目的建成，中国不仅有了上海建筑师学会，还产生了以朱启钤为代表的中国营造学社；1940 年，是见证人类历史上最具毁灭性的时代，于是从无数遗址中形成了一种新的"文化纪念建筑"，重要的是在未来的冲突下保护它们的安全，还需要免遭经常与意外的破坏，其要旨是促进从炸弹到推土机在内的毁灭技术与文化治理的整合；1950 年，巨变到处发生，北京建设了国庆"十大工程"，其经典性进入了世界级建筑巨著《弗莱彻建筑史》（图 7）中；1960 年，中外多名年龄相仿的建筑思想大师辞世：朱启钤（1872—1964 年）（图 8）、勒·科布西耶（1807—1965 年）、刘敦桢（1887—1968 年）、格罗皮乌斯（1883—1969 年）、密斯·凡·德·罗（1886—1969 年）等，但

中国诞生了首批全国重点文物保护单位 180 项；1970 年，国际上联合国教科文组织通过《世界遗产公约》（1972 年），中国实施改革开放，城市建筑有了设计变革；1982 年 2 月，国务院批转了《国家建委等部门关于保护我国历史文化名城的请示》，公布了首批 24 个国家历史文化名城，同年 11 月，全国人大常委会通过了《中华人民共和国文物保护法》，已经开始有 20 世纪遗产内涵的历史建筑等被推及；1990 年，世界上不断有新发明，但人类跌跌撞撞走完这十年，中国不仅成功举办第十一届亚运会，北京还于 1999 年成功举办第 20 届世界建筑师大会，并通过了联接国际的 21 世纪的《北京宪章》。

图 8 《朱启钤与北京》

二、《中国 20 世纪建筑遗产认定标准》依据与内容

建筑遗产的保护重在对其价值的认定，任何缺乏科学理性的认定，不仅遗产保护中的遗憾会经常发生，也难以科学传承并发展建筑遗产。自 1982 年《中华人民共和国文物保护法》颁布及历经修改，对全国各级文物保护单位明显的破坏事件渐渐遏制，但对量大面广尚未有身份的 20 世纪建筑遗产保护现状堪忧，正如单霁翔会长所说："正是因为 20 世纪建筑遗产太年轻，所以对其呵护缺乏重视。"自 2014 年中国文物学会 20 世纪建筑遗产委员会组建以来，无论是出发点还是为城市更新的保护效果出发，传承与利用都更为关注认定其价值。作为一个启示：2021 年，普利兹克奖授予两名呼吁"拒绝拆毁"的法国建筑师安妮·拉卡顿和让-菲利普·瓦萨尔。他们的设计除大量采用经济型和生态化建筑材料外，还一直恪守自己的誓言"但凡能挽救的（建筑），都绝不能拆毁，目的是让现存的事物能更加延续持久"，他们的信念是"拆除重建是偷懒的方式，这种行为不仅浪费了自然资源、建筑材料与文化建筑，甚至会引发负面的社会影响，对我们来说这是一种暴力行为。"两位现代设计大师的理念与正推进中的国内外 20 世纪遗产保护多么一致。值得回顾，2017 年 3 月 24 日，联合国安全理事会一致通过有关文化遗产的第 2347 号决议，它预示着保护文化遗产的想法自诞生到成熟已经一个半世纪。1874 年 7 月 27 日，15 个欧洲国家在布鲁塞尔开会，审查《战争法规和

惯例》的国际草案，后发布《布鲁塞尔宣言》，其第八条规定"在战时，对……历史遗迹、艺术和科学作品任何形式的夺取、毁坏或故意破坏，均应受到主管当局的法律追究。"1899 年，各国在荷兰举行国际和平会议，并通过了《陆战法规和惯例公约》，即《海牙公约》。1954 年，埃及决定兴建阿斯旺水坝，该工程计划将尼罗河谷和众多历史逾三千年的努比亚遗迹沉入水下。于是在埃及与苏丹的要求下，联合国教科文组织发起"努比亚运动"，旨在发起最大规模的保护遗址的国际行动，它从 1960 年一直到 1980 年，无疑成为《世界遗产公约》的起点"事件"，并确定了《世界濒危遗产名录》。基于此，联合国前南斯拉夫问题国际法庭在 2004 年判处前南斯拉夫海军军官奥德拉格·约基奇七年监禁，这是历史上首次对蓄意破坏文化遗产的行为定罪，因为在 1991 年 10 月初至 12 月末，约基奇指挥部下向建于 1537 年的克罗地亚文艺复兴的杜布罗夫尼克古城发射数百枚炮弹，致使古城同年列入《世界濒危遗产名录》。1954 年的《海牙条约》，至今已经 70 年，其"文化遗产与和平"会议在总结数十年冲突期间保护文化遗产成就的同时，也成为值得世界瞩目的"所有文化遗产保护公约之母"的重要 20 世纪遗产文献（图 9）。

图 9　《20 世纪遗产保护》

《中国 20 世纪建筑遗产认定标准（试行稿）》[以下简称"认定标准"，2014 年 8 月（试行），2021 年 8 月（修订）] 是在联合国教科文组织《实施保护世界文化与自然遗产公约的操作指南》、国家文物局《关于加强 20 世纪建筑遗产保护工作的通知》、国际古迹遗址理事会 20 世纪遗产科学委员会《20 世纪建筑遗产保护办法的马德里文件（2011）》和《中华人民共和国文物保护法》等法规及文献基础上完成的。认定标准由中国文物学会 20 世纪建筑遗产委员会（简称 CSCR-C20C）编制完成，最终解释权归 CSCR-C20C 秘书处。标准申明，凡符合下列条件之一者即具备推介"中国 20 世纪建筑遗产项目"的资格。其主要内容集中在九方面：

（1）在近现代中国城市建设史上有重要地位，是重大历史事件的见证，是体现中国城市精神的代表性作品。

（2）能反映近现代中国历史且与重要事件相对应的建筑遗迹、红色经典、纪念建筑等，是城市空间历史性文化景观的记忆载体。同时，也要重视改革开放时期的历史见证作品，以体现建筑遗产的当代性。

（3）反映城市历史文脉，具有时代特征、地域文化综合价值的创新型设计作品，也包括"城市更新行动"中优秀的有机更新项目。

（4）对城市规划与景观设计诸方面产生过重大影响，是技术进步与设计精湛的代表作，具有建筑类型、建筑样式、建筑材料、建筑环境、建筑人文乃至施工工艺等方面的特色及研究价值的建筑物或构筑物。

（5）在中国产业发展史上有重要地位的作坊、商铺、厂房、港口及仓库等，尤其应关注新型工业遗产的类型。

（6）中国著名建筑师的代表性作品、国外著名建筑师在华的代表性作品，包括 20 世纪建筑设计思想与方法在中国的创作实践的杰作，或有异国建筑风格特点的优秀项目。

（7）体现"人民的建筑"设计理念的优秀住宅和居住区设计，完整的建筑群，尤其应保护新中国经典居住区的建筑作品。

（8）为体现 20 世纪建筑遗产概念的广泛性，认定项目不仅包括单体建筑，也包括公共空间规划、综合体及各类园区，20 世纪建筑遗产认定除了建筑外部与内部装饰外，还包括与建筑同时产生并共同支撑创作文化内涵的有时代特色的室内陈设、家具设计等。

（9）为鼓励建筑创作，凡获得国家级设计与科研优秀奖，并具备上述条款中至少一项的作品。

从国际上看，2017 年 12 月于新德里举行的 ICOMOS 大会，通过的《20 世纪文化遗产保护方法》（第三版），吸收了 2014—2017 年不同的意见与建议。其价值正如主席谢里登·博克所言："《20世纪文化遗产保护办法》（第三版）要作为保护与管理 20 世纪遗产及其场所的国际指南和标准准则加以运用。"其重要内容应关注：

其一，20 世纪遗产重要价值尚未受到关注。如谢里登主席所言："虽然某些地区对 20 世纪中叶现代主义的鉴赏多了起来，但 20 世纪特有的建筑、结构、文化景观与工业遗址因整体上缺乏了解和认知仍遭受威胁。"因为，20 世纪遗产还活着、演化着，理解、保护、诠释和妥善管理对子孙后代很重要。在其文化重要性上还有八个要素应予以关注：①其存在于有形特征（物理位置、色彩设计与画作等），其意义存在于历史的、社会的、精神层面中；②其关联的方式或相连的场所（人、环境、遗产地）；③其与室内、装饰、家具等艺术品、收藏品的关联；④尊重构造上的创新与新技术及新材料；⑤环境对遗产场所或遗产地的贡献；⑥认识并管理不同时期的规划概念与基础设施；⑦积极制定实施 20 世纪遗产名录；⑧要识别和评估不同的遗产场所和个案。

其二，尊重 20 世纪遗产地及其场所的真实性及完整性。①重要的要素必须被修复或者复原，而不是重建（新老材料要区分）；②尊重变化层积的价值和岁月的痕迹。产生文化重要性的内容、装置、设备、设施、机械、器材、艺术作品、种植或景观要素，都应尽可能原址保护。

其三，20 世纪遗产需考虑环境的可持续性。①针对 20 世纪遗产更加需要考虑节能的需要，遗产建筑物和场所应尽可能高效发挥功能；②要鼓励 20 世纪遗产开发应用可持续材料、系统与实践技术等。

其四，传播 20 世纪遗产需与社区文化建设共同推进。①展示是保护过程中不可缺失的部分；②诠释是提升 20 世纪遗产认知的工具；③学科教育及专业培训要加入 20 世纪遗产保护原则等。

三、中国 20 世纪建筑遗产"十年"耕耘的传承创新

2024 年 4 月 27 日下午，"时代之镜·十载春秋——中国 20 世纪建筑遗产全纪录特展"开幕，彰显了意义、价值及学术影响力。笔者在主持语中解读了如下内涵：自 2016 年至今的九批推介项目中，只有今年的推介盛况才有展览"同框"，它呈现了展览的三个特色，一是用九批 900 个项目组成了一幅中国 20 世纪建筑遗产项目"全景图"画卷，彰显了丰富的内涵，如它将此展与 1988 年前由中国营造学社在上海举办的中国建筑展览会相联结，富含历史性与在地性；二是用"时代之镜·十载春秋"的语境，将中国 20 世纪建筑遗产的事件记忆与典型活动，汇集成让公众对 20 世纪遗产与活化利用"可近可感可知"的长轴"印迹"；三是以天津已被推介的第一至第九批 58 个中国 20 世纪建筑遗产项目的"地图"，以及从来自全国精选的部分城市更新优秀案例给观者以启示。

这个展览的价值定位与意义在于，它以"保护传承 向新而行"的理念，通过展览缘由、内涵、表现手法以及版式设计等方面，将"时代之镜·十载春秋"的框架贯穿其中，呈现了有脉络的逻辑与普

图 10　重走梁思成古建之路
四川行考察（2006 年 3 月）

惠的解读形式，展现出了思辨性、想象力和留存文献价值的特点。展览以百年现代建筑的名义，尤其是新中国建筑成就，诠释了中华民族的现代文明。观众可以感受到 20 世纪建筑遗产并非遥不可及，它们就在我们身边，是一种珍贵的"珍宝"。这些建筑需要呵护与创新，它们将在城市文旅发展中发挥积极作用。我们有责任用各种方式讲述这些具有历史情怀的建筑学"叙事"。中国需要以 20 世纪建筑遗产塑造学术天地，更需要靠这些遗产的活化来造福有文脉、有追求的城市更新公众生活。这个展览正是为了引导观众认识和理解这些珍贵的遗产，激发对其保护和活化利用的关注与行动。

　　20 世纪建筑遗产是集"文史哲科艺美"于一身的，对其做一场全面的文化释读是有难度的，因为这里既有一代代建筑巨擘的创作思考，也有用不同风格建筑塑造的学术样本，在中国文物学会、中国建筑学会合作十年的重大纪念活动中，总结学科交叉经验，定会绽放更亮的光彩。我们对"亮点"归纳，围绕推介 20 世纪遗产不是目的，贵在开展真保护（图 10、图 11）。当"遗产"与"20 世纪建筑"成为一个组合词后，自然会派生出更多新问题。2016 年 9 月 27 日，在故宫宝蕴楼广场前，举办的"第一批中国 20 世纪建筑遗产项目推介与研讨会"上，两院院士吴良镛就表示推介与授牌不应是目的，重点在要做好保护传承的大文章。2024 年 4 月 27 日，天津会议丰富的内涵及形式与信息量，向参会的数百位来自全国的建筑文博及社会

图 11　2006 年重走梁思成古
建之路——四川行活动举行

人士乃至中学生们，传达了中国 20 世纪遗产要保持并利用的精神。
仅从五个方面略作整理：

其一，马国馨院士的致辞，真挚地表达了他对建筑同事们的怀念与敬意。中国工程院院士马国馨早在 2004 年就代表中国建筑学会建筑师分会，向国际建筑师协会递交了一份《中国 20 世纪建筑遗产项目清单》，内有项目 21 个。致辞中，他饱含对历史、对建筑文化、对建筑遗产之敬畏，将全国各地十年来仙逝的建筑文博大家与学人娓娓道来，其情怀与话语令人感怀。他反复强调，面对 900 个中国 20 世纪建筑遗产项目，尤其不可忘记为它作出贡献的各位支持者及建设贡献者，马院士尤其盘点了他们的名字。在遗产界有，谢辰生、罗哲文、陈志华、叶廷芳、刘宗汉等；在建筑设计界，天津有彭一刚、聂兰生、荆其敏、韩学浲，北京有周治良、张德沛、吴观张、刘开济、付义通、胡庆昌、熊明、赵景昭、周庆琳、赵冠谦、李道增、关肇邺、郭黛姮、秦佑国、张守仪，上海有李德华、罗小未等，南京有钟训正、沈国尧，广东有蔡德道，中南有向欣然、袁培煌，西南有郑国英、黎佗芬，国外有贝聿铭、矶崎新，还有德国建筑师冯·格康……这是 20 世纪遗产留下的物质遗产外，更为珍贵的创作精神遗产，坚

守并传承它们的设计理念，中国建筑界才后继
有人（图 12）。

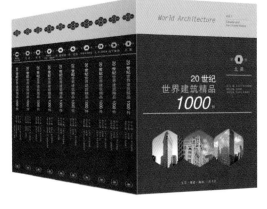

其二，发布了《中国 20 世纪建筑遗产年度
报告（2014 — 2024）》蓝皮书。从服务公众
视野出发，发布嘉宾刘景梁大师、路红教授都
坚持了"有思想的学术背景且体现有深度的通
俗的"表达方式，从而深入浅出地揭示了"蓝
皮书"的要点：十年耕耘已经在推介成果基础
上，正呈现学术"风景"与气象，它使遗产类
型不断拓展；在国际视野上，紧跟世界遗产潮流；在鼓励有文脉的

图 12　《20 世纪世界建筑精
品 1000 件》（十卷本）

创作上，融入既传统又现代的科技文化观；在交叉科学上，开创建筑
文博两大学会的联合行动；在见物见人上，持续挖掘建筑巨匠以及背
后的故事。"蓝皮书"在面向未来的发展架构上，努力创立学科体系、
研究设计体系、适合不同人群（设计师与高校教育）的语境体系等，
努力成为国家及城市"遗产强国"及城市更新建设的专业"智库"，
亟待在标准化、体系化、法治化等方面再扎实努力。

其三，解读了《公众视野下的中国 20 世纪建筑遗产·天津倡议》
（简称《天津倡议》）。自 2012 年 7 月在天津召开首届中国 20 世纪
建筑遗产保护与利用研讨会，至 2023 年 11 月 14 日"中国安庆——
20 世纪建筑遗产文化研讨会"的九次全国大型研讨交流活动，共发
布了服务各城市的宣言及倡议九份。它们是面对城市建筑遗产保护与
发展的专家智库"文本"，也成为检视不同城市现代化进程中文化自
觉的"标尺"。也许，倡议的内容还远远未实现，也许有的城市至今
还在徘徊上演破坏与建设毁誉共生的文脉"悲剧"，有自然的、更不
乏人为失当的灾难。可一次次的倡议都体现了中国建筑师与文博专家
的担当与情怀，让业界与公众坚信中国 20 世纪与当代建筑传承发展
事业，"路虽远，行则将至；事虽难，做则必成。"六位全国及省级设
计大师及总建筑师分别解读了这第十份《天津倡议》，其要点是：

（1）应结合第四次全国文物普查的机会，开展对中国 20 世纪建
筑遗产调查，要真正摸清可保护的家底；

（2）应着手立项编制国家或省市《城市建筑遗产保护法》或
条例；

图 13　《20 世纪建筑遗产导读》

图 14　建筑文化考察组在云南大学合影

（3）应在建筑文博界内提升对 20 世纪遗产理论及方法的研究与共识；

（4）应借活跃 20 世纪遗产利用发展的势头，探索 20 世纪遗产为城市更新、为遗产旅游的创造性转化与创新性发展之路；

（5）应探索新质生产力服务 20 世纪遗产的思路与对策；

（6）应在公众中普惠对中国 20 世纪建筑巨匠设计精神与技艺的研究等。

其四，赠书仪式既庄重，又意味深长。本次会议有多本图书参加了赠书仪式，如《新中国天津建筑记忆——天津市第二工人文化宫》《20 世纪建筑遗产导读》（图 13）等。在受赠者团队中，感人的当属天津市双菱中学代表及天津海河设计集团劳模设计师代表。文化遗产与中学生的距离有多近，接受赠书的学生代表心中自有答案，中国 20 世纪建筑遗产深沉的智慧正迎接青春飞扬的学子，他们在感悟 20 世纪遗产新知时，不仅触碰到就在身边的新中国建筑历史之"门"，还播下了文化传播的希望种子。五一劳动节前夕，在 70 年前由天津市建筑设计研究院虞福京设计的已获第六批中国 20 世纪建筑遗产的

二宫剧场举办推介活动，来自天津海河设计集团七个设计单位的十名劳模代表很兴奋。他们共同在天津二宫的场域中绽放光彩，相信他们更会在品读天津二宫图书的记忆中，感受这劳动殿堂的精神底色与价值魅力。

其五，启动了面向全国"遗产百年 致敬经典——首届中国 20 世纪建筑遗产摄影大展"征稿。单霁翔会长、修龙理事长、马国馨院士共同发布了这个信息，见证了这庄严的历史时刻。在中国文物学会、中国建筑学会指导下，由中国文物学会 20 世纪建筑遗产委员会等单位主办，针对全中国 900 项被推介的 20 世纪建筑遗产，作一次全民参与的摄影大展，在我国建筑文化及摄影史上是第一次。

四、《中国 20 世纪建筑遗产论纲》的研究与编制旨在回答如下命题

《中国 20 世纪建筑遗产论纲》（以下简称《论纲》）旨在从理论与实践的层面，集成近十多年来国内外，特别是《世界遗产名录》及相关国际组织关注 20 世纪遗产的研究动态，重点展示有国际视野的中国 20 世纪建筑遗产在项目作品、创作理念乃至建筑师贡献诸方面的实践与成果，向世界建筑界展示中国建筑师百年来的成就与形象（图 15~ 图 20），旨在向国内外文博界呈现中国建筑遗产"百花园"中的 900 个中国 20 世纪建筑遗产经典项目，它们确应成为中国遗产保护的新类型，它们必然在国家"城市更新行动"中成为城市文脉保护的"第一"关注点。

图 15　朱启钤

本《论纲》以展示项目为重，在分析时不受学科设置限制，视野开阔，与具体领域相结合，力求在学术体系和话语体系上为 20 世纪建筑遗产寻求学术目标。《论纲》通过多方面研究与"论述"，通过梳理中国 20 世纪建筑遗产发展脉络，不仅汇聚其观点研究的综述，也反映批评性，还在结合项目与事件的 20 世纪建筑遗产的价值内涵辨析中，按照客观的行动逻辑，建构对中国"遗产强国"遗产全类型的目标，也提出最富于活化利用基础的 20 世纪建筑遗产实践样本。以下是十个命题：

图 16　吕彦直

图 17　刘敦桢

图 18　梁思成

图 19　童寯

图 20　杨廷宝

命题 1. 为中国式现代化探索了"建筑多元共存"的发展之路。联合国《世界文化多样化宣言》强调了文化意义，并提出文化多样性与多元化的坚守与创作之路，它给予 20 世纪遗产传承创新的新思路。2007 年北京《城市文化北京宣言》的发布，将城市、建筑、文博更好地联系在一起。

命题 2. 要研究总结中国 20 世纪建筑遗产项目自身的规律。不同时代有与之相应的时代建筑，更有与之相联系的建筑遗产，尊重并走近它们，对传承建筑文化有特殊意义。20 世纪与当代建筑遗产项目分析将进一步按第二次世界大战前后、中华人民共和国成立至改革开放、1978 年至今的不同阶段展开时代城市与建筑记忆。

命题 3. 瞩目 20 世纪遗产的事件与建筑学的比对与关照。要将 20 世纪中国与同时代的世界发展比对，尤其要建构起与事件对应的建筑创作理念的样态，这里有国家与城市的意志与需求，也有服务公众与社区的建设。从亚运会到北京"双奥之城"、从广州交易会到上海进博会、从北京 20 世纪 80 年代国际展览中心到 2010 年上海世博会建筑等，都留下了与主办城市链接在一起的有形与无形的 20 世纪遗产的事件特征，仅北京"十大建筑"历时 65 年，已经先后呈现了"四批"项目，它已成为典型的现代中国建筑实践与 20 世纪整体建筑遗产。

命题 4. 中国 20 世纪建筑遗产的城市化与地域化。2019 年第 12 期作者在《建筑设计管理》刊发"纪念 UIA《北京宪章》20 年的思考与联想"文章，在学习研究吴良镛院士按中国先哲"一法得道，变法万千"的中华建筑文化在地性及地域特征的同时，强调 20 世纪遗产保护发展必须要审视文化自尊与文化多样性建设。还归纳了《北京宪章》的当代遗产价值即①《北京宪章》在为中华民族贡献世界建筑文化符号时，撷外来之菁，促华夏建筑发展之缤；②《北京宪章》在要求各国建筑学人总结各自 20 世纪建筑设计规律时，也要以人文建筑的思考，创造建筑文化全球的地标；③《北京宪章》是人类建筑文明的忠实记录者，已经在为北京的"东方之约"带来互利共赢的全球建筑界发展"盛宴"；④《北京宪章》通篇的建筑与城市遗产的"观点体系"，极富价值地展现了中外建筑界瞩目传统与发展的方向。

命题 5. 20 世纪与现当代遗产的深度认知与实践探索。其一，要关注以深圳为代表的改革开放建筑与粤港澳大湾区建筑遗产保护的总体化推进；其二，要站在国际视野上研究 20 世纪 90 年代中后期至 21 世纪前十年，在中国大地上出现的一批新作品的当代遗产示范项目的设计思想，它们何以要在国际上享有话语权。

命题 6. 中国 20 世纪建筑经典需要被世界认同的传播方法与路径。自 1950 年因建筑师华揽洪的推荐，中国建筑学会加盟国际建筑师协会，并持续开展国际交流。1999 年，北京第 20 届世界建筑师大会是标志，要系统研究利用每届世界建筑师大会，推介中国 20 世纪与当代建筑经典项目，如 2016 年至今中国已有 900 项"中国 20 世纪建筑遗产项目"，拥有了在数量与品质上的"建筑中国"传播优势。

命题 7. 中国 20 世纪建筑巨匠与杰出建筑师要走向世界。"见物见人见思想"是中国 20 世纪建筑遗产一直坚持的研究与传播要点，如何具有紧迫性地研究、挖掘、汇聚建筑前辈的设计理念与人生智慧，是 20 世纪与当代建筑遗产重要的研究课题。作为 2021 年北京国际设计周"北京城市建筑双年展"的重要版块，中国建筑学会建筑文化委员会与中国文物学会 20 世纪建筑遗产委员会举办了以考察·展览·论坛为一体的"致敬百年经典——中国第一代建筑师的北京实践"系列学术活动（图 21）。作者在第六届"建筑遗产保护与可持续发展·天津"学术研讨会上作了题为"梁思成的建筑贡献应属于世界"的演讲，论题共涉及"他的学术贡献是中国的更是世界的、他乃北京

图 21 致敬百年经典——中国第一代建筑师的北京实践研讨会嘉宾合影（2021 年 9 月 26 日）

等历史文化名城保护的第一人、他坚守建筑为民且学术与普惠相结合的理念、他是兼设计家和建筑理论家为一身的智者"。旨在为以梁思成、刘敦桢为代表的中国第一代建筑师及作品，整体"申遗"奠定理论基础并研讨路径。

命题 8. 中国 20 世纪建筑遗产项目的价值，不只是推介，重在活化利用。从保护设计与营造修缮入手，必须要有与 20 世纪遗产相应的技术法规与标准，20 世纪遗产不可简单按"古建筑规范"执行，要有行业的专项标准作为支撑。

命题 9. 利用多种形式开展 20 世纪建筑遗产教育与公众传播。既要系统性地将 20 世纪建筑遗产教育引入课堂，讲授诸如《20 世纪建筑遗产导读》等课程，也要设计研究 20 世纪遗产广为传播的新媒体与纪录片的模式，扩大受众与接受群体，提升全民族对建筑文化遗产的认知水平。

命题 10. 要纵深开展对 20 世纪遗产与当代城市艺术的研究。要从建筑遗产档案、建筑艺术、建筑摄影、建筑文学等更宽泛的历史与现代分支，汇聚建筑遗产文献的价值，让中国 20 世纪建筑遗产保护事业充满根基，既有国际视野，也有丰厚的、源源不断的院士及大师们创作的沃土及根脉（图 22~ 图 30 ）。

图 22　全国农业展览馆

图 23　华侨饭店（左上）

图 24　北京火车站（左中）

图 25　民族文化宫（右）

图 26　中国革命博物馆和中国历史博物馆（左下）

图 27 民族饭店（左上）

图 28 钓鱼台国宾馆（左下）

图 29 人民大会堂（右）

图 30 嘉宾参观展览（2021 年 9 月 26 日）（下）

参考文献

[1] 童明 . 华夏基石：毕业于宾夕法尼亚大学的中国第一代建筑师 [M]. 北京：中国建筑工业出版社，2023.

[2] 北京市建筑设计研究院有限公司 . 北京市建筑设计研究院有限公司"五十年代"八大总 [M]. 天津：天津大学出版社，2019.

[3] 杨永生 . 中国四代建筑师 [M]. 北京：中国建筑工业出版社，2001.

[4] 金磊 . 珍视 20 世纪建筑遗产 [N]. 人民日报，2020-9-24.

[5] 金磊 . 探索中国世界遗产保护持续发展之路——为中国进入《世界遗产名录》30 周年而作 [J]. 中国建筑文化遗产，2018（21）.

[6] 金磊 . 保护 20 世纪"80 后"建筑需要思辨 [J]. 中国建筑文化遗产，2019（22）.

[7] 王时煦 . 故宫博物院的防雷历史与经验总结 [J]. 中国建筑文化遗产，2000（21）.

[8] [苏]A.B. 布宁，T.O 萨瓦连斯卡娅 . 城市建设艺术史 [M]. 黄海华，译 . 北京：中国建筑工业出版社，1992.

[9] 伍江 . 后世博建筑思考 [J]. 时代建筑，2011（1）.

[10] 金磊 . "主办城市"的世界文化影响力传播 [J]. 建筑创作，2010（7-8）.

[11] 邹德侬 . 中国现代建筑史 [M]. 北京：中国建筑工业出版社，2020.

20 世纪建筑遗产城市论

张 松

张松，同济大学教授、博士生导师，上海同济城市规划设计研究院有限公司资深总规划师，兼任住房和城乡建设部历史文化保护与传承专委会委员，中国建筑学会工业建筑遗产学委会副主委，中国城市科学研究会城市更新学委会副主委，中国城市规划学会城市规划历史与理论分会副主委。

在中国 20 世纪建筑遗产名录中，中华人民共和国成立后建成的项目占了接近一半的比例。这些建筑具有鲜明的时代特征，改革开放时期建设的建筑反映建筑审美和价值取向的多元化，是设计创新和为城市文化作贡献的代表作。未来的建筑遗产保护在完善机制的同时，需要注重与城市文化繁荣和人居环境改善相结合，在遗产保护利用和设计创新发展两方面同时推进。

一、《中国 20 世纪建筑遗产名录》中建筑遗产的年代分布特征

对《中国 20 世纪建筑遗产名录》(以下简称《名录》) 所列 900 个项目的建成时间进行统计，发现 1949 年以前的近代建筑合计 491 项、占 54.56%，1949 年以后的现当代建筑 409 项、占 45.44%。第一批《名录》98 项中各占一半，第二批《名录》中近代建筑最多，为 74 项，第七批《名录》中现当代建筑最多，为 75 项 (表 1)。本文主要围绕入选《名录》的中华人民共和国成立后的建设项目进行分析和评述。

中国 20 世纪遗产具有鲜明的时代特征、时代风格和时代精神。常青院士在 "回眸一瞥——中国 20 世纪建筑遗产的范型及其脉络" 一文中指出，"可将新中国建筑的前 30 年看作以政治意识形态为思想导向、以建筑工业化为物质基础、以历史风格的折衷再现为形式特征的中国新古典兴盛期"。

在此，针对《名录》中中华人民共和国成立之后的建筑遗产类型和特征，从中华人民共和国成立后的前十七年（1949—1966 年）、1967—1977 年间和改革开放时期（1978—1999 年）三个时间节点展开阅读分析。

《中国 20 世纪建筑遗产名录》中的分期统计表　　　　表 1

公布时间	公布批次	1949 年以前	1949 年以后				
			小计	1950 年	1960—1970 年	1980—1990 年	2000 年以后
2016	第一批	49	49	32	5	12	
2017	第二批	74	26	12	6	8	
2018	第三批	62	38	20	4	14	
2019	第四批	54	44	27	4	13	
2020	第五批	54	47	26	13	8	
2021	第六批	58	42	21	6	15	
2022	第七批	25	75	32	8	29	6
2023	第八批	47	54	32	6	14	2
2024	第九批	68	34	19	3	11	1
	合 计	491	409	221	55	124	9

二、新中国建筑遗产主要项目简析

（一）中华人民共和国成立后的前十七年（1949—1966 年）

中华人民共和国成立后的前十七年（1949—1966 年）的建筑遗产项目共有 221 处，数量最多。包括位于首都北京的"十大建筑"（又称国庆"十大工程"），北京、上海等城市的工人新村，部分"三线"建设项目、苏联援华 156 项工程（武汉长江大桥）等，它们反映了"人民当家作主"的全新面貌，是国家大建设时代的城市印记。

北京"十大建筑"已成为新中国建设历程的重要标识，是首都北京独特的文化景观。因而，除 1988 年拆除的华侨大厦之外，人民大会堂、民族文化宫、中国革命博物馆和中国历史博物馆、北京火车站、钓鱼台国宾馆、北京工人体育场、中国人民革命军事博物馆、民族饭店、全国农业展览馆新中国"十大建筑"已全部列入第一批和第二批《名录》之中。此外，人民英雄纪念碑、北京天安门观礼台、北京儿童医院、中国儿童艺术剧院、中国美术馆、北京电报大楼（图 1）、北京友谊宾馆、北京饭店、北京和平饭店、前门饭店、北京百货大楼、北京体育馆、北京自然博物馆等重要建筑已列入《名录》。这些地标性建筑极具民族建筑风格，反映了大国的工匠精神。

中华人民共和国成立后，全国贯彻执行"为生产服务""为劳动人民服务"的建设方针。自 1951 年起开始大规模兴建工人住宅和主

图1 从胡同看北京电报大楼
（左）
图2 同济大学文远楼（北
立面）（右）

要为工人群众服务的公共设施，北京百万庄住宅区、上海曹杨新村
（一村）、天津团结里住宅、广州华侨新村、武汉青山区红房子历史街
区（武钢）以及重庆工人文化宫、南通市劳动人民文化宫、天津市第
二工人文化宫、天津市北戴河工人疗养院、太原工人文化宫、锦州工
人文化宫等，就是这类建设项目中的重要代表。

1950 年建成的主要工业遗产包括哈尔滨量具刃具厂、四川化工
厂、无锡国营江南无线电器材厂、天津第一机床厂、大庆油田工业建
筑群、包头钢铁公司建筑群、北京焦化厂、兰州自来水公司第一水
厂、洛阳拖拉机场早期建筑、安徽国润茶业祁门红茶老厂房。

中苏友好大厦是时代的产物，也是时代的标志，如今已成为城市
文化记忆和红色时代的风貌见证。除已拆除的武汉展览中心之外，中
苏关系友好时期兴建的北京展览馆、上海展览中心、大连中苏友谊纪
念塔、广州中苏友好大厦旧址、哈尔滨友谊宫、长沙中苏友好宫旧址
等都已列入。

此外，还有不少高等教育建筑和校园，如同济大学文远楼
（图2）、四川美术学院历史建筑群、中国科技大学校园建筑、新疆大
学历史建筑、华中农业大学历史建筑等，以及重要交通工程和水利工
程项目，如武汉长江大桥、湖北十堰丹江口水利枢纽一期工程、重庆
白沙沱长江铁路大桥、韶山火车站、韶山罐区建筑遗存、荆州荆江分
洪闸、江都水利枢纽等。

（二）1967—1977 年间

这十年期间的项目主要有南京长江大桥、北京长途电话大楼、长沙火车站、长沙橘子洲大桥、湖北十堰第二汽车制造厂、湖北襄阳三线火箭炮总装厂旧址、开远发电厂旧址等重要建设项目，反映了自力更生、艰苦奋斗的时代精神。

当年建设的"万岁馆"，常青院士称之为"革命现代式"建筑，后来多改建为展览馆，如四川省展览馆、江西省美术馆、张家口市展览馆、辽宁工业展览馆（2005 年改建）、广东省农业展览馆旧址等。

还有一些特殊的或具有重要纪念意义的建筑，包括北京天安门广场的毛主席纪念堂、郑州二七罢工纪念塔和纪念堂、扬州鉴真纪念堂、广州宾馆、广州流花宾馆、广州白云宾馆、郑州黄河饭店、首都体育馆（2006 年改建）、锦州工人文化宫等。

这些特殊时期的建筑，是以"适用、经济、在可能条件下主要美观"的建筑方针为指导建成的。在建设过程中，设计人员和建筑工人克服了经济上、技术上的种种困难。

（三）改革开放时期（1978—1999）

1978 年 12 月召开的十一届三中全会标志着我国进入改革开放时期，这期间的建筑遗产以深圳特区和浦东新区规划建设为代表，包括了众多 20 世纪 80 年代建成的具有地域文化特色的优秀建筑，这些被称为京派、海派、岭南派建筑的精品建筑工程，反映了改革开放和现代建筑创新探索的时代成就。

深圳特区的项目有深圳招商局蛇口工业大厦、深圳国际贸易中心大厦、深圳科学馆、深圳图书馆、深圳博物馆、深圳火车站、深圳发展银行大厦、深圳地王大厦、深圳赛格广场、深圳上海宾馆等。

改革开放以来，上海经济开始腾飞，20 世纪 80 年代末，在文化学者王元化先生等有识之士的主导下开始兴建公共文化设施。市中心人民广场规划兴建了上海博物馆、上海大剧院等大型文化项目，这些建筑也是"海派建筑"的代表，是"海纳百川，大气谦和"城市精神的直接表现。

改革开放时期，建筑审美逐渐走向了价值取向的多元化，设计方案也呈现出百花齐放的新局面，北京香山饭店、北京国际饭店、北京首都宾馆、中国国际展览中心 2-5 号馆、北京外语教学与研究出版社办公楼、天津站铁路交通枢纽（图 3）、广州白天鹅宾馆、广州花园酒店（图 4）、杭州黄龙饭店、南京金陵饭店（一期）、西安钟楼饭店、广州白云山庄、无锡太湖饭店、拉萨饭店、敦煌国际大酒店、曲阜阙里宾舍等，就是其中的优秀代表作品。

还有大量的文化建筑和旅游景区建筑，包括上海的东方明珠塔、金茂大厦、松江方塔园、新疆人民大会堂、唐山抗震纪念碑、广州西汉南越王墓博物馆、广东美术馆、海口海瑞纪念馆、云南美术馆、炎黄艺术馆、杭州潘天寿纪念馆、天津周恩来邓颖超纪念馆、天津平津战役纪念馆、武汉二七纪念馆、威海甲午海战纪念馆、西安秦始皇兵马俑博物馆、陕西历史博物馆、西藏博物馆、敦煌石窟文物保护研究中心、武汉黄鹤楼（复建）、广汉三星堆博物馆（老馆）、洛阳博物馆（老馆）、三门峡市博物馆、徐州博物馆、建川博物馆聚落、淮安周恩来纪念馆等。

住宅和旧区改造项目主要集中在特大城市，有北京菊儿胡同新四合院、北京恩济里住宅小区、北京台阶式花园住宅、北京北潞春住宅小区、天津体院北住区等。

这些地域性和时代特征鲜明的新建筑，反映了改革开放时期的新气象，是国家经济和社会发展欣欣向荣、蓬勃向上的集体记忆。

图 3　天津站铁路交通枢纽

图 4　广州花园酒店

（四）新千禧年的优秀新建筑

自 2022 年第七批《名录》起，新千禧年以来建成的新建筑已列入 9 项，第七批《名录》中最多，共有苏州博物馆（贝聿铭设计）、北京大学百周年纪念讲堂、首都国际机场 T3 航站楼、中国美术学院南山校区、天津大学冯骥才文学艺术馆、中国科学院图书馆 6 项，第八批中有西安汉阳陵博物馆、中央美术学院美术馆（矶崎新设计）2 项，第九批中有北京大学校史馆 1 项。

从总体上看，九批《名录》项目充分展现建党百年历史和新中国建设成就、改革开放实践以及社会主义建设史，是国家和地方的珍贵文化遗产，也是未来可持续发展和绿色发展的重要资源。

今后的《名录》项目评定和选定，除了进一步考虑地区分布平衡、向中小城市和西部地区倾斜之外，还需要注重建筑的时代特征和技术特征，不能以当下的审美和技术水平标准简单地评估 20 世纪建筑遗产。从讲好中国和地方故事的角度看，需要关注相关历史遗产的关联性、整体性和系统性。评选推介还应注重建筑遗产的保护利用状况，与城市发展的联系，对历史地段、生活社区和文化景观等类型予以必要的关注，对历史建筑保护修缮，适应性再利用等成功改建项目可以考虑评选和推介。

三、20 世纪建筑遗产的保护与传承

（一）健全完善建筑遗产保护管理机制

中华人民共和国成立以来建设形成的 20 世纪建筑遗产，建成年代并不久远，但由于认识、法规和管理机制上存在盲区，并非没有拆毁之虞。早在 2011 年，全国政协委员单霁翔先生就在多种场合呼吁保护北京国庆"十大工程"。他认为国庆"十大工程"是北京历史文化的重要组成部分，时至今日仍在发挥相关功能，保持着鲜活生命力，继续服务于社会生产、生活，是功能延续着的"活着的文化遗产"，也是典型的 20 世纪遗产。他还建议申报全国重点文物保护单位，纳入《中华人民共和国文物保护法》的保护范畴，实现保护工作有法可依，让北京历史文化名城的内涵更加丰富。

好的建筑设计不仅可以留下历史纪念物，同时还可以传承设计师的思想理念和工匠精神。1954 年建成的天安门观礼台，位于天安门城楼前方两侧，主要用于国庆等重大庆典观礼活动。张开济大师的设计方案与天安门城楼建筑浑然一体，是现代设计与古代传统文化完美结合的设计典范。

（二）不断完善和提升中的建筑遗产

戴念慈先生设计的中国美术馆，从中国古代艺术宝库莫高窟建筑中汲取传统造型语言，展现出明显的民族风格。当年周恩来总理提出，美术馆作为城市建筑，应有城市园林的特点。因此，这座美术馆的庭院设计增加了长廊，配植了竹林，让建筑整体融入文化古城的历史环境之中，成为北京城市中轴线上的重要文化景观建筑之一。

2003 年完成的中国美术馆改造提升工程（图 5），由清华大学建筑设计院庄惟敏院长负责设计，改建工程设计体现了对老馆的尊重，

图 5 改建后的中国美术馆

对城市环境和周边景观和谐的高度关注。在局促的用地条件中将主体建筑向北延伸，扩建增加了 5328 平方米的建筑面积，并且通过功能使用与活动流线的合理组织设计，全面改善和提升了中国美术馆的现代化服务水准。

（三）城市有机更新中的社区遗产

位于普陀区的曹杨新村（一村）（图 6、图 7）是上海市 1952 年建成的第一个工人新村，是按照国家"为生产服务、为劳动人民服务，首先为工人阶级服务"的总体方针规划建设的，这里一度是劳模汇聚的生活乐园。曹杨新村规划设计还是金经昌、汪定曾著名规划师、建筑师的代表作品，被称为"中国社会主义空间样本"。

曹杨新村（一村）已有 70 年的历史，虽在 2004 年被公布为第四批"上海市优秀历史建筑"，但从物质环境条件看，小区设施陈旧、设备老化、户型狭小，违章搭建也不少。2019 年列入"旧住房成套改造"重点项目，区政府投入资金，通过有机更新，对老旧住宅进行改建和局部扩建，让这个历史住区重现荣光，通过适当的干预将其转变为环境舒适的宜居社区，受到广大居民的欢迎，成为上海市城市有机更新的成功案例。

20 世纪建筑遗产的保护传承，体现了在尊重文化多样性的情况下，促进、传播和提升城市建筑文化的认识。在城乡空间规划体系

图 6　改建前的曹杨新村（一村）鸟瞰（左）

图 7　改建后的曹杨新村（一村）景观（右）

中，制定保护和改善建成遗产和自然遗产的统筹协调战略措施，将建筑遗产保护传承与城市建筑设计创新这两个无法分割的事业有机地结合起来。

四、未来的建筑遗产保护与设计文化创新

（一）提升全民的 20 世纪遗产保护意识

党的二十大闭幕后不久，习近平总书记在河南安阳红旗渠考察时指出，红旗渠就是纪念碑，……是中华民族不可磨灭的历史记忆，永远震撼人心。20 世纪建筑遗产是集体记忆的象征，是建设"国家记忆"工程体系不可或缺的一部分。记忆是实践的积累，是有关过往的回忆，是一个地区或者社区的传统和文化积淀。

社会文化记忆的保护，可以"鉴于往事，有资于治道"。社会记忆是一个民族、国家和社会长期以来的积淀，既有光荣与梦想，也有苦难与阴晦。作为社会记忆积淀和表现的 20 世纪建筑遗产，是这一历史阶段社会的经济、政治、军事和文化发展的活化石。

众所周知，相对于历史悠久的文物古迹而言，20 世纪遗产还是一个比较新的概念。1991 年 9 月，欧洲部长会议通过的《关于保护20 世纪建筑遗产的建议》及《20 世纪建筑遗产保护与改善准则》，标志着欧洲 20 世纪建筑遗产保护的全面开展。

2002 年，国际古迹遗址理事会（ICOMOS）将 4 月 18 日国际

古迹遗址日的主题确定为"20 世纪遗产"，2011 年 6 月，ICOMOS 所属 20 世纪遗产委员会（ISC 20C）通过《20 世纪建筑遗产保护办法的马德里文件（2011）》（"马德里文件"），2017 年改定为《20 世纪文化遗产保护办法的马德里—新德里文件 2017》，成为全球 20 世纪遗产保护技术指南。

2008 年 4 月，中国文化遗产无锡论坛以"20 世纪遗产"为主题，通过了《20 世纪遗产保护无锡建议》。同年 6 月 5 日，国家文物局印发《关于加强 20 世纪遗产保护工作的通知》，此后，20 世纪遗产保护开始在全国引起较为广泛的关注。虽然，部分城市对 20 世纪遗产加大了保护力度，但总体情况并不乐观。正如《20 世纪文化遗产保护办法的马德里—新德里文件 2017》所指出的，20 世纪快速城市化及大城市的成长加速了科学技术的发展和大众传播与运输的出现，从根本上改变了我们生活工作的方式，运用新的试验性材料产生出新的构筑物和结构、新奇的建筑类型与形式。工业化与农业机械化大规模改变了大地景观。然而迄今为止，这些激烈事件所造就的遗产和遗产场所中只有寥寥无几因其遗产价值被保护。

（二）遗产保护传承的具体措施与行动方向

事实上，保护与管理 20 世纪遗产场所和地段的义务，与我们保护 20 世纪之前的重要文化遗产的责任同等重要。20 世纪遗产与当下的联系更为密切，遗产数量更大，类型更多元，由于人们还没有认识到它们的价值，所以多数还没有得到应有的保护，或获得相应的保护身份，面临着拆除和改造的威胁。

在地方政府积极推进的文化遗产保护传承规划建设进程中，需要全面落实有效且针对性强的具体措施。首先，地方政府需要加大保护力度，尽快将各类 20 世纪建筑遗产保护管理纳入历史文化保护传承体系，将 20 世纪建筑遗产列入相应的保护名录。根据遗产价值、空间特色和建筑类别可以列入文物保护单位或历史建筑保护名录，也可以增设新类别保护名录。特别是在一些城市或地方，相关遗产数量多，或成系统分布，或与近期开发建设有一定矛盾冲突的地区，尤其需要提高认识，在城乡空间规划中加强 20 世纪建筑遗产的保护管理。保护传承身边的建筑遗产，关心日常生活环境中微不足道的历史地段和文化景观，保留和传承这些渗透在人们内心深处的活着的文化遗产，可以提升全社会的认同感和自豪感，让人们记住乡愁。

其次，20 世纪建筑遗产保护离不开技术、文化和管理层面的综合协调和统筹协同。20 世纪建筑材料与修建技术往往不同于古代传统技艺，必须研究和开发符合不同结构类型的专门的修缮技术，注重保存有代表性的肌理和材料特征。

最后，作为历史见证，建成遗产的文化价值主要基于其原真性和完整性，《20 世纪文化遗产保护办法的马德里 – 新德里文件 2017》强调，重建一个完全消失的遗产地或者某个部分并不是真正的历史文化遗产保护。20 世纪建筑遗产保护管理，需要保存其历史文化特征，历史肌理和风貌保护首先就是要保留其建筑空间和物质材料特征，包括资金投入和技术条件的创造性设计，必须在保护利用和改建中予以特别的关注。

（三）人居环境保护改善与设计创新

随着第二次世界大战后大规模的住宅重建和新建，城市中大量的历史环境迅速消失，导致人们的怀旧情绪加重、环境意识和历史保护意识增强。1957 年 3 月，欧洲制定了《欧洲经济共同体条约》（简称《罗马条约》），申明将"不断改善人民的生活和工作条件"和"经济的和谐发展"作为未来的目标。

20 世纪 70 年代是欧洲历史城市保护最有意义的时期，这是与当时的经济背景相联系的。石油危机以及由此引发的经济问题，使新的开发建设项目出现滑坡现象，也促使人们开始思考充分利用老城区原有设施和现存资源。

在以可持续发展为导向、推动高质量发展和创造高品质生活的新时代，必须重视社会和社区的可持续性（Sustainability），通过高水平保护实现和谐健康人居环境规划建设。"大拆大建"既不符合相关文件精神，违背了《循环经济促进法》（2008）的具体规定，也会导致历史文化特征和文化价值流失，而无法实现城市文化的真正复兴和繁荣。

建筑文化遗产和自然环境遗产是生活质量的决定因素。因此，保护传承政策举措对保护和改善社区环境至关重要。而且，建筑和建成环境构成了每个国家历史、文化和生活结构的基本特征，代表着市民日常生活中艺术文化表达的基本底色，是未来的遗产。今天的建筑应该在现代社会中发挥作用，同时也要在明天的文化遗产中找到一席之地。遗产保护与设计创新相辅相成，需要协同推进。

参考文献

［1］ 中国文物学会 20 世纪建筑遗产委员会 . 20 世纪建筑遗产导读 [M]. 北京：五洲传播出版社，2023.

［2］ 中国文物学会 20 世纪建筑遗产委员会 . 中国 20 世纪建筑遗产名录：第一卷 [M]. 天津：天津大学出版社，2016.

［3］ 中国文物学会 20 世纪建筑遗产委员会 . 中国 20 世纪建筑遗产名录：第二卷 [M]. 天津：天津大学出版社，2021.

［4］ 单霁翔 . 20 世纪遗产保护 [M]. 天津：天津大学出版社，2016.

［5］ 马国馨 . 百年经典亦辉煌 [J]. 建筑创作，2006（4）.

［6］ 常青 . 回眸一瞥：中国 20 世纪建筑遗产的范型及其脉络 [J]. 建筑遗产，2019（3）.

［7］ 金磊 . 城市建筑遗产传播何能以文润心：2023 年中国 20 世纪建筑遗产大事记忆 [J]. 建筑设计管理，2023（12）.

［8］ 杨永生，顾孟潮 . 20 世纪中国建筑 [M]. 天津：天津科学技术出版社，1999.

［9］ Macdonald，Susan，Gail Ostergren. Conserving Twentieth-Century Built Heritage：A Bibliography[C]. 2nd ed. Los Angeles，CA: Getty Conservation Institute. http：//hdl.handle.net/10020/gci_pubs/twentieth_centruy_built_heritage. 2013.

［10］ The Committee of Ministers Council of Europe. Principles for the conservation and enhancement of the architectural heritage of the twentieth century[C]. 1991.

［11］ 张松 . 城市保护规划：从历史环境到历史性城市景观 [M]. 北京：科学出版社，2020.

［12］ 张松，庞智 ."文革"时期建筑的保护问题探讨 [C]// 中国建筑文化遗产（11）. 天津：天津大学出版社，2013.

20 世纪建筑遗产科技论

永昕群

永昕群，中国文化遗产研究院研究馆员，国家一级注册结构工程师，国家文物局全国重点文物保护工程方案审核专家库成员，主要从事文物建筑保护修缮、规划及遗址保护设施设计的研究，以及中国建筑史与保护史研究。

图 1 结构工程学上应县木塔分层示意图
（中国文化遗产研究院，永昕群，2013 年）

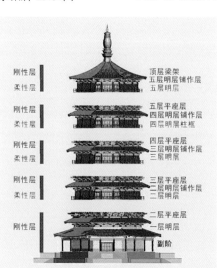

建筑是空间的艺术，更要遵循物理学定律，是物质文明的集中体现，古今中外的建筑无不体现时代与地域的科技水平。20 世纪的时代节奏远超古人，两次世界大战，产业与科技革命，经过百年时间和命运的淘洗，保存下来的 20 世纪建筑遗产负载着尤为鲜明的科技属性。作为科技论，本应综述建筑、结构、环境、设备、电气等各领域的影响，但限于学养，本篇仅从建筑科技的主要领域之一建筑结构出发，粗浅探讨中国 20 世纪建筑遗产的代际差异、科技特性、发展概况等，并稍作研究展望，挂一漏万，识者谅之。

一、"古为今用"，建筑遗产的科技内涵历久弥新

作为建筑遗产，其科学技术内涵不仅具备历史价值，而且对现代分析与设计理论也具有很高的参考或指导意义，足可"古为今用"。以世界上现存唯一具有多层使用空间的古代木构佛塔应县木塔为例，其结构体系与现代建筑有着本质上的不同，可以类比为五个磨盘被短柱支撑起来叠置，特点是刚性层和柔性层交错布置（图 1、图 2）。在上部重力作用及刚性层协调下，短粗的柱子在抵抗风荷载摆动过程中，承载重力产生的弯矩大于水平风荷载产生的弯矩，因而具有自复位的能力，可保持稳定；在抵抗地震作用时，地震力自下而上传递，由于短柱摇摆也形成明显的隔震效果。抗风与抗震，这一在现代结构设计中难以调和的有着相反刚度要求的矛盾，却在应县木塔高超的结构体系中

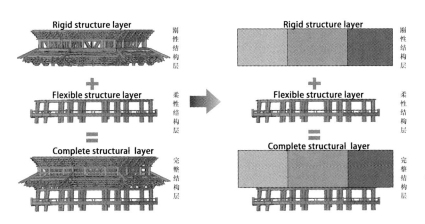

图 2 应县木塔结构层刚柔分层概念示意图
（中国文化遗产研究院，永昕群，2015 年）

得以统一。应县木塔挺立千年的事实足以证明其自身结构的合理与优越，将应县木塔与国际结构工程界当前新型抗震理论主要特点进行对照，发现两者在采用刚、柔混合结构以克服一般现代结构抗震的缺点方面高度一致，目前国内研究机构正在基于应县木塔的结构原理开展新结构体系的探索，已取得阶段性成果。古建筑如此，20 世纪建筑遗产的科技内涵更为丰富精深，放眼未来，也应对今后建筑的发展具备参考或指导意义。

二、中国 20 世纪建筑遗产的结构代际差异

20 世纪建筑遗产应是在 20 世纪这一百年内建成的，具备突出价值，且距今具有一定时段（例如英国有一个"30 年标准"）的经历史积淀，已完成遗产化历程的建筑。近代以来，由于中国社会发展相对滞后，各地发展又极不平衡，共时性与历时性的内在矛盾使得此时期中国建筑呈现出特别的复杂性，从 20 世纪初的显著科技代差，继而奋起直追，直到后期与世界先进水平同步。一个显著的特点是西方比较传统的砖木结构在 20 世纪初期的中国还是作为先进的结构类型推广的，而很快钢筋混凝土结构、钢结构，包括高层结构技术就纷至沓来，平稳发展几千年的中国建筑，在建筑材料与结构上，几十年内经历了一个剧烈的断裂、弥合与开新历程。以典型的纪念性建筑陵墓为例：光绪皇帝与隆裕太后合葬崇陵，1915 年建成，是纯粹的中国古建筑木结构与砖石结构；袁世凯的陵寝袁林建于 1916—1918

图 3　袁林之袁世凯墓冢
（中国文化遗产研究院，
永昕群，2015 年）

年，殿宇承袭传统建筑规制，墓冢又参照西洋建筑形式采用钢筋混凝土结构，属于传统营造与现代建筑结合（图 3）；中山陵建于 1926—1929 年，传统风格外观，但全部采用现代钢筋混凝土建筑结构。先后不过十余年间，结构技术跨越数百年。中国的 20 世纪建筑遗产，不限于现代建筑，而是这一百年，在中国范围内的各结构类型建筑遗产的总和。

三、20 世纪建筑遗产评估与保护中的科技独特性

虽然中国 20 世纪建筑遗产类型丰富，但是，毕竟是 20 世纪遗产，现代建筑的比例还是占据大多数，因而与古建筑相比，在价值评估与保护措施方面还是具有强烈的独特性。科技内涵支撑起 20 世纪建筑遗产价值。对 20 世纪的现代建筑而言，其建成离不开现代科技支撑，科技本身就是遗产的本体及价值要素。这一时期里大部分科学与技术的进步成果，通过建筑结构以及材料、构造、机电设备的创新，达成对建筑物自由形体的表达，使用舒适要求的提升以及对建筑高度、跨度和建造速度更高、更大、更快的不断追求。没有现代结构

工程学，以及电梯、给水排水、采暖通风和电力电信设备的大发展，难以想象现代建筑能够存在。可以说，正是现代科技成就了 20 世纪建筑遗产，不但在实体层面上，也在美学层面上。中国 20 世纪建筑遗产的价值评估离不开对科技内涵的深入研究与准确定位，相应的保护也离不开先进科技的研发应用。

　　必须注意的是，作为 20 世纪遗产主体的现代建筑，在一些基本观念上与传统的古建筑保护原则存在差异。首先，现代建筑的真实性首先是设计意图的真实性，与早期遗产相比，现代建筑通常更突出设计理念，包括建筑、结构与设备设计，这里既涉及人文艺术，也包含科学技术。在保护中把握这些因素相比古建筑而言要复杂得多，而这些因素正是保护的重要目标与组成部分。其次，现代建筑广泛使用现代材料、现代结构、设备与施工方法，因此相关的保护具有明显的科技特点。另外，与古建筑相比，现代建筑存在着材料的非永久性特点以及使用功能丧失或改造的巨大压力。早在 20 世纪 80 年代，对 20 世纪 20 年代晚期荷兰希尔弗瑟姆的宗尼斯特劳疗养院的保护就迫使人们对现代建筑基于现代设计、科技、材料的独特的真实性以及如何应对建筑逐渐弱化的功能性或功能的废弃这些问题进行深入研究（图 4），同时，促成了欧洲现代建筑保护工作者的联合并创建了现代建筑记录保护组织（DOCOMOMO）。

图 4　荷兰，希尔弗瑟姆，宗尼斯特劳疗养院修缮后外观（Theodore H. M. Prudon. 现代建筑保护 [M]. 北京：电子工业出版社，2015）

四、从建筑结构视角泛览中国 20 世纪建筑遗产

1840 年鸦片战争以来，西方建筑随坚船利炮进入中国，最先为国人所熟悉的是外廊式的砖木建筑：砖墙承重，采用木楼板及三角木屋架，这形成了最初的洋房概念。随着沿海通商口岸、租界地，渐至北京与内地商埠的民房、教堂、学校的广泛建设，以及工厂、铁路和站房等的兴建，到 19 世纪末，以西式建筑为代表的现代化建筑已经比较广泛地在中国传播；同时以"样式雷"宫廷大工为代表的中国传统营造体系，在现代化新兴建筑类型的冲击下已经式微，发生了断裂。但是，数千年的营造传统影响犹在，新旧结构之间的弥合经常既展现于同一座建筑之中，也展现在一组建筑群之内。

直到 20 世纪 30 年代，全新的建筑结构才大体上占据建筑业主流，开启了新天地，标志性的高层以钢结构为主，一般性建筑大多数是砖混结构，多层或高层重要建筑使用钢筋混凝土框架结构。1949 年以后，我国大规模工业化开启，由于混凝土结构设计理论的长足进步，并且受限于我国钢材的严重不足（1957 年中国钢产量 535 万吨，同期美国超 1 亿吨，直到 1996 年中国钢产量才刚刚超过 1 亿吨），一直到改革开放 20 年后的 20 世纪末，钢结构的应用还局限于大跨屋顶以及少量超高建筑；绝大部分厂房、公建，包括一般的高层建筑都采用钢筋混凝土结构；多层住宅则是砖混结构的天下；砖木结构在 20 世纪 50 年代工业化时期使用较多，之后急剧减少。20 世纪 70 年代末改革开放之后，中国的城市化突飞猛进，大批世界范围具有标杆性的建筑结构落地实现，而这其中的部分建筑因其科技先进而具备了遗产化的潜质。

可以说，到 20 世纪 30 年代后期，至少在中国的中心城市上海，建筑结构发展已经与世界先进水平基本同步。但也要指出，除了施工大部分本地化外，结构设计理论、规范，以及结构工程师，主要建筑材料如钢材等，尚大多依赖于发达国家及外籍工程师。1949 年之后，经过百余年的学习追赶，适逢我国迅猛工业化及大规模建设的时代背景，到 1970 年，虽然其间国家的经济文化包括建设受到干扰，但建筑结构领域在材料、规范、设计、施工等全方位立足于本土，基本形成了完整的体系，改变了仰仗外人的局面。尤其是 1978 年改革开放

之后，以结构设计与施工为代表的建筑科技突飞猛进，超大型建构筑物迭出。

五、中国 20 世纪建筑遗产的典型结构与案例

20 世纪建筑遗产的结构形式主要可分为以下几大类：一是钢结构，兴起于 19 世纪晚期，广泛用于各种类型建筑，尤其是超高层与大跨度结构，是 20 世纪建筑结构的先声与主流之一；二是钢筋混凝土结构，广泛用于多层与高层结构及单层厂房，是 20 世纪占据主流的新结构；三是应用于大量单层和多层的建筑，基于砌体技术与现代混凝土梁板结合的砖混结构。其他类型如索、膜可列入钢结构，薄壳可列入钢筋混凝土结构；另外，还有少量的层压木结构。由于历史进程落后，对于中国的 20 世纪建筑遗产而言，主要结构类型还需加上更为传统的西式砖木结构，以及中国传统与西式砖木混合的结构。

（一）砖木混合结构

1907 年清廷拆除，亲王府和承公府兴建的洋式建筑群陆军部衙署，这是第一座由确知名姓的且是中国学堂培养的中国建筑师（陆军部军需司营造科沈琪 1893 年毕业于北洋武备学堂）自行设计，由本土工匠自主建造的中国第一座西式建筑群，体现了营造传统的断裂，完全是西方砖木结构的移植。1909 年 3 月，紧邻陆军部东侧的清陆军贵胄学堂新址（南楼）竣工，建筑结构与陆军部相似（图 5）。

北京国会旧址系民国二年（1913 年），为召开国会建造，其众议院议场（方楼）与大总统休息室（圆楼）由设计清末资政院大厦的德国著名建筑师罗克格设计，均为西式砖木结构，众议院议场跨度达

图 5　清陆军贵胄学堂南楼南立面维修图
（中国文化遗产研究院，永昕群、吴婷等测绘，2010 年）

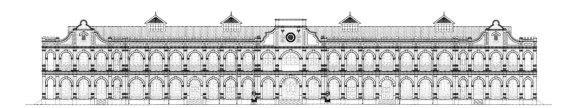

图 6　民国北洋时期国会众议院议场旧址屋顶下弦钢拉杆
（中国文化遗产研究院，永昕群，2024 年）

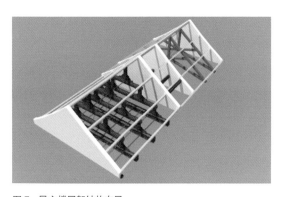

图 7　民主楼屋架结构布局
（中国文化遗产研究院，永昕群，北京大学民主楼修缮工程设
计方案 [R]，2016 年 11 月。屋顶结构建模：唐文文、永昕群、
郭华瞻）

图 8　民主楼屋原礼拜堂屋顶结构修缮后
（中国文化遗产研究院，永昕群，2023 年）

28 米，屋顶采用带下弦钢拉杆的木桁架结构，技术先进（图 6）。

（二）中西混合结构

1920 年，由以推动"中国建筑文艺复兴"著称的美国建筑师利·K.墨菲主持设计的燕京大学教学楼采用现代混凝土梁柱结构、墙体承重结构、西式木屋架与传统梁架体系的混用，是现代与传统结构弥合的典型案例（图 7、图 8）。随着现代结构的推广，此种类型逐渐减少。

（三）钢筋混凝土结构

中国第一座全钢筋混凝土框架结构是 1906 年建成的上海电话公司大楼（图 9），外观作竖向三段集仿式划分，新结构与旧形式共存。1923 年，公和洋行设计的汇丰银行上海分行落成，采用钢筋混凝土框架主体结构及钢构穹顶，但现代结构逻辑没能在建筑设计中凸显出来。1933 年，落成的上海市人民政府办公大楼中国宫殿式的宏伟外观之下也是标准的钢筋混凝土框架结构。1933 年建成的上海工部局宰牲场，曾是远东地区最大的屠宰场，采用现浇钢筋混凝土结构，因工艺要求连续的楼层联络而显示出混凝土的可塑性。

由于经济和技术的原因，1949 年后，中国的高层建筑主要以钢筋混凝土结构为主。于 1968 年建成高 88 米（27 层）剪力墙结构广州宾馆（图 10），是 20 世纪 60 年代我国最高的建筑，超过了上海国际饭店。1977 年，广州白云宾馆建成，同样采

图 9　上海电话公司大楼图
（左）
（陈从周，章明. 上海近代
史稿 [M]. 上海：上海三联书
店，1998）
图 10　广州宾馆（右）
（1973 年，广州宾馆 [J]. 建
筑学报，1973（2）：18–22.）

用现浇剪力墙结构，33 层，高 112 米。

　　1978 年开启改革开放，极大焕发了中国社会的活力。广州白
天鹅宾馆 1983 年建成，建筑物总高为 90.35 米，主楼选用梭形
建筑平面，现浇剪力墙和大板楼盖的结构方案。它于 2010 年被认
定为登记文物，2016 年入选首批中国 20 世纪建筑遗产名录，是
迄今为止国内最快具有文物身份的 20 世纪建筑。1985 年建成深
圳国际贸易中心大厦，方形塔楼主体高 53 层（地下 3 层）160
米，采用现浇钢筋混凝土结构，铝合金玻璃幕墙。塔楼外筒结构
每边由 6 根排列较密的矩形截面柱子与每层的矩形截面裙梁连
结，内筒结构的墙体布置 17.3 米 ×19.1 米的矩形井格式筒体，构
成典型的筒中筒结构体系，采用滑模施工，最快达到 3 天一个结
构层的速度，远超当时国内一般施工水平，被誉为"深圳速度"
（图 11）。

　　20 世纪 30 年代以来，基于砖砌体与现代混凝土梁板结合的砖
混结构大量应用于住宅、办公、教育、医疗等公共建筑，这也是普通
人接触最多的建筑遗产结构形式。

（四）预制钢筋混凝土结构体系

　　因其高效率前景在工业化初期的中国很受重视，积极学习苏联经
验（图 12），并在 20 世纪 70 年代经历了繁荣时期。1958—1959

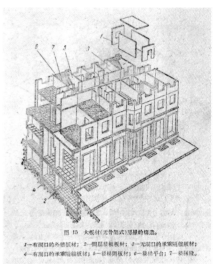

图 11　深圳国际贸易中心大厦封顶照片（左）
（1984 年，刘廷芳 摄）
图 12　苏联大板材（无骨架式）房屋的构造（右）
（[[苏]库兹涅佐夫，等，著.板材式及骨架 – 板材式结构的民用房屋设计指南 [M]. 丁大钧，林挺泉，甘怪，陈荣钧，译 . 上海：科技卫生出版社，1958.12）

年北京首次采用预制装配钢筋混凝土框架 – 剪力墙体系建成民族饭店（12 层）、民航大楼（15 层）等。1973 年，建国门外交公寓建成，双矩形错叠平面方案采用装配整体式框架，以现浇钢筋混凝土电梯间作为剪力筒和四片钢筋混凝土剪力墙共同抗震。预制钢筋混凝土叠合梁、柱及抗震墙板，现浇节点，双向预应力大型楼板以及悬挂式的预制外墙板。1976 年到 1978 年，崇文门、前门和宣武门（前三门）全长 5 公里的街道两边，盖起了 34 栋住宅楼，有板式、有塔式，一般为 10~12 层，少数有 14~16 层，是 1949 年后兴建的第一批高层住宅楼群。其内墙为大模板现浇钢筋混凝土，厚 16 厘米，预制混凝土外墙板。

（五）钢结构

1917 年，公和洋行（巴马丹拿事务所）设计的天洋洋行落成，是上海第一座采用钢框架结构的建筑，主体 6 层。1934 年，邬达克设计的四行储蓄会大厦（国际饭店）落成（图 13），共 22 层，高达 83.8 米，保持中国最高建筑纪录到 1968 年；此楼采用钢框架结构，钢筋混凝土楼板与外墙，外观完全按照纽约摩天楼样式，一定程度上显示了内在的现代结构逻辑。1937 年建成的中国银行大厦（钢框架结构，17 层，76 米）最初方案 34 层，超过 100 米，可见当时上海的高层建筑水准已追上美国的纽约、芝加哥。

图 13　四行储蓄会大厦旧照
（左）
图 14　香港中国银行大厦
（右）
（李佳洁，郑小东 . 贝聿铭
全集 [M]. 北京：电子工业出
版社，2015.4）

1949 年后，国内基本未建钢结构高层建筑。1989 年建成的香港中国银行大厦（贝聿铭建筑设计），地上 70 层，楼高 315 米，建成时是全亚洲最高的建筑物，也是美国地区以外最高的摩天大楼，采用巨型桁架及束筒的钢结构体系，完美解决了结构安全问题，所耗用的钢材也几乎比相应高度的一般钢结构节省一半左右（图 14）。

（六）大跨度结构

大跨度公共建筑是结构技术进步的指标之一。1935 年建成的上海市体育馆采用 8 榀三铰拱钢门架，跨度达 42.7 米，是近代中国建筑结构的最大单跨。

1949 年后代表性的钢结构有：1954 年建成的重庆人民大礼堂具有宫殿式的外观，内部由直径 46.3 米半球形钢网壳承重，其上附加木屋架构成仿天坛式三重檐攒尖圆顶。北京工人体育馆建成于 1961 年，直径 96 米，采用车辐式双层悬索结构，屋盖结构包括外环圈梁配筋用钢量共 380 吨（图 15）。浙江人民体育馆建成于 1967 年，椭圆形平面，长轴 80 米，短轴 60 米，采用双曲抛物面预应力鞍形索网体系，该结构体系屋盖结构包括外环梁配筋的耗钢量仅 17.3 千克每平方米（图 16）。按当时的情况，在确保安全的前提下节省用材，尤其是节约钢材，也是追求技术水平的显著特点之一。我国第一个平板

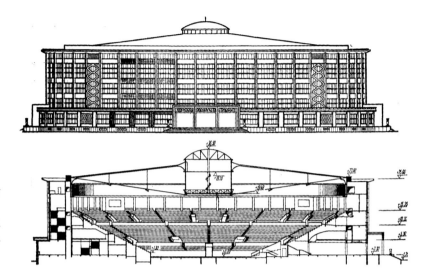

图 15　北京工人体育馆立面
图及剖面图
（北京市建筑设计院北京工
人体育馆设计组 . 北京工人
体育馆的设计 [J]. 建筑学报，
1961（4）：2-10，38）

网架是上海师范学院球类房，跨度 31.5 米 ×40.5 米，于 1964 年
建成；紧接着首都体育馆建成于 1968 年，跨度为 99 米 ×112 米，
为两向正交斜放网架，该网架在当时中国科学院计算中心完成了国内
网架结构的第一次电算，为当时国内最大跨度，至今仍是最大跨度网
架结构之一，用钢指标 65 千克每平方米。1974 年建成的上海万人
体育馆（上海市民用建筑设计院设计）采用圆形平面的三向网架，直
径 110 米，采用圆钢管构件和焊接空心球结点，用钢指标 47 千克每
平方米。

　　大跨混凝土结构主要有北京火车站（1959 年建成）候车大厅，
为钢筋混凝土双曲扁壳屋盖结构，其跨度为 35 米 ×35 米。1962 年
同济大学饭厅屋盖为跨度 40 米的钢筋混凝土联方网架，跨度为同类
结构亚洲之最，建筑造型与结构密切结合，与奈尔维小体育宫有异曲
同工之妙。

图 16　浙江人民体育馆屋面
索网施工
（浙江省工业设计院 . 采用鞍
形悬索屋盖结构的浙江人民
体育馆 [J]. 建筑学报，1974
（3）：38-43，30-46.）

六、中国 20 世纪建筑遗产保护的科技展望

由于 20 世纪遗产相对古建筑在价值与保护方面的独特性，业界及全社会对其价值层面的科技内涵，都亟须树立问题意识，开展深入、全面的评估研究。如此才能给出全面的遗产构成，树立合理的保护目标。

基于时代科技的史证价值，20 世纪建筑遗产绝不能忽略对原结构实体的保护。2020 年，北京拆除业已进入遗产化进程的标志性是建筑实施"保护性改造复建"，对 20 世纪建筑遗产的保护敲响了警钟。建筑一旦遗产化，按照常识与逻辑，作为物质遗产的价值就是凝结在此"物"上，局部改建尚可接受，而彻底拆除后以全新的复制结构替代来保护其所谓的"精神"与"文化"价值，实属自欺欺人。痛定思痛，对遗产的科技价值没有足够的研究与认识，也是 20 世纪建筑遗产屡遭破坏的重要原因之一。

事实上，从科技内涵角度看中国 20 世纪建筑遗产保护有过不少成功案例。但目前对 20 世纪建筑遗产结构、设备科技的研究与评估在某些前期勘察与保护方案中严重不足。以结构工程为例，有的方案没有提供针对性的具体调查、分析与评估，结构工程专业的检测鉴定与文物保护专业的现状评估两层皮并没有做好有机结合，其负面影响就是缺少对建筑价值的全面深入认知，不能明确价值载体，保护措施缺位。一方面，常见的是不顾文物的历史、艺术价值，一味按照现代结构规范过度加固，造成价值本体受损；另一方面，也可能仅考虑历史、艺术价值，而忽略建筑使用情境下的人员安全性，以保护为借口不采取必要的加固措施。后者在当前强调文物保护与活化利用的氛围下，尤其需要提起重视；例如，对于某内部空间开洞复杂的 20 世纪前期混凝土框架结构进行文物保护修缮，在 7 度半设防地区，方案仅作静力评估后的构件加固，不做抗震评估与相应加固；如果按此实施，很难保障修缮后作为市中心商业综合体后，内部大量人员的安全，以及文物建筑的安全。

问题溯源还是学术研究不足，缺少结构、设备、环境、电气方面的相应工程历史专项研究，这是一个建筑历史学者、工程师与文保设计师的结合交叉领域；既要站高地步，开阔视野，更要脚踏实地，研

图 17　英国土木工程师学会
旗下的《工程史与遗产》杂志

图 18　《工程史与遗产》杂
志的《工程师主导的 1961 年
意大利都灵世博会》论文书影

究具体科学问题。相形之下，国外此研究领域较为成熟，英国土木工程师学会旗下的《工程史与遗产》杂志（图 17、图 18），系统刊载桥梁、运河、建筑遗产在工程科技方面的相关研究，成果深入而系统；国外也出版有工程史专著，如 Matthew Wells 的作品，国内已翻译出版了《工程师：工程与结构设计史》。大连理工大学原校长、中国科学院院士钱令希教授 1987 年在《土木工程学报》发表的"赵州桥的承载能力分析"对石拱桥的保护具有重要参考意义，是对建筑遗产开展具体科技研究的重要文献，可供参考。国内众多科研机构多年来对应县木塔、沧州铁狮子等重要古代建筑遗产也开展了持续的科学研究，取得不少成果，但是总体来说还是凤毛麟角，不成系统。开拓学术方向，增扩学术阵地，加强中国 20 世纪建筑遗产价值与保护领域的科技研究，提升保护水平，于此有厚望焉。

参考文献

［ 1 ］童寯 . 新建筑与流派 [M]. 北京：中国建筑工业出版社，1984.

［ 2 ］Chicago Historical Society，The Saint Louis Art Museum. LOUIS SULLIVAN，The Function of Ornament[M]. W.W.Norton & Company . New York &London，1986.

［ 3 ］永昕群 . 中国现代建筑遗产定义刍论 [C] // 2013 西安建筑遗产保护国际会议论文集 . 2013.

［ 4 ］丁大钧 . 混凝土结构发展新阶段 [J]. 苏州城建环保学院学报，1999（3）.

［ 5 ］张复合 . 北京近代建筑史 [M]. 北京：清华大学出版社，2004.

［ 6 ］马尧 . 清陆军衙署南楼建筑营造做法研究 [D]. 北京：北方工业大学，2017.

［ 7 ］永昕群 . 北京大学民主楼修缮工程设计方案 [R]. 2016 年 11 月 . 屋顶结构建模：唐文文，永昕群，郭华瞻 .

［ 8 ］刘亦师 . 中国近代建筑史概论 [M]. 北京：商务印书馆，2019.

［ 9 ］刘亦师 . 美国进步主义思想之滥觞与北京协和医学校校园规划及建设新探 [J]. 建筑学报，2020（9）.

［10］伍江 . 上海百年建筑史 1840—1949（第二版）[M]. 上海：同济大学出版社，2008.

［11］陈从周，章明 . 上海近代史稿 [M]. 上海：上海三联书店，1998.

［12］华霞虹，乔争月，齐斐然，等 . 上海邬达克建筑地图 [M]. 上海：同济大学出版社，2013.

［13］钱宗灏，等 . 百年回望：上海外滩建筑与景观的历史变迁 [M]. 上海：上海科学技术出版社，2005.

［14］于梦涵 . 近代工程学背景建筑师群体研究初探 [D]. 南京：东南大学，2021.

[15] 李海清，汪晓茜，赖德霖，等 . 摩登时代：世界现代建筑影响下的中国城市与建筑 [M]. 北京：中国建筑工业出版社，2016.

[16] 王俊，赵基达，蓝天，等 . 大跨度空间结构发展历程与展望 [J]. 建筑科学，2013（11）.

[17] 蔡绍怀 . 大跨空间结构与民族形式建筑的结合：重庆人民大礼堂穹顶钢网壳设计与施工简介 [C] // 第六届空间结构学术会议论文集，1996.

[18] 北京市建筑设计院北京工人体育馆设计组 . 北京工人体育馆的设计 [J]. 建筑学报，1961（4）.

[19] 采用鞍形悬索屋盖结构的浙江人民体育馆 [J]. 建筑学报，1974（3）.

[20] 佚名 . 十六层装配整体式公寓设计 [J]. 建筑技术，1974（Z1）.

[21] 佚名 . 前三门大模板高层居住建筑技术经济效果初步分析 [J]. 建筑技术，1979（1）.

[22] 李国强，张洁 . 我国高层建筑钢结构的发展状况 [C] // 第七届全国结构工程学术会议论文集（第Ⅱ卷）.1998.

[23] 黄汉炎，朱秉恒，叶富康 . 广州白天鹅宾馆结构设计 [J]. 工程力学，1985（1）.

[24] 佚名 . 广州宾馆 [J]. 建筑学报，1973（2）.

[25] 黄耀莘，刘文楚，朱希周 . 深圳国际贸易中心大厦的结构设计 [J]. 建筑结构学报，1984（5）.

[26] 宋昆，张晟，赖德霖，等 . 多元探索：民国早期的现代化及中国筑科学的发展 [M]. 北京：中国建筑工业出版社，2016.

[27] 赵基达，徐有邻，白生翔，等 . 我国《混凝土结构设计规范》的技术进步与展望 [J]. 建筑科学，2013，29（11）.

[28] 方鄂华 . 多层及高层建筑结构设计 [M]. 北京：地震出版社，1992.

[29] 邹德侬 . 中国现代建筑二十讲 [M]. 北京：商务印书馆，2015.

[30] 永昕群 . 清陆军贵胄学堂及海军部旧址保护的初步研究 [C] // 第 13 次中国近代建筑史学术年会论文集 .2012.

[31] 永昕群 . 应县木塔科学价值、倾斜变形与保护路径探析 [J]. 中国文化遗产，2021（1）.

[32] 中国文物学会 20 世纪建筑遗产委员会 . 20 世纪建筑遗产导读 [M]. 北京：五洲传播出版社，2023.

20 世纪建筑遗产文化论

胡　燕　郭华栋

胡燕，女，博士，北方工业大学建筑与艺术学院副教授，长期从事工业遗产、历史街区的保护与利用相关研究。

郭华栋，男，北方工业大学兼职导师，硕士，高级工程师，一级注册建筑师，从事养老建筑、住宅建筑等相关方向研究。

在历史的长河中，20 世纪是短暂的一瞬，但回眸一瞥，20 世纪是最生动鲜活的，人类以最快的步伐跨过这 100 年。这 100 年中，中国经历了从农业社会到工业社会，又到信息社会的进程，飞速赶上了世界的步伐，也完成了从传统文化向现代文化的跨越。建筑是文化的载体，20 世纪的建筑见证了时代的发展。

文化是人类在社会历史发展过程中所创造的物质财富和精神财富的总和，特指精神财富，如文学、艺术、教育、科学等❶。文化具有民族性、时代性、连续性和继承性。

建筑文化是一种特有的文化现象。刘先觉指出："建筑文化是建筑思想的升华，是建筑物质水平与精神状态的体现。它的发展反映了时代与民族的特点，也与经济、社会、环境密切相关。"❷顾孟潮等认为："建筑文化包括建筑物、建筑群、街道空间、城市景观，也包括园林绿化和各种工业的、技术的设施，是一个大系统。"❸

一、20 世纪建筑文化的发展

中国科学院院士、同济大学教授常青提出中国 20 世纪建筑遗产可以分为三种形式：民族形式——中国固有型遗产、中西交融——革命现代型遗产、在地探索——与古为新型遗产。

---

❶ 中国社会科学院语言研究所词典编辑室 . 现代汉语词典 [M]. 北京：商务印书馆，1983.

❷ 刘先觉 . 建筑文化的深层课题——生态建筑学探讨，建筑与文化论集（第三卷）[M]. 武汉：华中理工大学出版社，1994.

❸ 李雄飞，顾孟潮，王明贤，等 . 当代建筑文化与美学 [M]. 天津：天津科学技术出版社，1989.

　　20 世纪的中国建筑文化经历了三个阶段：1900—1948 年，清末民国时期，中国处于社会剧烈动荡的时期。建筑有直接照搬来的殖民建筑，也有与中国文化相融合的民族形式；1949—1977 年，新中国建设时期，中国处于社会建设初期，在动荡中艰难前行。为迎接新中国成立十周年而建的"十大建筑"呈现出中西合璧的形式；1978—1999 年，改革开放时期，中国社会趋于稳定，经济繁荣，城市建设迎来大发展。建筑在国际化的背景下，探索具有中国特色的现代化建筑形式。

　　清末，西方列强迫使清政府在东交民巷划定了专用区域，类似"国中之国"。东交民巷使馆区，东起崇文门大街，西至天安门广场东侧，南至内城城墙，北至东长安街以北 80 米，形成于 1901—1912 年，各国修建了办公区、住宅区，以及适合生活的教堂、医院、银行、官邸、俱乐部等。建筑风格以欧式为主，建筑技术先进。东交民巷使馆区中的六国饭店（图 1）主要为各国公使、官员及上层人士提供住宿、餐饮、娱乐，是达官贵人的聚会场所。1905 年，由英、法、美、德、日、俄六国合资建造，因而得名"六国饭店"。六国饭店地上四层，地下一层，有客房 200 余套，是当时北京最高的洋楼之一，现已无存。

　　东交民巷使馆区的建设改变了北京传统城市格局，西洋式的建筑风格引领时代风潮，城市风貌产生较大变化。这是较早的城市更新案例，成为当时城市风貌改造、城市建设的范本，其设计手法、施工技术等均起到一定的示范作用。

图 1　六国饭店

图2　京奉铁路正阳门东站

　　京奉铁路是中国开办铁路运输业务最早的铁路，它始建于1886年，全长843公里，是北京通往关外的重要铁路，1911年全线贯通。京奉铁路正阳门东站（图2）于1906年建成，站台为尽端式，西面为主立面，东面为接站台，北面背靠内城墙，南面设货场。车站建筑平面呈矩形，南北长50米，东西宽40米，由中央候车大厅、南北辅助用房和7层钟楼组成，总建筑面积约3500平方米。由于京奉铁路为英国修建，东站采用维多利亚女王建筑风格，墙体灰砖砌筑，兼用红砖间白色石材横向装饰，门窗采用腰线装饰，造型明快。中央候车大厅顶部采用三角屋架，西立面山墙为三角拱造型，南侧穹顶钟楼耸立，为北京地标式建筑。正阳门东站后被改建为北京铁路工人文化宫，20世纪70年代为修建地铁环线，以钟楼为中心做镜像对称平移，改为现在的样貌，后又做过商场、市场，现为中国铁道博物馆正阳门展馆。

　　北洋政府时期，朱启钤任内务总长，创立了京都市政公所，并主持起草了《京都市政条例》，为北京城市更新作出了重要贡献。京都市政公所完成了市政基础测绘、城市改造、新区建设等工作。1914年，京都市政公所制定了"香厂新市区"规划，范围是"南抵先农坛，北至虎坊桥大街，西达虎坊路，东尽留学路"。该街区仅用五年就建设完成，配备了完善的市政基础设施，修建了道路、公共建筑、住宅区等，是北京当时的首善之区。20世纪30年代，随着政治、经济变化以及人口的迁移，香厂新市区的繁华逐渐褪去。

香厂新市区是中国人自己规划建设的，街道整齐划一，建筑错落有致，商业繁荣兴旺，小区安静怡人，成为非常有活力的新区，是一个成功的城市更新案例。香厂首次出现了国家征地权的概念，打破了旧有土地官有或私有的明显界限，市政公所可以自行征地，并按照相应等级标准赔付补偿金。由于事先做了充分的宣传工作，又精心为住户组织换房、提供临时住房等，征地顺利进行，获得了较大规模的场地，可以进行统一的规划建设。

20 世纪外国建筑师在中国完成了很多设计实践，如美国建筑师亨利·墨菲（Henry Killam Murphy），他完成的燕京大学、金陵女子大学等项目，均采用中国传统建筑形式，显示了想要与中国传统文化相融合的思想。这说明外国建筑师注重中国建筑文化民族性的表达。燕京大学的校址现在是北京大学主校园——燕园。1921—1926年，亨利·墨菲为燕京大学进行了总体规划和建筑设计，建筑群全部采用了中国传统建筑的式样。燕京大学沿东西轴线展开，西校门、华表、歇山顶的行政楼——贝公楼，院落南北两侧是两座教学楼，中轴线一直延伸到未名湖。

上海外滩建筑群形成于 20 世纪初至 20 世纪 30 年代，是与世界接轨的近代建筑群，代表着当时世界建筑设计和施工技术的一流水平，有"万国建筑博览会"的美称。上海外滩建筑群记录了自清道光二十三年（1843 年）开埠以来的发展历史，浓缩了 20 世纪中国与世界的文化交往，体现了政治、经济、文化的变迁，是上海历史文化的金名片，也是 20 世纪建筑遗产的见证。

20 世纪，涌现出梁思成、刘敦桢、杨廷宝、童寯等众多第一代中国建筑师，他们远赴重洋，学习西方建筑知识，学成归国，报效祖国。早期的华盖事务所、基泰事务所等完成的建筑设计，反映了他们将留学所学知识应用于中国实践。他们既向传统建筑学习，又将中西方建筑有效结合，设计出兼容并蓄的中国现代建筑。

1958 年，为了庆祝中华人民共和国成立十周年，决定在首都北京规划建设人民大会堂、中国革命博物馆与中国历史博物馆（现在的中国国家博物馆）、中国人民革命军事博物馆、民族文化宫、民族饭店、钓鱼台国宾馆、华侨大厦（已被拆除，现已重建）、北京火车站、全国农业展览馆和北京工人体育场。这十座建筑被称为新中国成立十周年首都"十大建筑"。

人民大会堂是建筑史上的一个奇迹。毛泽东主席早就有"建一座能够容纳一万人开会的大礼堂"的心愿。1958 年 8 月，周总理指示："大会堂的寿命起码要比故宫、中山堂长，不能少于 350 年。"于是，各个设计院、高校纷纷提供方案，用 50 天的时间完成了设计图纸。1958 年 10 月动工，1959 年 9 月建成，利用 11 个月的时间建设完成了一座 17 万平方米的大型会议建筑。人民大会堂坐西朝东，位于天安门广场西侧，西长安街南侧。南北长 336 米，东西宽 206 米，高 46.5 米，占地面积 15 万平方米，建筑面积 17.18 万平方米。人民大会堂的建筑面积比故宫建筑群还要大。人民大会堂整体庄重肃穆，体现了国家政权的严谨性。建筑采用对称式布局，连续的柱廊使得立面风格完整统一。建筑融合了中西元素，柱子采用欧式风格，但柱头柱础又有变化，屋顶采用中国传统琉璃瓦，体现了中西合璧的建筑风貌。建筑色彩上呼应天安门的红墙、黄瓦、汉白玉石栏杆，相得益彰（图 3）。

在中国共产党的领导下，来自祖国各地的建设者们自力更生、艰苦奋斗、万众一心，共同创造了这建筑史上的奇迹！当时的建筑技术非常有限，甚至没有建造过 10 层以上的高楼，但是就在如此艰难的情况下，克服了种种困难，完成了这样一座宏大的建筑。这取决于全国人民的支持！建筑材料来自祖国各地，如辽宁的钢材、上海的电梯、天津的电线、南京的灯泡、杭州的锦缎……在施工过程

图 3 人民大会堂

中，也涌现出很多先进人物，如张百发钢筋工青年突击队、李瑞环木工青年突击队等，他们连夜奋战，大大缩短了工期。大会堂的工地上，每天有 1 万多名建设者活跃着，他们日夜轮流作业，争分夺秒，保质保量地完成了工程建设。据统计，累计有 30 万人参加了工程建设。人民大会堂真正体现了人民的力量！展现了新中国的强大凝聚力！

图 4　北京饭店东楼、建国门外交公寓、国际俱乐部

20 世纪 50 年代，为接待苏联专家和召开国际会议，北京修建了和平宾馆、北京饭店、前门饭店等旅馆建筑。杨廷宝先生设计的北京和平宾馆成为现代主义建筑的经典之作，创新性的设计也体现了 20 世纪建筑的时代性。同时还修建了三里河的"四部一会"办公楼和百万庄的建工部大楼等办公建筑。

20 世纪 70 年代，随着我国与各个国家建立外交关系，使馆、涉外建筑也相应建设。北京饭店东楼、建国门外交公寓、国际俱乐部、友谊商店等陆续建成（图 4）。

20 世纪 80 年代至 1999 年，我国在改革开放的春风下，建筑迅速与世界接轨。中国建筑师们采用新技术、新材料、新理念建造出丰富多彩的国际化建筑。建筑文化呈现出"大爆发"状态，风格形式多种多样。

国家植物园（原北京植物园）展览温室位于香山脚下，占地 5.5 公顷，建筑面积 17000 平方米，于 1999 年 10 月建设完成。展览温室由北京市建筑设计研究院有限公司张宇及其团队设计，获得全国第十届优秀工程设计金奖。设计构思是"绿叶对根的回忆"，温室采用钢材与玻璃两种材质，晶莹剔透，宛如一片香山脚下的水晶绿叶（图 5）。

图 5　国家植物园展览温室

　　展览温室设计了"根茎"交织的"点式"连接玻璃幕墙倾斜顶
棚，运用了新结构、新技术、新材料。温室采用钢桁架结构，最大跨
度达 55 米，最高点 20 米（室内净高 18 米），屋面与侧墙均采用点
式连接，双层中空钢化玻璃，外表面玻璃面积约 11000 平方米，用
钢 650 吨。玻璃幕墙由不规则形状的玻璃拼贴而成，每一块都不一
样，形成了优美的曲线和曲面，给人视觉享受。但是不便于施工，成
本高昂。

二、20 世纪建筑文化的特点

　　中国文物学会单霁翔认为 20 世纪建筑遗产有以下特点：种类繁
多，保存完整；时代变迁，文化多元；功能延续，贴近生活；内涵丰
富，感召力强。

　　20 世纪建筑文化呈现出民族性、时代性、连续性、继承性和交
融性的特点。

（一）民族性

　　20 世纪建筑形式多变，但是建筑文化始终坚持了民族性。民族
性是对中国传统文化的认同与尊崇。中华文明传承了 5000 年，形成

了自己独特的文化特点。

　　吕彦直曾作为亨利·墨菲的助手，参加金陵女子大学和燕京大学的规划设计。他的代表作品是南京中山陵（图 6）。陵墓采用中国陵墓传统布局，通过主体祭堂、坊、碑亭等元素，形成简朴、庄重的钟形图案，将陵园与自然山体环境融合，创造出具有中国民族性的建筑。吕彦直设计的广州中山纪念堂将纪念性的礼仪空间与宣讲空间相结合，建成当时国内跨度最大的会堂建筑，体现了他对中国传统建筑的情有独钟（图 7）。

（二）时代性

　　20 世纪的中国是一个从纷乱走向有序的时代。清末，政府腐败无能，外国列强趁机占领了部分领土，形成了租界地，将外来文化完全植入中华大地，建筑文化呈现出殖民地文化。民国，随着政治制度的改革，政权不断变化，社会动荡，建筑文化呈现出中西交融的双向性。1949 年后，为庆祝新中国成立十周年而建的"十大建筑"充分体现了人民当家作主的政权特点，建筑文化呈现出人民性。改革开放后，我国与世界接轨，建筑文化也与世界建筑文化充分交流，呈现出具有地域性的国际性。总之，时代在变，建筑文化也随之而变，20 世纪的建筑文化充分体现了这一特点。

图 6　南京中山陵（左）
图 7　广州中山纪念堂（右）

（三）连续性

20 世纪建筑遗产见证了中华文明的连续性。20 世纪建筑文化是源远流长的中国历史文化的一个片段，这个片段是短暂的，也是精彩的。20 世纪的建筑师们在前人的基础上，将民族文化发扬光大，使得中华文明能连续发展，创造了新的风格和新的历史。20 世纪的建筑文化包含了中国历史上的各个民族的文化，延续了千年以来的优良传统，是人类历史长河中的一个脚印，并将继续脚踏实地地走下去！将优秀的中国建筑文化传承下去！

（四）继承性

20 世纪中国建筑文化是在继承了中国传统文化的基础上发展演变的。梁思成与林徽因就是继承传统文化的优秀代表。他们还在宾夕法尼亚大学学习期间，梁启超寄给他们一部记述中国传统建筑的《营造法式》，两人感慨中国传统文化的博大精深，于是埋下了要为中国建筑写书立传的心愿。后来他们回国后，在营造学社工作期间，调查了大量的中国传统建筑，并完成了一系列的论文和英文版的《图像中国建筑史》（ *A Pictorial History of Chinese Architecture* ）。这些英文论文和书籍向世界介绍了中国传统建筑，为中国建筑屹立于世界之林作出贡献。梁思成向世界展示了中国传统的建筑文化，将中国建筑文化推向世界舞台，是 20 世纪建筑文化的重要传播者。

梁思成看到欧洲各国已经系统地整理研究了建筑史，而中国尚未有人研究，因而感慨道："我在学习西方建筑史的过程中，逐步认识到建筑是民族文化的结晶，也是民族文化的象征。我国有着灿烂的民族文化，怎么能没有建筑史！"❶从 1931 年开始，梁思成加入营造学社，在朱启钤先生的指引下，完成了北京故宫部分建筑的测绘；发现了我国最早的唐代建筑——五台山南禅寺和佛光寺；测绘了北京、河北、山西、四川、云南等多地古建筑，留下了丰富的古建测绘图纸，构建了中国建筑史的基本框架。梁思成编写《中国建筑史》不仅填补了中国古建筑史的空白，开创了中国建筑的未来之路，更是将中国建筑文化继承下去！

---

❶ 林洙 . 建筑师梁思成 [M]. 天津：天津科学技术出版社，1996.

（五）交融性

东西方文明的交流融合由来已久。2019 年 3 月，法国总统马克龙赠送给习近平主席一本 1688 年出版的法语版《论语导读》，并提到："孔子的思想深刻影响了伏尔泰等人，为法国启蒙运动提供了启迪。"中国的丝绸、瓷器、茶叶等传播了东方文明，中国传统园林更是获得了欧洲世界的青睐，20 世纪更是东西方交流交融的一个重要时段。

民国时期，建筑风格呈现出两种倾向，一种是西洋风格，另一种是传统复兴风格。这两种风格反映出中国传统建筑文化与外来建筑文化的碰撞与融合，形成丰富多彩的建筑风貌和城市面貌。有意思的是，西洋风格多由中国人模仿设计，而传统复兴风格则由外国人学习创作，建筑设计师相互学习借鉴，体现出民国时期文化的交流与融合。如河南大学（河南留学欧美预备学校）大礼堂的主立面就是典型的中西合璧风格（图 8）。大礼堂立面造型为中西合璧的建筑风格，体现中华民族传统文化的大屋顶与体现时代特色的罗马柱式有机地组合在一起，柱式的柱头则是巧妙地结合了爱奥尼柱头和中国建筑中的雀替，衔接自然，中西完美合璧，不得不赞叹设计师的奇思妙想。

1949 年后的国庆"十大工程"也是建筑文化交融性的映射。"十大建筑"多数都有体现中国传统文化的大屋顶或者琉璃屋檐，也有体现西方文化的柱式等，而柱头又常常根据中国建筑文化而演变。

图 8　河南大学（河南留学欧美预备学校）大礼堂火灾前后对比

三、建筑文化的传承

（一）文化自信

2023 年 6 月 2 日，习近平总书记在北京出席文化传承发展座谈会并发表重要讲话。他指出："在新的起点上继续推动文化繁荣、建设文化强国、建设中华民族现代文明，是我们在新时代新的文化使命。要坚定文化自信、担当使命、奋发有为，共同努力创造属于我们这个时代的新文化，建设中华民族现代文明。"

20 世纪建筑展现了现当代建筑师的追求与素养，他们学贯中西，致力于将中国建筑文化传播到世界舞台上，弘扬中华文化，展现了 20 世纪中国建筑师的文化自信，他们的作品更是文化自信的讲述者、传播者。20 世纪的建筑师们具有守正不守旧、尊古不复古的进取精神，他们具有不惧新挑战、勇于接受新事物的无畏品格。

（二）文化交流

20 世纪是一个进步的世纪，社会进步、经济进步、思想进步、文化进步！在当下的信息时代、数字时代，文化交流更是日新月异。建筑文化也应顺势而为，跟上时代的脚步！做好数字化、智能化的发展，与世界同频共振，在文化洪流中顺势而为，将具有中国特色的建筑文化融入世界建筑文化之中。

书籍，沉淀着文明；建筑，承载着文化。加强建筑文化交流，建筑书籍起着重要的桥梁作用。因而，做好建筑书籍的传播，更是 20 世纪建筑文化交流的重要内容。

（三）文化传承

2024 年 5 月 2 日，河南大学大礼堂被大火焚毁，这是多么惨痛的教训！这座承载着河南大学历史与人文情怀的建筑在战火中屹立不倒，在地震中巍巍挺立，却倒在了熊熊大火之下！无数人青春记忆，学校辉煌的历史，都在熊熊大火之后黯然失色！所以，传承是多么重要，作为建筑文化的载体，要保护好这些凝聚着 20 世纪记忆的建筑，让他们在新时代发挥好新的作用，才能将一代代文化传承下去！

参考文献

［1］ 中国社会科学院语言研究所词典编辑室．现代汉语词典 [M]．北京：商务印书馆，1983.

［2］ 刘先觉．建筑文化的深层课题：生态建筑学探讨，建筑与文化论集（第三卷）[M]．武汉：华中理工大学出版社，1994.

［3］ 李雄飞．建筑文化七题 [M]．天津：天津科学技术出版社，1989.

［4］ 林洙．建筑师梁思成 [M]．天津：天津科学技术出版社，1996.

［5］ 崔愷．文化的态度：在中国建筑学会深圳年会上的报告 [J]．建筑学报，2015（3）.

［6］ 章明，张姿．对当代中国建筑文化价值取向的反思：以 1978—2014 年《建筑学报》为参照系的研究 [J]．建筑学报，2014（Z1）.

［7］ 吴焕加．中国建筑 百年变局 [J]．建筑学报，2014（8）.

［8］ 程泰宁．东西方文化比较与建筑创作 [J]．建筑学报，2005（5）.

20 世纪 50 年代建筑遗产艺术论

韩林飞　韩玉婷

韩林飞，北京交通大学教授、博士生导师，建筑学博士、城市经济学博士、自然地理学博士后，俄罗斯建筑与建设科学院外籍院士，研究方向为建筑与城市规划设计、古建筑修复与保护。出版专译著 20余部，法国总统奖学金获得者，教育部新世纪优秀人才支持计划获得者，中国城市化贡献力人物。曾获科技部精瑞科学技术金奖和中意建筑奖等多项奖励。

　　20 世纪 50 年代，中国正处于一个建设发展的全新时期，国民经济逐渐恢复并开始迅速发展。国家实施了一系列重要的建设计划，城市化进程加快，公共与居住建筑也得到了崭新的发展机遇。社会主义现实主义思想和文化创作运动对建筑领域产生了深远影响，建筑艺术呈现出新的时代面貌和自我探索的特点。

　　建筑是时代精神的表现，1952 年建筑研究座谈会中强调建筑是一种艺术，应该建造美观实用的住宅和公共建筑。苏联专家穆欣提出城市本身也是一门艺术，20 世纪的中国建筑遗产在城市特色风貌规划与建筑风貌、建筑细部、建筑色彩上展现了中国建筑的艺术特征。这一时期，中国建筑遗产的艺术价值得到了极大的关注，掀起了一场建筑艺术创新中国探索卓有成效的实践。

　　建筑师们开始尝试本土精神传统文化和现代设计理念的结合，创造出具有中国特色的建筑艺术作品。同时，技术创新和新的建筑材料也得到了有效推广与应用，如钢结构、预制混凝土等的引入，为建筑设计和施工带来了新的可能性。城市风貌和景观设计方面也开始受到重视，建筑与环境融合的中国山水文化也成为当时建筑创新的重要方向。这一时期的建筑作品体现了中国建筑师对于传统建筑艺术形式的重新诠释和创新，同时也反映了当时社会发展的时代需求。20 世纪50 年代，中国建筑遗产的艺术创新为中国现代建筑的发展奠定了重要的基础。这些作品不仅在建筑设计上具有独特的艺术性，而且成为了 20 世纪中国建筑遗产重要的组成部分，为后世提供了深刻的启示和借鉴。

一、20 世纪中国建筑遗产中 20 世纪 50 年代的作品

20 世纪 50 年代，中国建筑进入重要阶段，在社会主义现代化风格的引导下，融合传统元素与现代技术，体现社会主义艺术理念，成为中国建筑遗产中不可或缺的一部分。

（一）20 世纪 50 年代中国现代化建设

20 世纪 50 年代，我国迎来了深刻的社会变革和快速的时代进步。这一时期的中国政府致力于推动城市和乡村的现代化建设，满足了人民对美好生活的迫切需求。基础设施建设成为时代巨大变革的象征，为国家工业化、现代化发展奠定了坚实基础。此时，中国开始接受苏联的城市规划理念，强调人民利益和社会公益，倡导合理的城市布局和建筑设计。建筑建造在很大程度上是参考苏联经验、仿习苏联模式而建立的，梁思成等人考察了苏联建筑的实际情况，了解到苏联建筑科学院的研究主要是一般建筑理论、建筑构图、苏联建筑设计、俄罗斯等各民族建筑设计、建筑通史研究、建筑技术与装饰史研究 6 个方面❶。并将其经验应用于中国现代建筑的发展中，对我国建筑界产生了重要影响。

（二）20 世纪 50 年代中国建筑遗产的分类

20 世纪中国建筑遗产是历史重要的组成部分，更是历史重要的见证物，这些建筑遗产的保护关乎时代历史与精神的传承。

1. 工业遗产建筑

中国工业建筑在 20 世纪 50 年代的遗产开创了大规模工业化建筑设计与建造体系，结合苏联工业建筑经验，注重工业效率与人文关怀的统一，包括配套住宅、文化设施，成为中国工业建筑的重要特征。其中国有 738 厂（北京有线电厂）（图 1）作为入选中国 20 世

图 1　国有 738 厂（北京有线电厂）

---

❶ 梁思成 . 梁思成工作笔记 [A]. 清华大学档案馆 .

图 2 北京展览馆（左）
图 3 中国人民革命军事博物馆（右）

建筑遗产第二批项目的代表之一，充分展示了传统建造方式和地方民族建筑符号的应用。

2. 公共建筑遗产

中国 20 世纪 50 年代的公共建筑受到苏联社会主义现实主义创作思想的影响，展现古典雅致、雄伟造型和历史细部的精巧表达，体现了中苏建筑师共同探索的现代建筑风貌。其中北京展览馆（图 2）和中国人民革命军事博物馆（图 3）等代表性建筑成为 20 世纪中国建筑遗产的杰出代表，至今仍是时代创作精神的成功写照。

3. 住宅与住宅小区遗产建筑

中国 20 世纪 50 年代的住宅区和住宅建筑设计受苏联"居住小区"理念影响，借鉴了围合式住宅、日照间距技术和配套设施规范，奠定了中国现代住宅设计与建设的基础。标准化平面设计、卫生设施、框架结构等技术标准成为新中国住宅建筑规范，而工业化施工技术、公共配套设施设计等则成为 20 世纪中国住宅建筑遗产的重要组成部分，如北京百万庄住宅区（图 4）。

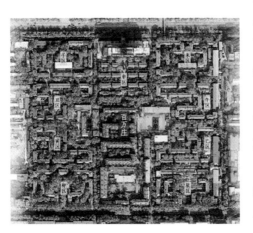

图 4 北京百万庄住宅区布局图

二、20 世纪 50 年代中国建筑遗产的艺术特征

　　"建筑是一种艺术，是修建美丽方便的住宅、公共建筑及城市的艺术。"❶

——穆欣

　　建筑艺术是一种造型艺术，它以建筑的工程技术为基础，通过艺术造型设计和结构布局，结合相关艺术以及自然环境和社会环境来展现其艺术价值❷。在建筑遗产中，几乎所有的国际宪章和条例文件都强调了艺术价值的重要性。

（一）现代化与中国建筑艺术精神的创新

　　20 世纪 50 年代是中国现代化进程中关键的时期，见证了建筑艺术精神的创新与发展，融合了世界现代主义建筑思潮，将传统文化元素与现代设计相结合，推动了建筑创新，体现了现代理念的同时保留了中国传统建筑特色。

　　1. 现代功能与中国建筑艺术精神的结合

　　20 世纪 50 年代，功能主义思潮在世界现代主义建筑中蓬勃发展，通过引入实用功能主义理念，中国建筑在空间设计、材料运用和环境融合方面取得了新突破，为当时的建筑设计注入了现代化元素。这种融合使得中国建筑在注重实用性、功能性的同时，也在追求现代建筑造型的形式美学和人文主义关怀的创新精神。

　　现代主义建筑思潮中的功能主义理念对中国建筑发展产生了深刻的影响。"形式追随功能"的口号促使人们优先关注建筑的物理环境和人机功效问题，推动构造节点和建筑设备的进步，如采光更好的玻璃窗和电梯等设备的出现。这种理念要求人们根据建筑的功能要求进行理性分析和方案设计，促使了功能主义设计方法的产生。20 世纪 50 年代的建筑建造中，功能主义理念在实践中得到了很好的应用。例如，杨廷宝参与设计的和平宾馆，立面造型是"正确地应用近代建

　　❶《建筑创作》杂志社. 建筑中国六十年 1949—2009（事件卷）[M]. 天津：天津大学出版社，2009.

　　❷ 陈祥明. 艺术欣赏 [M]. 长春：东北师范大学出版社，2015.

筑的手法的少数实例之一"[1]，采用简单、朴素、干净的设计手法取代了虚假的装饰和线条（图5）。

2. 现代建造技术与中国建筑空间的艺术精神

20世纪50年代，中国建筑面临着工业化和现代化的全面挑战，建筑空间的文化与艺术精神在这一时期也得到了重视，建筑师们努力在现代建筑中保留和传承传统的文化价值观和审美观念。这种融合使得20世纪50年代的中国建筑既具有现代化的功能性和经济性的探索，又展现出深厚的文化底蕴和本土的审美与艺术特色。

传统的中国木结构建筑在城市现代化进程中遇到了挑战，无法满足大规模、大体量、多层次的现代建造需求，因此钢结构和钢筋混凝土结构被广泛应用，创造了更符合时代需求的建筑空间。在中华人民共和国成立初期，许多建筑采用工业化结构体系，如北京火车站和北京工人体育馆，体现了"适用、经济、美观"的设计理念。工业化结构体系加快了建造进度，提高了建筑效率，为当时基础设施建设和城市发展作出了重要贡献。

同时，这一时期的建筑建造还出现了积极采用新技术、新结构、新材料的开拓性探索，如同济大学大礼堂（图6）采用拱和网架结构，重庆山城宽银幕电影院（图7）采用筒壳结构，全国农业展览馆（图8）采用薄壳结构等[2]。这些建筑代表了采用新结构的公共建筑创

图5　旧楼设计外立面图（左）
图6　同济大学大礼堂（右）

[1] 华揽洪. 谈谈和平宾馆 [J]. 建筑学报，1957（6）：41–46.
[2] 邓庆坦. 中国近、现代建筑历史整合的可行性研究 [D]. 天津：天津大学，2003.

新，体现了新结构和新技术的探索与大体量空间开敞、明亮醒目的艺术视觉效果。

图 7　重庆山城宽银幕电影院（左）

图 8　全国农业展览馆（右）

3. 现代生活方式与中国建筑空间思想

20 世纪 50 年代，随着中华人民共和国的建立和社会主义政体的兴起，中国的现代生活方式开始逐渐演变。社会变革深刻地影响了中国建筑的空间精神，建筑空间被赋予更多的精神和社会意义。建筑师们在设计中注重体现社会主义文化，强调集体主义和公共利益。与此同时，建筑空间的布局和设计也反映了当时的生活方式。强调集体生活和公共空间精神意义的重要性。建筑内部的布局和装饰更加简洁明快，体现了社会主义的朴素和节俭精神。

（二）本土精神的艺术展现

20 世纪 50 年代初期，中国建筑作品中融合传统文化与现代理念，展现独具的中国风格。建筑师融合传统元素，如斗拱、檐角、雕刻，与现代风格结合，创造了社会主义内容民族形式的艺术魅力。

1. 建筑纪念性与崇高性的艺术

中华人民共和国成立初期的建筑遗产风格可以分为"苏式风格""殿堂式民族形式"和"新民族形式"三种[1]。其中宫殿式风格类的建筑遗产作品造型雄伟宏大，具有极强的纪念性与崇高性，充分体现了当时新政权建立后的民族自豪感和自尊感。例如，北京展览馆（图 9）建筑呈"山"字形，具有俄罗斯古典主义建筑立面构图特征，整体建筑宏伟庄严，通过利用节点空间变化和地面高差来实现空间上的转折和递进，进而形成稳定的整体视觉效果。

---

[1] 李瑞华. 北京 20 世纪建筑遗产保护利用研究 [D]. 北京：北京建筑大学，2020.

图 9　北京展览馆"山"字
形外观（左）
图 10　中国美术馆（右）

2. 本土材料与细部的艺术体现

随着工业化结构体系的变革，为了提升建筑效率、增大建筑空间，钢结构和钢筋混凝土结构开始被广泛应用。这些进步为"均质空间"和"新建筑五点"实施奠定了技术基础，促进更多大跨度结构出现❶。同时，建筑师们也将本土传统材料如青砖、木材和石材等与新结构融合，体现了对传统文化和地域特色的尊重。这些本土材料赋予建筑独特的质感和文化氛围，同时也反映了当时社会经济条件下的实用性和可持续性考量。建筑造型艺术方面连续柱廊和重复开窗等形式被广泛运用，强调秩序和韵律美，实现建筑的统一和均衡。

3. 建筑色彩的本土再现

20 世纪 50 年代，在苏联影响下建造的"苏式"建筑，通常会选用以红、黄、绿三种暖色调为设计的主体色彩，会给人带来一种欣欣向荣的明快感。许多大型公共建筑外墙通常为朴素的米黄色，细部装饰丰富。建筑色彩常选用金色和红色，寓意革命和喜庆，色彩组合华丽、明快，传达出那个火红年代的美好期许；另一种是民族形式影响下，使用琉璃瓦部件带来的色彩，如黄色或绿色琉璃瓦，呈现高雅、稳重、辉煌的中国建筑的艺术特征。例如，中国美术馆（图 10）采用黄色琉璃瓦，全国农业展览馆、民族文化宫选用绿色屋顶，与环境相得益彰，展现庄重典雅感。体现了对传统文化的传承和当时社会

❶ 赵奕霖. 西方现代主义建筑思潮对中国本土建筑设计的影响（1949—1980）——浅谈中国建筑设计和建筑教育的发展 [J]. 中国建筑教育，2019（2）：176–184.

背景下的审美追求。这些色彩再现特点赋予了 20 世纪 50 年代中国建筑独特的魅力和历史意义。

（三）建筑设计风格的创新

20 世纪 50 年代，中国建筑设计体现社会主义现实主义特征，融合民族形式与历史风格，强调功能性、实用性和集体主义精神。这种创新风格推动了建筑设计现代化，为城市发展注入新活力，展示探索和创新精神。

1. 建筑布局的艺术创新

20 世纪 50 年代，受到社会主义现实主义的影响，中华人民共和国成立初期的建筑艺术美感体现在秩序感与和谐美方面。秩序美感在"大街坊"住宅设计理论中得到突出体现，以北京团结湖住宅区为例（图 11），它采用系统化设计，严格遵循模块标准，营造形式感和秩序感。

而在建筑空间的层次感方面主要表现在主次、远近、大小、前后等视觉效果上，以北京展览馆为例（图 12），主次关系体现在有主楼建筑和其他建筑要素的配合；远近关系则通过设置广场和建筑主体的位置关系而展现；大小关系表现在主楼高耸、回廊宽缓等对比方面；前后关系则体现在前方空间开阔、装饰华丽而后方建筑体量简洁一体的衬托。20 世纪 50 年代的大型公共建筑强调整体性，通过建筑要素的组合展现规模与气势，主楼与配楼、楼宇与广场、门窗结构与建筑立面的配合呈现出整体性和谐而醒目的效果。

图 11　北京团结湖住宅区鸟瞰图（上）
图 12　北京展览馆建筑外观（下）

2. 建筑造型的艺术创新

中华人民共和国成立初期的建筑造型将轴线对称的中国建筑艺术秩序布局发挥到极致，如中国人民革命军事博物馆（图 13），以中轴对称的方式整齐排列，展现出和谐的整体美和对称美。建筑布局和造型均采用轴线对称，同时呈

图 13　中国人民革命军事博
物馆外观（左）

图 14　北京展览馆外立面柱
单元组合（右）

现明显的梯状渐变特征，体现出严谨庄重的建筑风格。沿用三段式构
图以及对比例关系的强调，体现了建筑师追求平稳简洁手法和古典风
格的庄重意味。规矩中透露着变化，变化中蕴含着形体艺术的韵律，
塑造了严谨庄重的建筑艺术风格。

　　而建筑立面造型则以简单的线条构图为主，通过造型单元和序列
的组合实现整体美的效果。柱的序列使用是 20 世纪 50 年代中国建筑
遗产重要的元素之一，以柱为单元进行排列，展现出舒展大气、明朗
有秩、光影变化的感受。在北京展览馆（图 14）等建筑中，柱列的排
序形式增强了建筑物之间的联系，突出了建筑造型细致典雅的主要形
体特征。

　　3. 建筑细部的艺术创新

　　20 世纪中国建筑遗产的装饰图案种类丰富（图 15），包括中国
传统的团纹、云纹和回纹装饰，党徽，五角星，鸽子，瓜果蔬菜等；
还有西方人物立体雕塑、罗马柱等，充分体现了社会主义内容和民族
形式。细部构造方面有常用的券拱、柱式、尖塔等。这些图案象征着
祥和、胜利、和平、收获等寓意，展现细部审美和艺术设计表达。

（四）20 世纪 50 年代中国建筑遗产作品的艺术价值分析

　　建筑是凝固的音乐，是时间的见证者，更是空间技艺的诗篇。20
世纪 50 年代的中国建筑遗产不仅是功能实用与艺术审美相结合的产
物，更是技术与创新艺术相结合的产物，它们体现了建筑艺术在实用
功能与美学追求之间的融合，同时凝聚了建筑师、工程师和工匠们的
智慧和劳动创造。中华人民共和国成立初期受到社会主义现实主义影
响的中国建筑遗产的形态特征和艺术表现力具有独特的自我创新，它
们通常有着高耸的主楼、对称式的布局以及显著的"三段式"结构等

图 15　装饰构件

特点。同时通过空间的组合、色彩的搭配以及装饰细部的处理，体现
了那个火红年代的中国创新，此时的建筑遗产创造了个性化和独具匠
心的建筑形象，给人带来良好的视觉体验和精神享受。

三、20 世纪 50 年代中国建筑遗产艺术创新发展的动力分析

　　中华人民共和国成立后，受全面向苏联学习政策的影响，中国建
筑的创作思想融合了苏联社会主义现实主义风格，强调功能性、实用性
和集体主义精神，推动了中国建筑设计新的探索与现代化、规范化和集
体化建筑的实践创新，创造了独具特色的中国式社会主义建筑风格。

（一）20 世纪 50 年代苏联社会主义现实主义的影响

　　1917—1930 年，苏联建筑经历了构成主义风格的探索，展现出
现代化建筑形式和材料运用，彻底颠覆了传统古典装饰风格。1932
年，苏维埃宫建筑设计竞赛后，苏联建筑强调现代
建筑中的古典元素表达，社会主义现实主义注重民
族特色和社会主义内容，对中国建筑界也产生了稳
定的影响，为年轻的共和国的建筑设计思想带来新
的思路。1933—1953 年，苏联建筑受社会主义
现实主义影响，呈现宏伟叙事和历史再现特点，如
莫斯科地下铁路（图 16）和莫斯科七姐妹建筑群

图 16　莫斯科地下铁路装饰

图 17　莫斯科七姐妹建筑群

（图 17），同时融合现代技术与古典风格，对年轻中国的政府建筑和城市规划产生了巨大的影响。1953—1958 年，苏联建筑更加强调实用性和创新性，融合东方传统元素和现代主义理念，展现出独特的风格，对世界建筑产生深远影响，为其他国家建筑提供借鉴，也影响了中国城市与建筑的发展。中国建筑师最早通过苏联专家的介绍和解释接触到了苏联建筑理论。1954 年，《建筑学报》刊载了多篇翻译文章，随之全面引入了苏联的建筑理论。

（二）中国建筑师对本土精神的追求

梁思成在 20 世纪 50 年代积极推广和诠释现实主义与民族风格的建筑理论，特别是在宣传和推动民族形式方面发挥了重要作用。梁思成从 1949 年之初就开始研究各项建筑政策，并试图将其贯彻到中国的建筑设计当中。1950 年 1 月，在某次研究会的讲话中，梁思成将新中国的建筑定义为"新民主主义的，即民族的、科学的、大众的建筑"❶。

❶ 梁思成. 梁思成全集 [M]. 北京：中国建筑工业出版社，2001.

在梁思成等人推动下，中国建筑学会于 1953 年成立，致力于国家经济文化建设并承担对外建筑学术交流任务。梁思成作为建筑学会的重要领导者，在 1950 年、1960 年的民间外交中扮演关键角色，领导团访问多国，促进学术交流活动。访苏代表团也获得了现场的经验，梁思成在 1953 年访问苏联后，在《新观察》发表了"民族的形式，社会主义的内容"一文，介绍了他在苏联的感受和与莫尔德维诺夫的谈话，向中国介绍了苏联建筑理论。

新中国建筑业在很大程度上借鉴苏联经验并仿效苏联模式发展，早期建筑外访活动主要关注了解苏联和其他社会主义国家的组织结构和工作方式，为年轻中国建立适应大规模计划经济建设需要的机构提供经验。如中国建筑学会和中国建筑科学院的建立都受到外访经验的影响。梁思成等中国建筑师致力于将中国传统建筑的精髓融入现代建筑实践中，追求将传统文化与现代建筑相结合，创造出既具有现代性又彰显中国传统特色的建筑作品。注重建筑与自然、人文环境的和谐统一。他们通过对传统建筑材料、结构和形式的研究，致力于在现代建筑中体现中国传统建筑的审美理念和文化价值。他们追求的不仅是建筑的外在美感，更是通过建筑作品传达中国文化的深刻内涵和精神内涵，弘扬中华建筑的独特魅力和智慧。

（三）中国建筑历史情节的延续

受到"西式古典框架 + 中式装饰构件"思想启发的典型建筑实例是民族文化宫（图 18），它是极具象征性的"民族形式"及表现中国传统"本土风格"的文化建筑，寓意着五十六个民族繁荣富强。同时它也入选了首批 20 世纪中国建筑遗产名录，由于是年轻的共和国建造的首个标志性建筑，被载入了《世界建筑史》。

民族文化宫建筑中央部分是高达 67 米的塔楼，采用重檐琉璃瓦屋顶的设计风格，东西翼楼为较低裙房，环

图 18 民族文化宫建筑

绕在塔楼两侧，整体建筑风格宏伟壮观、富丽别致，展现出独特的中华民族特色。建筑呈现出"山"字形平面布局，总建筑面积约为 3 万平方米，塔顶和檐子采用传统的孔雀蓝琉璃瓦，墙面主要采用乳白色的面砖，并搭配米黄色花岗石勒脚，整体建筑色彩鲜明，给人庄严、优美、雅致的感觉。

（四）中国建筑现代化的体现

中国建筑现代化体现在结构技术与建筑设计艺术美学创新的结合上，建筑师引入先进材料和建造技术，注重结构稳固性、功能性和民族美学的表现。现代建筑形式与功能完美结合，展现了新的空间创造和本土精神的追求。工业建筑注重效率、经济性和现代美学，融入中国的环境场所精神，展现了现代美感的中国创造。现代住宅建筑关注空间利用、完善功能，考虑居民生活方式和自我的审美需求，体现人文关怀、舒适、便利、环保，反映现代生活理念及生活方式的变迁。

1. 现代建筑的结构技术与美学

北京火车站（图 19）作为特殊的公共建筑，采用了大跨度车站屋盖结构、大面积采光门窗、宽阔通畅的出入口和大雨篷等建造方式，充分体现了新中国的现代大空间建造技术，更体现了在适用、经济条件下注意美观的建筑方针。北京火车站的平面设计采用了能够展现新中国"魄力"和"国门"车站的对称式布局和庭院式布局方式。北京火车站作为国庆献礼的"十大建筑"之一，在具体设计和施工中展现了全国性社会主义大协作的特征，体现了跨行业、跨区域的合作精神，成为国庆工程中独具本土艺术价值和创新意义的珍贵建筑遗产之一。

2. 工业建筑的效率与建筑美学

首钢工业园（图 20）始建于 1919 年，至今具有百年历史，是中国乃至全球最大规模的重工业遗存更新项目之一，入选了第一批中国工业遗产保护名录。历经多次洗礼，首钢工业园内部工业厂房随时政变化不断更新。首钢生产流线采用环形出铁方式，使其工业遗产在体量和造型上独特珍贵，留存至今。首钢三高炉博物馆位于北京石景山首钢厂区北区，是园区炼铁设备最全、特色鲜明的区域。

设计注重与周边环境有效联系，注入城市功能和活力。首钢的工业建筑遗址充分展现了工业建筑的美学，将大尺度的工业造型与生产技术完满结合，打造出了现代建筑设计的工业技术感的同时又不失技术美学创新的价值。

图 19　北京火车站立面（左）
图 20　首钢工业园遗址（右）

四、总结

中国建筑艺术在 20 世纪 50 年代对本土精神的追求展现出独特的创新，将传统文化元素与现代设计理念相融合，呈现出独具特色的风貌，为当时的建筑界注入了新的活力与创意。许多建筑作品体现了新中国建筑对民族历史与文化展现的重视和追求，具有崇高的社会使命感和纪念性的艺术价值。第一代建筑师将技术创新与社会主义理念及本土文化融合，展现了对国家现代发展与民族传统的尊重和传承，创造具有中国特色社会主义精神的建筑作品。他们融合西方现代理念与中国传统审美观念，成功打造现代感与中国艺术特色并重的建筑，在现代化的追求与传统文化的平衡方面作出了杰出贡献。

这些作品既是艺术的表现，又是对社会主义建设和民族文化传统的有力诠释，为中国建筑的艺术创新开辟了新的视野。不仅丰富了中国建筑的表现形式，更展现了中国建筑在这一时期独特的艺术魅力和时代价值，为后世留下了宝贵的建筑文化遗产。

参考文献

［1］ 梁思成 . 梁思成工作笔记 [A]. 清华大学档案馆 .

［2］ 李瑞华 . 北京 20 世纪建筑遗产保护利用研究 [D]. 北京：北京建筑大学，2020.

［3］ 《建筑创作》杂志社 . 建筑中国六十年 1949—2009（事件卷）[M]. 天津：天津
　　　大学出版社，2009.

［4］ 陈祥明 . 艺术欣赏 [M]. 长春：东北师范大学出版社，2015.

［5］ 华揽洪 . 谈谈和平宾馆 [J]. 建筑学报，1957（6）.

［6］ 赵奕霖 . 西方现代主义建筑思潮对中国本土建筑设计的影响（1949—1980）
　　　——浅谈中国建筑设计和建筑教育的发展 [J]. 中国建筑教育，2019（2）.

［7］ 邓庆坦 . 中国近、现代建筑历史整合的可行性研究 [D]. 天津：天津大学，2003.

［8］ 梁思成 . 梁思成全集 [M]. 北京：中国建筑工业出版社，2001.

［9］ 刘亦师 . 梁思成与新中国早期的国际建筑交流（1953—1965）[J]. 建筑学报，
　　　2021（9）.

20 世纪建筑遗产材料论

李海霞　王占海

我国幅员辽阔，各地自然资源、经济状况、文化形态等存在极大的差异性，导致不同建筑遗产在尺度与风格等方面存在巨大的区别，自然就铸就了地域性和多样性。但 20 世纪建筑遗产不是简单地按照传统建筑的技法与建筑材料营造，其修缮与维护更不能简单地靠自然材料及粗加工的人造材料建成，也由于文化技艺的交流，特别要求 20 世纪建筑遗产的材料既要与当时建设的材料有趋同性，也要因时因地采用特色的建筑材料，以跟上时代发展的步伐。20 世纪建筑遗产的材料论，旨在回答对于 20 世纪建筑遗产在修缮设计上的应用，而不是回望 20 世纪建筑经典产生过程中对建筑材料的依赖。所以，诸如传统建筑修缮中的原则，如"就地取材、就近取材、就贵取材"三类，都应该在考虑的范围之中。总之，建筑遗产修缮设计与营造的材料既要体现在地性，也要考虑应用现当代建筑发展的新材料。本文是对这些问题的综合分析。

李海霞，清华大学建筑学院建筑历史与理论专业博士，高级工程师，主要从事建筑遗产的研究与保护。美国加州大学伯克利分校东亚研究中心访问学者；昆明理工大学校外硕士导师；2014 年在清华大学城乡规划流动站从事博士后工作，研究方向为历史名城保护。近年来投身立足于文化遗产保护实践领域，现就职于北方工业大学建筑与艺术学院。

王占海，北方工业大学建筑与艺术学院研究生。

一、建筑遗产修缮的研究背景

（一）20 世纪建筑遗产的保护与发展

20 世纪建筑遗产是指 20 世纪初至 20 世纪 90 年代末的建筑，包括晚清、民国时期、新中国建设时期以及改革开放及部分现代建筑，是指由联合国教科文组织下属的 20 世纪遗产国际科学委员会所发布的《20 世纪建筑遗产保护办法的马德里文件（2011）》提出的内容。还包括建造于这一时期的因数量限制或者其他原因，还未被纳入保护名录的具有很高的艺术价值或社会价值的优秀建筑。

图 1　南京长江大桥

　　2024 年 4 月，第九批中国 20 世纪建筑遗产项目公布，全国共有 102 个项目入围，20 世纪建筑遗产保护工作又向前迈进了一步。这无疑是对我们建筑遗产保护工作的一份肯定和鼓励。在过去的十几年里，遗产保护工作者付出了巨大的努力，对许多具有历史和文化价值的近现代建筑进行了保护和修复。这些建筑不仅是砖石和水泥的堆砌，更是我们民族文化和历史的载体，是连接过去和未来的桥梁，图 1 为南京长江大桥。

（二）修缮材料的概念及重要性

　　建筑遗产修缮材料是遗产保护领域中的一项至关重要的工作，它致力于运用科学的方法和手段，对那些因时间流逝、自然侵蚀或人为因素受损的建筑进行修复和改造，使其恢复原有的功能和价值。建筑遗产修缮材料，是指那些专门用于修复和改造受损历史建筑的材料。这些材料经过精心设计和选择，旨在通过科学的方法和手段，使受损的建筑遗产恢复其原有的功能和价值。它们的应用不仅体现了对文化遗产保护和传承的高度重视，更是对历史和文明的尊重与传承。

　　建筑遗产修缮材料的选择与应用对于遗产保护工作的成功至关重要。合适的材料不仅可以有效地修复受损部分，更能保持建筑原有的历史风貌和文化内涵。同时，这些材料还应具备一定的耐久性和稳定性，以应对各种自然和人为因素的考验。

二、不同建筑材料的特点与修复措施

建筑中常见的建筑材料包括木材、砖块、石材、混凝土、玻璃、石膏板、沥青等，其中，每一种材料都有其自身特性，因此对于材料的了解、选用以及其后期修缮措施，对于建筑遗产保护至关重要。

（一）木材

木材作为一种传统建筑材料，在建筑修复设计中扮演着重要的角色。木材作为一种可再生资源，其生长周期短，碳排放低，符合可持续发展的要求。在传统建筑修复中，木材被广泛用于屋顶、门窗和室内装饰，不仅保留了建筑的历史韵味，还体现了对环境的尊重。同时，木材面临着耐久性和维护方面的挑战。木材的耐久性与其含水率和防腐处理密切相关。在湿润的环境中，木材容易受潮和腐朽，因此需要采取适当的防腐措施。例如，在天津五大道建筑群的修复工程中，工程师们采用了先进的防腐技术，对木材进行了特殊处理，以确保其能够抵御恶劣的气候条件，延长使用寿命。除了耐久性，木材的环保性也是其在建筑修复设计中备受推崇的原因之一（图 2）。

建筑的木结构修复措施有以下几个方面：

1. 诊断与评估

在进行木结构修复之前，首先要对木结构进行全面的诊断与评估。这包括对木材的腐朽程度、虫蛀情况、开裂程度等进行详细检查。通过专业的检测设备和工具，如显微镜、红外线检测等，可以更

图 2　朝内大街中的木楼梯

准确地判断木结构的状况。同时，还需要考虑木结构所处的环境，如湿度、温度等因素对木材的影响。

2. 防腐处理

腐朽是木结构建筑常见的问题之一。为了防止腐朽的进一步发展，需要对木材进行防腐处理。常见的防腐方法包括涂刷防腐剂、浸泡防腐剂等。防腐剂的选择要根据木材的种类、腐朽程度以及环境因素等综合考虑。此外，对于已经腐朽的木材，可以采用机械清除、化学处理等方法去除腐朽部分，再进行防腐处理。

3. 防虫处理

木结构建筑易受到虫蛀的侵害。为了防止虫害的发生，需要进行防虫处理。常见的防虫方法包括涂刷防虫剂、喷洒防虫剂等。防虫剂的选择要根据虫害的种类、木材的质地以及环境因素等综合考虑。此外，对于已经发生虫蛀的木材，可以采用机械清除、热处理等方法去除虫害部分，再进行防虫处理。

4. 加固与修复

对于开裂、断裂等木结构问题，需要进行加固与修复。可以采用钢筋、碳纤维等材料对木材进行加固，以提高其承载能力。修复的方法则可以采用与原木材质相近的新木材进行替换，以保证修复后的木结构在外观和性能上与原结构相似。同时，修复过程中还需要注意保持木材的湿度和温度，以避免因环境变化引起的木材变形。

5. 维护与保养

木结构建筑的修复并不是一次性的工作，而是需要长期的维护与保养。在日常使用中，要注意保持建筑的清洁，避免积水、污渍等对木材的侵蚀。此外，还要定期检查木结构的状况，及时发现并处理腐朽、虫蛀等问题。对于需要修复的部分，应及时采取相应措施，避免问题恶化。

建筑的木结构修复是一项综合性的工作，涉及诊断与评估、防腐处理、防虫处理、加固与修复以及维护与保养等多个方面。只有全面考虑并采取有效措施，才能确保木结构建筑的完好和历史价值得以传承。同时，随着科技的不断进步，未来还将有更多先进的修复技术和方法应用于木结构建筑的修复工作中。

（二）砖材

砖材作为我国的传统的建筑材料之一，在 20 世纪的建筑热潮中也被大量应用、广泛创新。其中主要应用于建筑结构、建筑立面，砖材的砌筑方式也有很大的创新，如用砖材料砌筑的图案、叠涩券等，丰富了砖材的原有砌筑方式，同时叠涩券、过街骑楼、建筑拱券等建筑结构的应用，极大地丰富了建筑的造型，同时，砖材的古朴纹理与石材、玻璃等建筑材料交相辉映，呈现出别具一格的建筑效果。较为经典的砖材料建筑包括清华大学早期建筑、上海外滩建筑群等，都是我国 20 世纪砖结构建筑的优秀作品。

黏土砖依据色泽差异，可划分为红砖与青砖两大类。尽管二者在物理性质上相近，但在耐用性方面，青砖表现出更为优越的性能，并在实际应用中占据更广泛的地位。这两种砖材在北京的 20 世纪历史建筑中得到了普遍应用。

另外，从制造工艺角度出发，黏土砖还可分为烧结砖与非烧结砖。烧结砖需经过焙烧工序，并根据焙烧条件的不同进一步细分为正火砖、欠火砖和过火砖。相对而言，非烧结砖则无须经历焙烧过程，可直接通过压制成型。

砖材在砌筑过程中，主要存在两种形式：清水砖墙和混水砖墙。清水砖墙的特点在于其外表面不进行任何形式的粉刷或贴面处理，呈

图 3　清华大学大礼堂

图 4 青砖（左）与红砖（右）

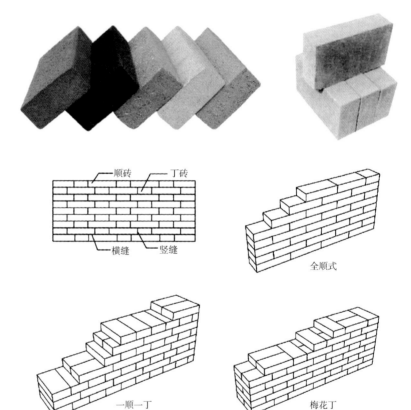

图 5 烧结砖（左）与非烧
结砖（右）

图 6 砌筑方式

现出砖材本身的质感和色彩。而混水砖墙则与之相反，通过抹灰、粉刷涂料或贴面等方式对其表面进行处理。鉴于清水砖墙外观无装饰，因此在砌筑过程中，除了要考虑砖材的使用量，还需兼顾其美学装饰效果（图3~图6）。

1. 砖材容易出现的问题

（1）砖砌体裂缝：包括斜裂缝、水平裂缝和竖向裂缝等。这些裂缝可能是由于地基不均匀下沉、沉降缝处理不当、温度变化影响、施工质量问题（如砂浆稠度过大、砂浆强度不足等）等原因引起的。

图 7 砖墙的开裂（左）与表皮脱落（右）

（2）砖缝砂浆不饱满：这可能是由于施工过程中砖缝砂浆的填充不足或砂浆质量不好导致的。

（3）砖块破损或脱落：可能是由于施工质量问题、自然环境因素（如风化、冻融等）或外力作用（如碰撞、震动等）导致的。

（4）墙面不整洁：可能是由于施工过程中抹灰或涂料处理不当，或者长期受到自然环境因素（如风雨侵蚀、污染等）的影响导致的。这些问题不仅影响了建筑的美观性，还可能对建筑的结构安全性造成威胁（图 7）。

2. 砖材的修缮措施

（1）对于砖砌体裂缝，可以采取以下修缮措施：首先，对裂缝进行清理，去除裂缝中的杂物和灰尘；然后，使用专用的裂缝修补材料进行填充和封闭，确保裂缝的密实性和防水性；最后，对修补后的裂缝进行养护，防止修补材料出现开裂或脱落。

（2）对于砖缝砂浆不饱满的问题，可以采取以下修缮措施：首先，对砖缝进行清理，去除砖缝中的杂物和灰尘；然后，使用专用的砖缝砂浆进行填充，确保砖缝的饱满度和密实性；最后，对填充后的砖缝进行养护，防止砂浆出现开裂或脱落。

（3）对于砖块破损或脱落的问题，可以采取以下修缮措施：首先，对破损或脱落的砖块进行清理，去除残留的砂浆和灰尘；然后，根据需要选择合适的砖块进行更换或修补；最后，对新砌的砖块进行养护，确保其与原有墙体的结合牢固。

（4）针对建筑砖材墙面的清洗，可用的清洗技术通常包括：水洗法、喷砂法、化学试剂清洗法、敷剂法、激光法、超声波法、干冰清洗法、生物降解法、机械法等。

（三）石材

石材凭借其坚固耐用、庄重典雅的特性，石材在建筑领域中的应用日益广泛。石材具有高强度、高硬度、耐磨、耐腐蚀等特点，使得建筑物在长期使用过程中能够保持良好的稳定性和耐久性。此外，石材还具有较好的隔热、防火性能，为建筑提供了更好的安全保障（图8~图10）。

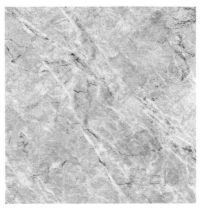

图8　大理石（左）与花岗岩（右）

图9　石材在建筑中的应用

石材铺地　　　　　　　石材立面　　　　　　　石材构件

石材的种类		
大理石	部分沉积岩	大理岩、大理化灰岩、火山凝灰岩、石灰岩、石英岩等
	变质岩	
花岗石	火成岩	花岗岩、玄武岩、火山岩、混合花岗岩、橄榄岩等
	变质岩	
板石	变质岩	板岩、叠层石灰岩、板状硅质岩、片岩、页岩等
	沉积岩	
砂岩	沉积岩	海相沉积砂岩、陆相沉积砂岩等
	部分变质岩	
人造石		有机与无机人造合成石、微晶石、水磨石、人造石衍生品等

图10　石材的种类

石材可根据其来源划分为天然石材与人造石材两大类别。天然石材涵盖了大理石、花岗岩及石灰石等，这些石材以其独特的天然纹理、丰富的色彩以及卓越的硬度而备受青睐。相比之下，人造石材则是以天然石材为基石，经过加工、合成等多重工艺制成，因此，它在外观和性能上呈现出更为多样化的特点。

1. 石材容易出现的问题（图 11）

（1）石材开裂

石材开裂是建筑中最常见的问题之一。开裂的原因多种多样，如温度变化、湿度变化、外力作用等。石材在受到外力作用时，容易产生应力集中，从而导致开裂。此外，石材在加工、运输和安装过程中也可能因操作不当或受力不均而产生开裂。

（2）石材变色

石材变色是另一个常见问题。石材变色通常是由于长期暴露在阳光、雨水等自然环境中，受到紫外线、化学物质和污染物的侵蚀。此外，石材在加工过程中使用的某些化学物质也可能导致石材变色。

（3）石材污染

石材污染是指石材表面受到污染物的侵蚀，如油污、水渍、化学试剂等。这些污染物不仅影响石材的美观性，还可能对石材的质地和性能造成损害。

（4）表面磨损

首先，石材表面的磨损主要源于人们的日常活动，如行走、搬运物品等。长时间的踩踏和摩擦会使石材表面的微小颗粒逐渐磨损，导致表面变得粗糙，光泽度降低。特别是在高人流量的区域，如商场、车站等，石材的磨损问题尤为突出。

其次，石材的质地和成分也是影响其耐磨性的重要因素。不同种

石材开裂　　　　　　　石材变色　　　　　　　石材污染　　　　图 11　石材出现的问题

类的石材具有不同的硬度和耐磨性。例如，大理石、花岗岩等硬质石材相对较为耐磨，而石灰石、砂岩等软质石材则更容易受到磨损。此外，石材表面的处理方式也会影响其耐磨性。

2. 石材问题的防治措施

（1）防止石材开裂

为防止石材开裂，可以采取以下措施：首先，在加工、运输和安装过程中，应尽量避免石材受到过大的外力和冲击力。其次，对于已经安装好的石材，应定期进行检查和维护，及时发现并处理开裂问题。此外，在石材安装前，应对其进行充分的养护和保湿，以减少因温度和湿度变化引起的应力。

（2）防止石材变色

为防止石材变色，可以采取以下措施：首先，在安装石材时，应选择适当的位置和角度，避免阳光直射或长时间暴露在雨水中。其次，对于易变色的石材，可以定期进行清洗和保养，以去除表面的污染物和化学物质。此外，还可以使用专业的石材防护剂，对石材进行防护处理，以提高其抗紫外线、抗污染和抗化学侵蚀的能力。

（3）防止石材污染

为防止石材污染，可以采取以下措施：首先，在使用石材时，应避免将其暴露在油污、化学试剂等污染物中。对于已经污染的石材，应及时进行清洗和处理。其次，在石材加工和安装过程中，应使用专业的石材清洁剂和防护剂，以减少污染物的侵蚀和损害。此外，对于易污染的石材，还可以采取定期清洗和保养的措施，以保持其表面的清洁和美观。

（4）防治石材磨损

物理防治方法主要是通过改善石材表面的物理性能，增强其耐磨性。例如，可以对石材表面进行研磨、抛光处理，去除表面杂质和不平整部分，提高表面光洁度和平滑度。此外，还可以采用表面涂层技术，在石材表面涂覆一层耐磨、防滑的涂层，增加其耐磨性和防滑性。

（四）混凝土

混凝土作为一种新型建筑材料，以其优异的抗压强度、耐久性和可塑性，迅速成为近现代建筑的主要结构材料，在 20 世纪得到

图 12　北京火车站

了深入研究和广泛应用。通过合理的配比和施工技术，混凝土能够塑造出各种复杂的形态和结构，以北京火车站为例（图 12），北京火车站的中央大厅，采用了当时最先进的"混凝土薄壳"技术，又称"预应力双曲扁壳技术"，在当时的中国建筑领域引起了巨大反响，极大地推动了我国混凝土技术从简单结构向更复杂造型、结构的转变。

混凝土应用还极大地促进了我国高层建筑的发展，以北京饭店为例（图 13），北京饭店原本为三层的低矮建筑，但是由于钢筋、混凝土等材料的引入，北京饭店经过扩建后，达到了地上 20 层，地下 3 层的宏伟规模，整体形式简洁大气，外观采用经典网格式立面，沉稳而大气地矗立在长安街上，宁静地注视着新中国的发展。

混凝土作为 20 世纪一种经典的建筑材料，是一种由水、水泥、骨料（如沙、碎石）和可能的其他添加剂混合而成的复合材料。它具有优异的抗压强度、耐久性、可塑性以及相对较低的成本，使得它成为了一种理想的建筑材料。在 20 世纪，随着工业化的推进和城市化进程的加速，混凝土得到了广泛的应用。无论是高楼大厦、桥梁道路，还是水坝、隧道等基础设施，都少不了混凝土的身影。

建筑遗产中混凝土建筑的修缮措施主要包括以下方面：

（1）表面修复：首先，进行清洗表面，去除混凝土建筑表面的杂质、灰尘和污染物，为后续修复工作做好准备。清洗可以采用高压水

图 13 北京饭店

枪或化学清洗剂，但需避免对混凝土表面造成二次损伤。接着，进行修补裂缝，针对混凝土建筑表面常见的裂缝问题，采用填缝剂进行填充。填缝剂的选择应根据裂缝的宽度和深度来确定，并确保填缝剂与混凝土表面紧密结合。此外，还需修复破损部位，如坑洞、麻面、剥落等，采用混凝土修补材料进行修复，确保与原有混凝土表面的协调和一致性。

（2）结构加固：针对混凝土建筑结构上的问题，采取补强措施，如使用碳纤维片、玻璃纤维片等混凝土补强材料进行加固。这些补强材料能够有效地提高结构的承载能力和耐久性。

（3）防水处理：防水是保护混凝土建筑的重要措施。可以采用特殊的防水材料进行处理，如沥青、乳胶漆和聚氨酯等，以确保建筑不受水分侵蚀和损害。

（4）涂料保护：涂料可以保护混凝土建筑的表面，防止其受到外界环境的侵蚀和损害。涂料的选择应根据建筑的特性和环境要求进行选择，以确保其能够有效地延长建筑的使用寿命。

（5）装饰与修复：装饰是混凝土建筑修缮的重要环节，可以使其更具艺术和文化价值。采用石膏、彩绘、浮雕等装饰材料进行修复和装饰，以恢复建筑的历史风貌和特色。

在修缮过程中，应遵循保护优先、分类管理、合理利用的原则，确保修缮工作符合建筑保护的要求，并尽可能保持其历史和文化价值。同时，加强与房屋产权人的沟通和合作，鼓励和支持他们参与保护修缮工作，共同推动建筑遗产的保护和传承。

（五）玻璃

我国建筑中玻璃的应用有一段相当长的历史，在明末就已经传入中国，但并未作为建筑材料被广泛使用，而玻璃窗的成熟使用是在清朝中期，主要应用于玻璃窗，且在当时的北京较为流行。

清朝中期以后，玻璃在我国建筑中的应用逐渐扩展，其多样化的功能和精美的工艺受到了广大人民的喜爱。不仅在北京，其他各大城市也开始广泛采用玻璃窗作为建筑的一部分，为人们带来了明亮而舒适的居住环境。随着时代的进步，玻璃在建筑中的应用形式与种类也越来越丰富，产生了玻璃幕墙、落地窗等建筑形式，以及钢化玻璃、中空玻璃、压花玻璃等不同的玻璃种类（图 14）。

20 世纪中期，我国典型的应用玻璃的建筑包括北京儿童医院、首都国际机场航站楼、杭州西湖国宾馆等，以北京儿童医院为例，北京儿童医院采用了经典的钢筋混凝土结构、大面积玻璃长窗的水平分层的建筑形式，整个立面简洁、通透、层次分明，保证了医院内部的充分采光，这在当时，既是技术上的突破，也是形式上的大胆创新，自此开启了我国建筑大面积玻璃窗的建筑热潮，也为后来的建筑幕墙的普及奠定了技术和审美上的基础。

玻璃是一种无机非金属材料，主要由硅酸盐类矿物原料经高温熔融后形成，玻璃作为一种常见的建筑材料，具有独特的材料特性，如透明性、硬度高等。然而，玻璃也存在一定的脆弱性，需要适当的维护和修缮措施以保持其良好的使用状态。通过定期清洁、避免碰撞、控制温差、修复破损、定期检查和专业维护等措施，可以有效延长玻璃制品的使用寿命，保障其安全性能和使用效果。

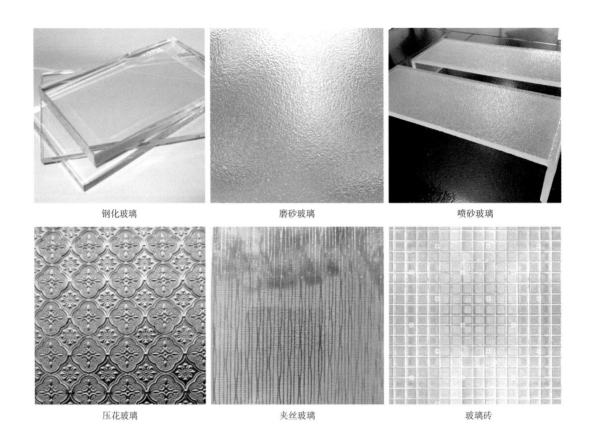

钢化玻璃 · 磨砂玻璃 · 喷砂玻璃

压花玻璃 · 夹丝玻璃 · 玻璃砖

图 14 玻璃的种类

三、小结

目前，20 世纪建筑遗产保护工作日益凸显出其重要性，这些建筑遗产不仅是历史的见证，更是文化的载体，蕴含着宝贵的历史信息和丰富的文化内涵。20 世纪建筑遗产由于建筑类型和材料之间性质存在较大差异，因此在施工方式和修缮手法上也需要进行适当调整。任何一种类型的历史建筑在修缮环节中都应该适当融入修缮技术知识，只有这样才能更好地确保建筑历史性和艺术性得到更稳定的提升。

20 世纪建筑遗产修缮以"不改变文物原状"的原则，尽可能利用原材料，保存原构件，使用原工艺，保存历史信息，保持历史建筑的真实性，对旧址整体进行修缮。合适的材料不仅可以有效地修复受损部分，更能保持建筑原有的历史风貌和文化内涵。在建筑修缮过程中，我们需要充分了解各种材料的性能、特点和使用范围，以便在修缮过程中做到因地制宜、因材施教。同时，我们还需要注重材料的环保性、耐久性和可持续性，确保修缮后的建筑能够长期保存并传承下去，其中各个材料的特性不同，需要的修复与保护措施也不同。例如，木材具有受潮、易变形等问题，因此我们需要采取一系列措施来确保木材的稳定性和耐久性，并要及时进行防腐处理和防虫措施；采用桐油防腐、油饰彩绘等方法延缓其使用寿命是先人工匠经过多少代摸索总结出的经验做法。而油饰彩绘作为装饰并兼有防腐功能，是中国古典建筑的传统之一，已形成规制。修复中材料的选择更应该采用勘察、测试、试验分析等科学方法，尽量与原材料、原工艺保持一致性。再比如，砖材砖砌体裂缝、砖缝砂浆不饱满、砖块破损脱落、墙面不整洁等问题，在这些问题方面，我们需要在砌筑过程中，注意砖缝的均匀性和密实度，以确保墙体的稳定性和耐久性，在使用过程中，对于墙面不整洁的问题，我们应该及时进行清洗和粉刷处理等。

我们应该从材料特性出发，深入分析材料容易出现的问题及其修缮措施，并尽可能采取"不治已病治未病"的思想，对可能出现的问题提前进行预防，从而更好地对建筑遗产进行保护，从材料保护的角度促进我国 20 世纪建筑遗产的保护与发展，让它们在新的时代里焕发出更加璀璨的光彩。

参考文献

［1］ 金磊. 中国城乡建设历史保护应关注 20 世纪建筑遗产的价值 [J]. 中国勘察设计，2021（11）.

［2］ 金磊. 中国 20 世纪建筑遗产传承创新发展倡言解析 [J]. 建筑，2020（3）.

［3］ 任仲朕. 北京 20 世纪高校建筑遗产风险识别与预防性保护措施研究 [J]. 中国住宅设施，2022（10）.

［4］ 车佳星. 中国 20 世纪集合住宅建筑遗产保护利用研究 [D]. 北京：北京交通大学，2022.

［5］ 屈静. 大气污染对 20 世纪建筑遗产石材的影响及预防性保护措施探究 [J]. 建筑与文化，2022（10）.

［6］ 时雅莉. 20 世纪建筑遗产砖材预防性保护措施研究 [D]. 北京：北京工业大学，2020.

［7］ 刘明飞. 北京 20 世纪遗产建筑砖材保护修复策略整合研究 [D]. 北京：北京工业大学，2017.

［8］ 陈燕. 既有砖木结构建筑修复更新施工技术研究 [J]. 建筑施工，2024，46（3）.

[9] 焦杨 . 基于劣化定量分析的遗产建筑砖墙外立面评估体系研究 [D]. 北京：北京
        工业大学，2016.

[10] 李湉 . 北京 20 世纪砖木建筑遗产健康评价及研究 [D]. 北京：北京工业大学，
        2017.

[11] 申彬利 . 北京 20 世纪遗产建筑石材保护修复策略整合研究 [D]. 北京：北京工业
        大学，2017.

[12] 李行言 . 北京 20 世纪遗产建筑混凝土材质的预防性保护 [D]. 北京：北京工业大
        学，2016.

[13] 包晓晖 . 20 世纪遗产建筑外立面石材劣化机理定量研究与修复 [D]. 北京：北京
        工业大学，2016.

[14] 翁滕灼 . 建筑工程混凝土检测与质量控制研究 [J]. 中国住宅设施，2023（12）：
        121-123.

[15] 刘志翔，邓朋飞，潘世濠，等 . 防火玻璃的分类及研究现状 [J]. 广州化工，
        2021，49（15）.

[16] 胡莲，王若然，吕志宸 . 作为人居型遗产的天津五大道历史文化街区保护与利用
        研究 [J]. 北京规划建设，2024（2）.

20 世纪建筑遗产安全论

金　磊

近来国家公布了第一次全国自然灾害普查结果，在认知灾难风险危害的同时，将提升城市安全及韧性作为特定目标。完成了全国 31 个省（自治区、直辖市）、333 个市级、2846 个县级综合风险图及综合防治区划图，调查了自 1978—2020 年 6 大类 23 种灾害数据，研究了 1949—2020 年 91 场重大历史灾害事件灾情数据，是一项重大的国情国力调查。对提升城市与建筑（特别是 20 世纪既有建筑）的安全，开展针对特定系统的韧性评估与韧性预测及优化，从而在洞悉规律时，从历史传承中预见未来极其有帮助。20 世纪建筑遗产具有时代性与复杂性，安全减灾与韧性能力建设是头等大事，安全设计与建设，对新建工程及遗产保护尤其重要。

一、从联合国《关于蓄意破坏文化遗产问题的宣言》说起

国家安全是民族复兴的基础，国家安全包括政治安全、国土安全、军事安全、经济安全、文化安全、社会安全、生态安全、资源安全等一体化的国家安全体系，从 2007 年 11 月实施《中华人民共和国突发事件应对法》看，突发事件有自然灾害、事故灾难、公共卫生事件及社会安全事件四大类，它们无疑是国家与城市安全生存与发展的最基本和最重要的前提。按目前相关法规及规划文件，如《"十四五"国家综合防灾减灾规划》，明显发现，国家在涉及"文化安全"议题上尚未予以规划，国家及省市级文保科技"十四五"规划也很少涉及防灾减灾的文化安全建设内容，这不能说不是建筑遗产综合安全建设的短板及挑战。

2003 年 10 月 17 日，联合国教科文组织第 32 届会议通过了《关

于蓄意破坏文化遗产问题的宣言》，其背景是：①忆及震动整个国际社会的摧毁阿富汗巴米扬大佛的悲剧性事件，文明可以被愚昧与野蛮扼杀；②蓄意破坏文化遗产是对人的尊严及人权的践踏，忆及教科文组织所有保护文化遗产的公约、建议书、宣言及宪章等；③忆及1898年和1907年《海牙公约》确定的关于在武装冲突下保护文化遗产的原则；④忆及与蓄意破坏文化遗产行为有关的《国际刑事法院罗马规约》及《前南斯拉夫问题国际刑事法庭规约》条款等。该宣言从十个方面作出规定，涉及文化遗产的重要性，反对蓄意破坏文化遗产行为的措施，在和平时期及武装冲突下保护文化遗产的不同对策，国家及个人的责任，开展保护文化遗产的合作及国际人道主义法实施及公众宣传等。事实上，在进入21世纪后的2001年，发生的震惊世界的美国纽约"9·11"事件，是全球20世纪经典建筑遗产遭恐怖袭击蓄意破坏的重要案例。应瞩目2001年3月塔利班毁坏巴米扬大佛，半年后纽约双子塔毁于恐怖袭击，巴米扬大佛被毁是"9·11"事件的前奏。

围绕美国"9·11"事件，作者先后有一系列安全分析著述，如："9·11事件与国外性能化防灾设计方法"（《建筑创作》2003年第9期）、"城市建筑文化遗产保护与防灾减灾"（《中国文物科学研究》2007年第2期）、"建筑遗产安全学研究方向探析——写在美国9.11事件十周年的联想"（《中国建筑文化遗产年度报告（2002—2012）》，天津大学出版社）等。

2001年9月11日，在"基地"组织的精心策划下，19名恐怖分子劫持4架美国民航飞机先后撞击纽约世贸中心大楼和位于华盛顿的五角大楼，其中一架飞机坠毁在宾夕法尼亚州，共造成近3000人死亡。它成为20世纪人类文明史上最黑暗的时刻，即使被认为最安全的美国也成了最危险之地。"9·11"事件非但人员伤亡惨重，直接与间接损失也难以估量。据瑞士保险公司的估计，其损失值高达770亿美元，而联合国欧洲经济委员会发布的秋季报告称，"9·11"事件给美国造成的经济损失至少2000亿美元。纵观此事件的应对经验会发现：①在决策者的应急行为上，联邦政府的最高决策者是总统布什和副总统切尼、纽约市市长朱利安尼，他们相对迅速而准确地判断了事件形势，并承担了各自管理职能，有效地控制了事态的发展；

②在各级政府的应对上，采取了强制性级别的政府干预，其中现场救援的有效性，还体现在救援活动的规范方面；③"9·11"报警电话、政府网站等媒体作用显著；④美国红十字会及其私人机构的非政府组织作用，有利于政府意志的全面落实及民心的安定；⑤"9·11"事件公民个人的作用十分重要，最早发现事件、最早接近事件现场乃至最早实施救助行为的是民众；⑥在美国联邦危机管理署的"灾难生命周期"理念下，强大的社会恢复功能至关重要。应该肯定，在美国相对成熟的应急管理体制下，使"9·11"事件的范围及影响得到了有效控制，并保证了政府运转及社会生活在遭受剧烈冲击后得以迅速恢复正常，这些管理乃至《"9·11"委员会报告——美国遭受恐怖袭击国家委员会最终报告》对人类应急管理及其建筑事件遗产都提供了一笔宝贵的财富。

《"9·11"委员会报告——美国遭受恐怖袭击国家委员会最终报告》（2004年9月中文版出版），是由2002年年底成立的"9·11"独立调查委员会完成的，在经历了20个月的调查取证后，于2004年7月22日正式出炉一份长达560多页的报告，报告中披露了诸多内容，让美国乃至世界民众感到震惊，其中美国政府有9次失误。对于该报告，该委员会主席托马斯·基恩表示：我们的目的是对"9·11"事件前后提供最大可能性的描述，并从中汲取教训，提交报告旨在将其作为能更深入了解美国历史上里程碑似的"9·11"事件的阶梯。作为一个全球性的安全策略或称作应急管理的上升为遗产的经验之谈，该报告还认为"9·11"恐怖袭击暴露了四方面问题：对恐怖威胁缺乏历史视角的想象力；通向"9·11"事件之路说明了僵化的美国政府的决策是低估了日益增长的恐怖威胁；在机构能力上，最严重的弱点出现在美国国内，他们时常是被动且随遇而安的，并认为鉴别和补救那些易受威胁的努力，付出的代价太大；被错失的各种本可以挫败"9·11"事件的良机，反映出管理上的一系列失当，如要强化联合情报及其联合行动的应急管理等。

"9·11"事件后的十年间，全球恐怖事件正以新形势而发展着，如2005年7月7日英国伦敦地铁爆炸事件就是又一宗恐怖袭击事件。伦敦地铁开通于1863年，是世界上最古老的地下铁路网络，在400多公里的线路上坐落着274个地铁站。1987年11月，一支火柴意外点燃木制扶梯，造成 21 人葬身火海。2005 年 7 月 7 日上午，第一起爆炸于 8 时 51 分发生在伦敦市中心金融城的罗素广场地铁站和国王十字路地铁站，在余后的 2 小时内又发生多地、多起爆炸，爆炸造成 56 人死亡，700 多人受伤，爆炸使百年遗产建筑遭受破坏。伦敦爆炸事件后，英国突破了传统行政管理体制的局限，能针对外界的变化做出快速准备，保证常规状态下行政管理机制的正常运转，同时建立起能立即启动，适合特定危机环境的快速反应机制。仕对危机传播上，伦敦市长通过媒体宣布：伦敦不会屈服！人们对生命的渴望和对自由的追求将战胜爆炸恐怖者。建筑是凝固的音乐，尤其是历史建筑或称建筑文化遗产，不仅是景观和标志，更是人类瑰宝与精神向往。千百年来，虽历经自然灾害、战火洗礼乃至恐怖袭击，灿烂的建筑文化"仰而弥高"。如坐落在英国伦敦泰晤士河畔的威斯敏斯特宫是英国议会大厦，它不仅是中世纪建筑，也是世界上最大的哥特式建筑的代表，更是民主建筑的象征。但 1834 年它毁于大火，19 世纪中叶重建，第二次世界大战再度被战火毁灭，现有的建筑是战后在原有基础上重建的，其建筑风格在建筑形式上保持了连贯性、完整性和新哥特式风格，它连同由本杰明爵士监制的，有着 152 年历史的"大本钟"更成为伦敦市的伟大象征，其建筑遗产价值是无法用其他所替代的。

二、20 世纪遗产的灾难"风险谱"与对策借鉴

国家安全风险不仅涉及面广，形态多变复杂，应对处置也很艰巨，它要求各级管理者不仅要维护传统安全的防灾，更要关注并研究太空、深海、极地、生物、生态、人工智能、AI 与数据等非传统安全。新领域、新空间的安全风险跨界性及突发性强，是影响国家总体安全的"新变量"。之所以说，文化安全系统化建设不够，特别指要有系统性的维护文化安全的可靠性保障工程。应动员全民要有国家文化安全意识，城市管理者与建设者要有国家文化建设自信的自强与自尊，国家与地方特别要从宏观乃至属地，具备清查且把控威胁各级遗产保护单位健康隐患的能力，不如此何以谈及确保文化建设的长治久安，

何以构建中华民族文化遗产保护的"四梁八柱"。建筑是文化记忆体，可它以坚固的或脆弱的材质，敞亮或逼仄的空间，来承载自然与世间的打击之叠加，不少举世无双的传统或现代建筑在一场大火或地震中被毁，面对无数种修缮方案，也许有一种文化安全策略，就是废弃的历史建筑也许比修复后的崭新建筑更体现文化尊严，也许它是某一类文化遗产的活的记忆与真正的价值。

2000 年 9 月，北京市科学技术协会组织了"面向 2049 年北京城市发展"学术交流，2001 年 3 月推出了《面向 2049 年北京的城市发展》文集，笔者发表了"21 世纪初中期北京城市综合减灾重大战略问题研究——兼论发展北京城市紧急救援产业建议"文章。2018 年 11 月，中国灾害防御协会，为纪念"5·12"汶川地震十周年，出版了《汶川十周年纪念》，笔者著有"灾后重建的文化与建筑思考"一文，研究了灾害纪念建筑及思考，研讨了汶川巨灾文化与自然遗产灾后重建的策略。

此外，在汶川巨灾中，四川省的文化遗产建筑损失惨重，给巴蜀文明及周边羌、藏等少数民族的历史文化沉重打击，其中包括很多全国、省级文物保护单位，这是典型的文化不安全事件。据 2009 年四川省文物局公布的《四川汶川地震灾后文化遗产抢救保护年度工作报告》中所做的统计分析，受损文化遗产建筑中，木结构 140 处，占 63.6%；砖石结构 57 处，占 25.9%；其他结构形式 23 处，占 10.5%。表 1 为汶川"5·12"巨灾文化与自然遗产灾后恢复重建一览表，从中可以了解到灾后破坏的总体状况。

汶川"5·12"巨灾文化与自然遗产灾后恢复重建一览表　表 1

世界文化自然遗产	修复青城山—都江堰、九寨沟、黄龙、四川大熊猫栖息地
中国世界遗产预备名录	修复三星堆遗址、藏族羌族碉楼与村寨、剑南春酒坊遗址
文物保护单位	修复二王庙、彭州领报修院、江油云岩寺、平武报恩寺、理县桃坪碉楼羌寨、徽县新修白水路摩崖等各级文保单位 190 处，少数民族物质文化遗产 20 处
博物馆与文物库房	修复绵阳市博物馆、什邡市博物馆、茂县羌族博物馆、陇南市博物馆、广元市中心库房、汉源县文管所等 65 处，馆藏文物 3473 件（套）
非物质文化遗产	修复北川羌族民俗博物馆、剑南春酒酿造技艺专题博物馆、绵竹年画博物馆和传习所等 88 处

不同结构形式的建筑遗产在地震中表现出的抗震性能有差别，可分为基本完好、轻度震害、中度震害、严重震害四类。木结构和砖石结构文化遗产震害程度相当，但砖石结构严重破坏达 10.3%，而木结构严重破坏仅 3.6%，这反映出砖石结构建筑遗产抗震性能低于木结构建筑。时任国家文物局局长单霁翔高度重视汶川地震，仅 2008年 "5·12" 地震后，截至年末他十余次亲赴灾区，代表国家文物局、四川省文物局专家组对汶川建筑遗产灾后恢复重建做了大量工作，面对灾害对建筑遗产的三大威胁，他曾经强调：灾害对建筑遗产本身造成直接破坏；灾害对建筑遗产整体性环境造成破坏；灾害对遗产 "静态保护" 场所（如博物馆）等造成破坏。2008 年 6 月，单霁翔根据《汶川地震灾后恢复重建条例》的内容分析了多项文化遗产抢救保护的项目，他提出 "文化遗产抢救保护也是重建家园"。灾后文化遗产抢救保护是尊重灾区文化需求、保障灾区 4000 万同胞文化权益的重要安全举措。古建筑维修、文物保护、岩土工程等相关专业的专家赶赴受灾现场进行实地考察评估，提出检查报告、应急措施及灾后文物抢救维修保护的指导性意见。按照中央领导关于文物保护制定单独规划的要求，文物部门编制完成了《四川省 "5·12" 汶川大地震文化遗产抢救保护规划大纲》，灾后文物抢救保护将按照批复后的规划，有序、科学、规范地进行。灾后修复与重建首要任务是第一时间到达受灾地区文物点进行检测、调查，对文物残损的性质及将遇到的险情予以评估。从呵护文化安全上坚持 "五个原则"：一是不改变文物原有状态，据受损情况采取必要抢救措施；二是实现最小干预，尽量保持文物原有的人文景观和内涵；三是尽量做到不妨碍即将展开的修复；四是积极做好监测和检查文物受损情况的工作；五是展开有针对性的抢救保护等。

灾后文化遗产抢救保护是尊重文化遗产与当地民众的情感联系、鼓舞重建家园信心的重要举措。文化遗产植根于特定的人文和自然环境，与当地居民有着天然的历史、文化和情感联系，这种联系已经成为文化遗产不可分割的组成部分，也成为当地居民生活不可分割的组成部分。2008 年 5 月 12 日下午，短短 8 秒钟，在一对新人洁白的婚纱面前，四川彭州市的全国重点文物保护单位领报修院毁为一片废墟，网上流传的这组照片让许多人痛心于地震对文化遗产的破坏。像领报修院前的婚纱照一样，许多当地民众选择文化遗产来见证自己人生最珍贵最美好的时刻，文化遗产已经成为当地民众日常生活的一部分。10 个藏羌村寨及 520 余处碉楼列入中国世界文化遗产清单，碉楼已经有两千多年的历史，至今仍是当地少数民族同胞的家园。在地震中，理县桃坪羌寨局部垮塌，布瓦黄土碉楼、直波碉楼、丹巴古碉群出现严重险情。世界文化遗产都江堰是两千年前的水利工程，今天仍在发挥无坝引水、分洪减灾、排泄沙石的作用，造福当地百姓，都江堰市也因文化遗产而兴盛。

建筑遗产保护方法有很多，主要体现在：按联合国的标准，可原封不动地保护；对残缺的建筑要谨慎修复；对十分重要的建筑遗产因故被毁要慎重重建；遗产的利用必须以不损坏遗产为前提；保护遗产所在的环境（如历史街区、历史村落等）；保护建筑特色风格（如式样、高度、体量、材质、色彩、布局与周边建筑的关系）等。以羌族灾后重建的立体式文化重建策略为例，主要涉及保护藏族、羌族的碉楼和村寨、羌族特色设施，保护和重建羌族博物馆、民俗馆乃至濒危的失传文化与传统手工艺技能，既做到在灾后文化重建过程中，不仅要帮助灾区羌族人民改善物质生活条件和恢复原有的精神生活和环境氛围，更重要的是及时有效地抢救在危险中的羌族文化遗产，使之传承下去。2008 年 7 月 15 日，单霁翔在羌族碉楼与村寨抢救保护工程开工仪式的讲话中说："羌族是一个对中华民族多元一体形成发展产生过重大影响的古老民族，在漫长的历史时期留下了许多杰出的物质和精神创造与发明。"羌族碉楼与村寨是羌族民众伟大智慧和非凡创造力的杰出代表。羌族碉楼与村寨不仅拥有悠久的建造历史和独特的砌筑工艺，富有鲜明的地方建筑原创性，形成了一处又一处融入自然山水且极具魅力的文化景观，而且还生动地记录并反映出羌族民众在民族迁徙、文化交流、建筑技艺、生产方式、社会环境、历史事件等方面的各种历史信息，体现出大渡河上游和岷江中上游流域在西南民族交流史上的文化廊道作用。更为重要的是，羌族碉楼与村寨不仅为羌族的文明与文化传承提供了特有的珍贵历史见证，它还是羌族民众在漫长的自然和历史演变中形成的坚韧不屈的非凡勇气和伟大民族精神的真实体现。

对于灾区文化安全建设，汶川优先实施灾区羌族文化遗产保护抢险维修工程，坚持"不改变文物原状"的维修原则，把灾后对文化遗产的抢救保护作为羌族民众重建家园的重要内容，明确了实现灾后不可移动文物和可移动文物的全面保护，并建立国家级羌族文化生态保护实验区等工作目标。从三方面体现羌族文化重建规划设计的重点思路其一，灾后羌族文化空间是建立旅游者与羌族文化进行互动体验的文化空间，将旅游地打造成完整的羌族文化感知氛围，重建本土文化与历史；其二，灾后重建背景下，羌族文化旅游区抓住了这一历史机遇，积极整合羌族文化旅游资源，拓展并增加旅游产业链，形成灾后旅游产业的优化重组；其三，四川的灾后重建贯彻了可持续发展理念，开展原真性文化演艺民间工艺、村寨观光与民俗旅游示范建设，是灾后生态性重建的关键。

作家钱钢在回忆他 1986 年《唐山大地震》写作时说："有历史训练的人有个特点，不为眼前的困难把自己纠缠到窒息。历史会给我们很多安慰，我们不用悲天悯人，我们也不用时时去发出什么咆哮。"作为人类最古老的劲敌，自然灾害一直如影随形地纠缠着每位在地球上生存的人。2017 年 8 月 8 日，四川阿坝九寨沟县发生 7.0 级地震，除了祈福，人们再次感叹天灾无常，尽管多少年来在"敢教日月换新天"的宏大口号下，一旦天灾本质变成人祸，人类在不可抗力面前就会"败阵"，所以，我们有必要跳过从对灾难的无知，到以为不再无知，再到认识到自己的无知的阶段。

笔者认为：何为国家应从汶川大地震汲取的经验教训；何以建设以管理为先的综合减灾管理体系；何为多灾、重灾的中国国情，怎样构建"识别、评估、防范"灾难风险的机制；想到除城市管理者外，建设者乃至全民如何增强防灾减灾自护文化，如何使城市真正坚强、具备防灾抗毁的能力……所有这些离不开回望悲剧、离不开敬畏人与自然的生命观，更离不开强化常态综合减灾建设的安全策略。汶川的劫难与重生，有无尽的悲欢，见证着更多的奋起。

第一，该树立对城市复杂巨灾的风险之策。唐山"7·28"大地震，不同于中国近百年发生地震灾难的主要特征，它是"毁城"之灾，经过那场浩劫，城乡各类建筑物凡在地震断裂带经过的地方，地面建筑荡然无存，城乡建筑破坏率高达 96% 和 91%，此外，城市生命线系统全面瓦解，为唐山灾后救援带来极大困难。唐山"7·28"

大地震是较 2008 年汶川 "5·12" 大地震更典型的、我国城市建设史上教训深刻的 "模板"，因为它是 "不设防的城市"（迄今中国的大量乡村乃至建设中的某些城镇化，也欠设防）。所以，历史地看待唐山 "7·28" 大地震灾情，就能回答，为什么在 32 年后的汶川地震，中国还要再付出人员伤亡及财产损失的代价，不仅城乡抗灾能力的提升未赶上灾难降临的速度，也让我们自问：当下一次灾难降临时真的准备好了吗？我们有认知城市巨灾复杂性、多诱发性的准备吗？城市防灾别再因罕见而无备，常态的综合减灾观念下的 "灾情观" 旨在强化灾害风险源普查，摸清 "风险存量"，从而真正做到 "情况明、底数清"，重在遏制 "风险增量"，使综合灾情的城市风险指数有效服务于城市安全运行的控制。如要思考为什么防灾减灾要回归地震属性，为什么要研究地震动力学，为什么要关注复合型地灾链的运动规律，尤其瞩目人为地灾的城市化破坏力。灾后重建要避免 "更高、更快、更弱"，即重建工程的高度不要越来越高，重建决策速度不要太快，重建选址地质条件不能更脆弱。

第二，该确立区域性综合减灾能力建设之策。20 世纪 90 年代末，联合国前秘书长安南曾断言："防御不仅比灾后救助更人道，而且代价更低"，事实上强震并非灾难，重要的在于它发生在城市，发生在无抗震能力的建筑中，1983 年智利瓦尔帕索市发生 7.8 级地震，仅死亡 150 人，但同样震级与人口的唐山却毁于一旦；1988 年苏联亚美尼亚共和国的 6.9 级地震，致列宁纳坎市 80% 建筑被毁，2.5 万人死亡，可 1989 年美国旧金山的 7.1 级地震，仅死亡 63 人。可见，完善城市综合防御巨灾规划与能力设计作用重大。唐山、汶川震后，我国正不断提升推进地震安全性评价、地震小区划等研究，城市抗震设防上也有了系列法规，它们是唐山 "毁城" 灾难代价换来的。无论是京津冀一体化，还是中国数个城市群的超大规模经济实力的发展，乃至中央及欧亚发展的 "一带一路"，都面临区域性自然灾害与人为灾难相叠加的酿灾风险。所以，加强中国城市群乃至国际化的跨域综合应对巨灾规划研究很必要，其意在要使大型工程建设经得起大自然 "风雪" 的考验，使城市的 "里子""面子" 都要无 "硬伤"，尤其要为各级建筑遗产单位设防。

第三，该实施务实的安全城市韧性建设之策。建设安全城市越来越成为小康社会的福祉要求。安全城市，其本质是营造有弹性、有韧性、可抗击脆弱性的城市肌体。2005 年，"卡特里娜"飓风使美国奥尔良市受重创，国际减灾专家在审视新奥尔良防御规划时说："对这个锅底地形、位于飓风频发区域中的城市，只靠防浪堤保护是脆弱和危险的。"为此，美国工程兵团利用在路易斯安那海岸保护和恢复规划实施了人与自然促进海岸可持续发展的安全复兴策略，其核心内容是落实"多重防御"集环境与安全工程为一身的弹性设计思路。同样，对于无设防的汶川，新奥尔良的"多重防御"弹性与韧性规划思想我们应汲取。安全城市建设要求管理者具备这样的能力：虽无法预测下一次灾难，但可以知道一旦它到来该如何应对，城市要具备怎样的适应压力与冲击的能力，这是城市综合安全减灾管理应具有的宏观理念下的精细化水平。如 2018 年是"卡特里娜"飓风 12 周年，在路易斯安那州某社区的纪念碑碑文令人深思"纪念碑不仅是对过往灾难的一种提示，更是居民返回家园的韧性和决心所在"。韧性和重建，这两个吸引人的主题带来了灾难后的希望，因为，现实中有太多的人，因"卡特里娜"的破坏力再也没有回归故土，体现了生活重建的不同路径。自 2016 年 3 月至今，全国南北有百余个大中城市再次先后陷入"内涝成海"的尴尬，使城市快速扩张、规划不合理、防洪基础设施严重滞后的问题暴露无遗，城市绿色用地被建设用地大量"蚕食"（包括围湖造田、填湖建城、拦湖养殖等），导致原本的海绵体硬化、城市洪涝"内伤"加剧。所以重新建设"海绵体"、打造城市"蓄水池"、推动城市"深呼吸"，任务艰巨，任重道远。

第四，该制定有预防文化的人文关怀安全教育之策。联合国"国际减灾战略"联盟一再倡导，"以防为先"。中国古语曰："凡事预则立，不预则废"，有用的是要告诫各级管理者"狡兔三窟"，要尽可能有应对大灾的准备。常态的防灾减灾能力建设离不开灾难文化与危机传播。灾难文化不仅是理论，更是一种经验的总结。它包括人们所掌握的防灾知识、对灾情的认知能力、灾害发生后的行为与心理反应、国家与城市建起的防灾机制与法制乃至管理者的应对态度等。我以为，灾情的"善举"是防患于未然，这适用于城市管理者及普通公众各个层面。与之相对的是必须反对某些管理者"防灾不尽心、救灾出大力、反而有绩效"的恶劣做法，这是管理者安全文化建设尤应审视的"顽疾"。汶川巨灾考量了人与自然的关系，在敬畏自然下，要在全社会逐步建立"以德驭业"的伦理道德救援机制，重要的是城市管理者要真正站在服务公众一边，不可凡事先怪公众没理性。汶川巨灾给予国人的最大遗产是，国家已在不同社会层面开展了防灾文化教育与建设，但这种灾害教育未达到《中华人民共和国突发事件应对法》中提及的综合减灾、应对全灾种的防灾安全的教育要求，此外国家也只有安全生产领域的职业安全的安全文化纲要，远未上升到全社会的安全生活领域。小康社会期望的是面向城乡公众的安全文化，如需要的是不同尺度、不同用途的防灾逃生地图，真正推进学校、社区、家庭，尤其是弱势群体的防灾安全文化教育。从涉及气候之灾的文化安全建设看，人们从古至今巧用海洋季风发展海洋文明。古人认识到季风后开始与生活关联，赋予了文化象征。南宋时，人们在夏季东南风来时靠岸，在冬季西北风到来时出海远航，所以，东南季风被称作"舶趠风"。诗人苏轼曾写有"三时已断黄梅雨，万里初来舶趠风"，用以描绘当吴中梅雨季节即将结束时，舶趠风自海上吹来，与海上的船只一同抵达，湿热的天气得到缓解的情形。这里的"舶趠风"指梅雨结束夏季开始之际强盛的季风，也反映了中国人对海洋的尊重与探寻。此外，气候变化下，野火也日益成为"隐形杀手"，不仅"燃烧"时代与珍贵建筑遗产，还会使生态系统与环境变成"火药箱"。以 2019 年至 2020 年澳大利亚失控的野火为例，导致约 30 亿只动物死亡，烧毁了 832 种澳大利亚本土动物的栖息地，其中有 21 种被澳洲《环境保护与生物多样性保护法条》认定为濒临灭绝的动物，从而导致生态系统韧性大为下降。

三、中外传统安全防灾的文化理念

中国是世界上各类灾害齐全的国家之一，影响公共安全的风险叠加，加强对中华传统文化中关于防灾减灾救灾理念的挖掘和阐发，将优秀传统防灾理念中具有当代指导意义的精髓提炼出来，不仅对统筹发展安全减灾应急事业有益，更有利于城市安全建设与建筑遗产保护的韧性设计等。从宏观入手应把握的要点是：要领悟以人为本、生命至上、历史上自觉主动抵御各种自然灾害的经验；要传承并挖掘中华民族在应对灾害的文化历史、秉持科学理念和文化基因；要恰当准确找到推动优秀传统防灾文化建设融合的创新点等，真正做到居安思危、防患未然、防微杜渐。

春秋末期史学家、思想家左丘明的《左传》，有"百家文字之宗，万世古文之祖"之誉，其中不乏灾害记录的书写，特别有让后人对"人、社会、自然"相互关联的启迪。《左传》对灾害的书写，呈现出"共生共存"的生态防御思想。英国著名数学家、哲学家在 1925 年的《科学与近代世界》中，揭示了工业社会进程中人与自然的敌对关系，根源是人类狂妄地淡忘了人与自然的共生关系。翻阅《左传》对灾害的书写，可见在中国，早在春秋时期人与自然共生的思想已经深入人心，即人与天调、天人相生的共同体理念：①邦难互济的理念，这种人与人、人与邦、邦与邦的共生观，表现在赈灾、救灾上，是华夏共生共存的精神象征；②限制与节制的理念，《左传》认为，邦国治理要真正做到节制和限度，重在邦君。一是邦君要具备明真假、辨善恶的能力，它来自人与自然共生思想的滋养与觉醒；二是邦君的自省能力，以体现共生共存的思想；③崇天尊道守律，资源耗竭唤醒了中国古人的节制意识和限度思想，从而促动崇天尊道守律思想的产生，"礼"的本质是自然律令和天道法则，"礼"便成为"人、社会、自然"共生共存的生生之序，尊礼守礼行礼的生栖本质，是天地共生，人与天调之根本。

人们熟知的张謇是近代著名实业家，还是创造南通近代城市规划第一人，他对于抗灾防灾有理念、有举措，对指导今天都有现实意义。①突出以人为本的思想。张謇出生地为海门长乐镇，通江达海，每年都遭大汛侵扰，堤毁坝没，夺人性命。他身为科举状元，是抗灾英雄及水利专家。从 1918 年主导江淮水利测量局，发表《江淮水利施工计划第三次宣言书》，到 1921 年豫、皖、苏、鲁四省水灾向北洋政府徐世昌总统呈述"导淮"先治标后治本计划，他屡战屡败，东奔西走，从青丝到白发，直至 1926 年生命结束，不愧为中国第一位关注公共安全的知识分子，如他对大生纱厂警卫团、更俗剧院救火会等都明确要求，本救火会既为工厂，也为城市履职，要将百姓视为第一。②突出预防为主的理念，张謇的"预防为主"观体现在他防御为先的理念中，如"謇尝言之，治十里之河者，目光应及百里之外。"
他创造了南通"一城三镇"，让城市社区远离工厂的安全布局，即将
工业区及许多工厂放在城西唐闸，将港口放在长江边，如天生港等；
将花园住宅及风景区放在南部的狼山等。张謇计划在天生港筹建火柴
厂，一是紧靠江边，火灾后便于取水灭火；二是天生港东南侧是杂草
丛生的荒地，火灾时可降低民众安危，他还提出"空丈许"，即现代
的"防火间距"。③组成多形式的消防救灾队，1903 年张謇设立江
苏第一个近代警察机关"商团"，其中即有"消防警察"，可以说，大
生纱厂、更俗剧院的救火队伍是现代消防救援站的"雏形"。④探索
火灾防范制度化，如早在 1900 年就有《大生纱厂章程》内含《火险
章程》及《管水龙章程》等，不愧为抗水灾、防火都集一身的防灾
先驱。

从国际上看，有各类灾害下文化遗产遭重创的例子：土耳其，
2023 年 2 月 6 日，百年来罕见强震重创土耳其，造成的损失超过
土耳其东部埃尔律省 1939 年 12 月大震（3.3 万人亡，10 万人伤），
属土耳其 1923 年后自然灾害之最。地震给世界遗产地带来破坏，如
迪亚巴克尔堡垒和临近的赫尔塞尔花园的数座建筑物倒塌，整个地区
是罗马、萨珊、拜占庭、伊斯兰和奥斯曼各大帝国统治时期的重要中
心，其中有内姆鲁特山遗址，它是土耳其最具标志性的景点，巨大雕
像是古代皇家陵墓的一部分；2015 年 4 月，尼泊尔杜巴广场地震，
在加德满都七个世界遗产中有四个在震中严重受损，最令人震惊的建
筑损失，则是九层的达拉哈拉塔，此塔建于 1832 年，是尼泊尔主要
地标之一；2018 年 9 月，巴西国家博物馆发生火灾，馆藏 2000 万
件珍品的三层主馆几乎被烧毁，时任巴西总统特梅尔在推特上发文
"9 月 2 日对所有巴西人是最悲伤的一天，200 年的工作、调查、知
识就这样丢失了。"

美国夏威夷，2023 年 8 月 8 日，突发的野火摧毁了历史的宝库
毛伊岛，当地大部分历史街区、多处历史文化遗迹，如著名的广东会
馆、拉海纳遗产博物馆、鲍德温之家等被摧毁。拉海纳遗产博物馆位
于当地标志性建筑老法院内，收藏了夏威夷原住民时期的文物。最
古老的建筑鲍德温之家是 19 世纪医生鲍德温的故居，在此他将毛伊
岛从天花的流行中拯救出来。山火中心的拉海纳镇，曾是夏威夷王

国故都，1962 年，美国国家公园管理局将它纳入国家历史地标，有
30 多处古迹，是个休闲慢节奏城市。其中有广东华人 1912 年建造
的和兴会馆（华人历史博物馆）也毁于大火中；哥本哈根，2024 年
4 月 16 日"丹麦 400 年文化遗产"遭受烈火之殇，其标志性尖顶被
火海吞没。丹麦副首相鲍尔森称，这场火灾是"我们的巴黎圣母院时
刻"，该建筑始建于 13 世纪，是丹麦最早的证券交易中心，产权是
丹麦商会，也是著名文旅景点。建筑采用文艺复兴风格，其尖顶呈四
龙尾巴交织形状，有"巨龙守护丹麦黄金"寓意。火灾发生时，该建
筑正在翻修中，并用脚手架覆盖。尽管大多数历史建筑都受到建筑保
护相关法规的约束，但历史建筑采用的防火材料必须与古建筑的华丽
天花板、历史雕塑和特色区域相协调，因此保护是严格且有难度的。
2015 年，美国佛罗里达州国民信用基金会兰登公园发生火灾，烧毁
大量珍贵物品，此火灾后，其历史建筑改善了消防安全措施。事实
上，不仅是建筑遗产，不少年久失修的历史建筑也需要在防火及相关
灾害应对上有相应考量，落实安全法规及选择适用技术，因此，不但
要对老建筑的防火设计作严格要求，更要强调修缮以及管理的全链条
安全责任。从中国到外国，传统建筑是如何抗震的，其不少智慧并非
现代的产物，其中有古代文明与建筑抗震的关联。国外有句名言"地
震不会杀死人，杀死他们的是建筑物"。历史学家克劳斯·茨威格曾
说："中国传统文化中，建筑系统的安全依赖于比例和协调，从而可
以建造出有美感且抵御地震的建筑。"中国越来越多的设计师发现，
经久耐用的建筑斗拱的技术是顶或块，从结构力学角度讲，它是最抗
震的建筑形式，其诀窍是，互锁拱将重量转移到垂直柱上，从而减少
水平梁上的压力，不少古今建筑师用此原理设计出强大的建筑；在
印加文明的马丘比丘，其建筑是最大成就的文明。印加建筑是使用
紧密排列的石头建造的，尽管秘鲁是多地震国家，但这些石头经受了
1746 年一场名为"利马和卡亚俄"的 8.8 级地震，到目前为止，此
地方是探寻这种抗震技术的目的地。2016 年，在秘鲁建造了一所大
学建筑"现代马丘比丘"，此建筑获得了英国皇家建筑师学会颁发的
世界最佳新设计一等奖；2017 年，英国普利茅斯大学在"地震断层
可能在塑造古希腊文化方面发挥作用"的研究中，有一系列大胆设
想。可追溯到 1400 年前的阿波罗神庙，建在石灰岩上，因地震活

动，两条交叉裂缝使二氧化碳、甲烷和乙烯气体从埋藏的油气中释放出来，散发在麻醉烟雾的地质断层之上，值得研究。

国际上，埃及、法国、秘鲁等遗产大国，在不断探索提升文物风险预防能力研究。2024 年联合国教科文组织年初发表的数据表明，全球有 1/6 的文化遗产受到气候及各类灾害的威胁。埃及正在建立监测预警系统，以推进气候适应的保护工程。埃及开罗、卢克索、亚历山大等地古代雕塑正面临不同程度自然灾害的破坏影响，体现在金字塔和狮身人面像、海港城市亚历山大市的卡特巴城堡及地中海附近的古罗马露天剧场等，加强文物的防灾能力建设尤其迫切；法国提前应对洪水影响，不仅复制保留文物信息，还定期更新欧洲文化遗产风险评估地图。有研究表明，日益严峻的气候变化引发了塞纳河水位上涨，位于塞纳河畔的巴黎圣母院、奥赛博物馆等均面临洪水威胁。近年来，极端气候事件已给法国各类文化遗产以"打击"，如 2016 年鲁应河百年一遇洪水令蒙塔日市吉罗岱博物馆的画作浸泡水中，2017 年暴风雨则击碎了苏瓦松大教堂的彩色玻璃窗；秘鲁为保护马丘比丘等古迹遗址，预防森林火灾是最重要的。秘鲁的世界遗产，如印加古城遗址马丘比丘掩映在安第斯山脉的崇山峻岭中，但频发的森林火灾是马丘比丘的隐患，据秘鲁国家民防研究所 2018—2022 年统计，秘鲁共计发生森林火灾 4400 起，2023 年 8 月一场大规模森林火灾袭击了马丘比丘考古公园缓冲区内的科尔帕尼社区，既对当地丰富的生物多样性及生态系统以破坏，也威胁到古老的马丘比丘遗址，为此秘鲁国家颁布了《森林防火降低风险计划》，并强调森林防火及保护马丘比丘遗产要延伸到社区教育中。

从国内外需求正旺的韧性城市安全建设中看，无论是世界遗产地还是文化遗产区域，都应该用韧性防灾安全建设理念去重新梳理曾经的遗产保护安全观，检视其中的缺陷及尚待完善的内容。

四、建构城市建筑遗产的安全韧性体系

在 2012 年中国建筑学会年会上，笔者作了"中国城市巨灾综合应对的安全规划策略研究——《城市安全设计大纲》编制思路与建议"

的报告，报告研究了四大直辖市的综合减灾比较、区域安全风险带与城市可靠备用、脆弱的异性建筑与安全规范、面对弱势群体的防灾设计、世界城市安全软实力比较、应急避险场所安全设计、城市应急预案与防灾规划综合等。进而从八个方面提出了"城市安全设计大纲"的编制思路（希望从中能找到对遗产保护有用的"点"）：①强调从大格局上把控城市安全的用地结构与布局，最大限度地阻断城市安全隐患；②立足于城市的全灾种，加大对人为致灾规律的研究；③要在城市常态化安全设计的同时，加强综合灾种的避难应急规划设计；④要在建筑整体构造的安全设计上有突破，即如何落实建筑的不燃化、可耐震化、机电系统的可修复性等；⑤要尽其可能建设功能齐全的防灾公园，提供可发展的柔性拓展空间；⑥要面向新建筑安全设计，尤其要针对既有建筑，如老旧街区及社区、学校及医院等，进行应对多灾种的"补强设计"，以提升城市与建筑的韧性；⑦本大纲既要与现行设计建设规范相衔接，也要研讨适合近现代建筑防灾的安全设计标准；⑧本大纲力求能成为设计者有益的安全建设标准化指南及工具。

　　尽管"韧性"有许多含义，但按照国际组织倡导地区可持续发展国际理事会的定义，"韧性城市指城市可凭借自身能力抵御灾害，减轻损失，并从灾害中快速恢复过来。即指面对冲击和压力时，韧性城市具备预测、防范、应对冲击且从中恢复正常的能力。"有学者认为，1933 年通过的城市与建筑的《雅典宪章》是重视城市韧性的典型，它追求着城市的空间与时间秩序，而 1977 年《马丘比丘宪章》，由于强调功能单一的城市分区会破坏城市的有机性和完整性，所以与韧性城市的多元化与灵活性"不谋而合"。研究表明，韧性城市建设是一种文化品格的培养生息过程，离不开文化的力量与文化之韧性，所以在韧性安全建设中，文化韧性以及物质和精神的遗产保护，必须构建城市及遗产的"软"支撑及"硬"系统。历史的经验值得重视，因为历史有意义，历史可以理解，则历史事件的相互关系特别是因果关系能够解读。德国大规模的城市改建工程是始于第二次世界大战之后，德国各界管理与建设者采用了"传统基础上的与时俱进"方法，即在与时俱进发展城市现代化的同时，慎思城市历史传统，小心翼翼对待有强烈历史印记且早已成为城市"乡愁"的老城或城市核心区，强调"历史的可持续性"，从而实现传承与发展的和谐统一，不同城市有不同的在地性设计，如柏林只能遵循普鲁士的古典主义传统，而德累斯顿则要坚持萨克森的巴洛克风格与设计原则。正是在珍贵历史馈赠中，将城市历史遗产保护与发展有机结合。近年来，美国安全韧性与历史建筑保护工程备受关注，项目激增。2022 年，美国建筑师协会报告称，经过 20 年的追踪，历史修复工程的金额首次超过新建项目，如历史建筑保护项目已占到所有建筑修复项目的 12.6%，此外，美国 40% 以上的建筑至少有 50 年历史，这使它们极有可能划归为历史建筑，在未来十年中，更会有 1330 万栋建筑达到 50 年寿命，无论是修缮设计还是建设都是大市场，其中，安全韧性建设任务何其艰巨。

从历史看，国内外对韧性安全防灾城市研究主要有：

● 2002 年，可持续发展理事会首次将韧性城市概念引入城市防灾减灾研究中；

● 2005 年，在第二届世界减灾大会通过的《兵库抗灾行动纲领》，将"韧性"纳入灾害研讨中，提出要强化国家与社区抗灾能力；

● 2013 年，洛克菲勒基金会启动"全球 100 韧性城市"项目，致力于增强城市韧性能力建设并提供示范；

● 2016 年，第三届联合国住房与可持续大会倡导"城市的生态与韧性"，提出《新城市议程》旨在作为新城市发展的核心内容之一；

● 2020 年，中国"十四五"规划将"韧性城市"纳入建设高品质城市远景目标，旨在营造新型化的中国城市现代化样态等。

从遗产保护的韧性设计与营造讲，笔者更认同韧性理念的引入，因为它的设计会使建筑系统"回到原始状态"，在灾害等外部打击下，有承载力，有稳定性。用当代观念看，可定义为"具有良好网络和系统设计，确保其有必要的抵抗力、冗余度及可靠性；具有良好的弹性组织，使其具有从灾害中恢复的能力。"对于建筑遗产保护中应瞩目的韧性设计的关键词：减轻风险、恢复能力、可接受的脆弱性、冗余能力响应等。基于遗产保护韧性安全框架建立的技术性与社会性，尤其强调其韧性管理准则：①韧性阈值，在关注自然边界与社会文化保护意识前提下，要体现对极端事件的控制界限；②提升公众的保护风险意识，要有学习能力及保护的警醒力；③各相关部门要有超前预测、预警能力，在应急管理与响应程序中，注入社会的风险分担机制；④强化遗产保护的全社会视角及跨界综合应对的原则，做到信息权与参与权，尤其对 20 世纪遗产建立社会访问规则、权利与责任，这是体现大社会综合保护管理的关键，从而杜绝遗产保护单位"出事"后，再管理、再呵护的被动局面。

可见，从国际上得到的安全建设启示是，其一，要持续开展遗产保护区韧性环境建设，即关注多灾种、全过程、全要素的综合应对，将韧性防灾融入日常管理之中；其二，持续建设韧性社会管理机制，改变遗产保护绝大多数由政府为主体的风险控制机制（恰恰有时是难以把控的），要建立全社会主动参与的补偿救助保护机制；其三，持续开展遗产保护韧性产业建设，不仅要完善修缮设计理念及方法，更要形成有产业支撑的 20 世纪遗产保护技术产品体系。相信在韧性防灾安全框架下，会最大限度地提升预防并缓解各类灾害带来的事故风险，让建筑遗产安然，让建筑遗产保护处于韧性城市的环境之中；其四，建立韧性城市框架体系，既要多学科、多尺度的研究，有完善的韧性城市评价体系，又离不开韧性海绵与数字孪生城市的科学组合，形成全域的资源优化。

师道、归成、复兴
——中国第一代建筑师总述

玄　峰

　　"建筑"一词在中国出现较晚。专指一个学科门类时应当在1898 年清廷新政设立"新政大学"而设立学科之后。相应的，建筑师落实为一类具体的职业则更晚，是在近代中国被西方列强打开国门，新式功能空间的需求促使相应的专职人才出现时才出现的。可以说，建筑师在中国的出现自始至终与中国近现代历史及国运休戚相关。

　　事实上，中国第一代建筑师中除极个别外几乎全部来自于庚子赔款留学生；或者与留学生最初的授业实践相关。其中来源最多、影响最大的是留美生：建筑五宗师中除刘敦桢为留日生外，其余全部来自清华留美生。

　　这些全国各地严格选拔的优秀学生大多来自名门望族或官宦世家。他们视野开阔，有极扎实的国学功底，同时精通外文。这些学子在历经战争、变法以及五四运动后，对于国家积弊与民族自尊、自立、自强有着深刻的认识。因此他们在留学研习专业知识后，均怀有实业报国之心而学成归国、建设国家，为中国文化、科技、教育的现代化打下了坚实的基础。

　　中国第一代建筑师除发挥专业技能外，更通过民族形式的探讨、教育的创立、历史文化的梳理为塑造中华民族的精神气质、民族文化的复兴贡献了一生的心血。这是新一代知识分子深厚的历史使命感与责任感所在，也是第一代建筑师的思想实质。他们为后来者树立了丰厚的历史文化遗产与不可磨灭的丰碑，更是中国 20 世纪建筑遗产早期的开路者。

玄峰，山东潍坊人，同济大学建筑学硕士，东南大学建筑学博士。现为上海交通大学设计学院建筑系副教授。发表学术论文百余篇，参与建筑设计 50 余项。曾参与"澳门历史街区"世界遗产申报的相关研究工作。现从事建筑文化遗产、历史及其理论、景观建筑理论方面研究工作。

梁思成——文化复兴与中国建筑现代化的先驱

图 1 梁思成肖像

梁思成（1901 年 4 月 20 日—1972 年 1 月 9 日），广东新会人，中国建筑学家、建筑史学家、建筑教育家（图 1）。东北大学、清华大学建筑系创办人。中国科学院学部委员，中国建筑史学界著名的"北梁南刘"中的"北梁"。"建筑四杰"之一。

梁思成出身名门，为中国近代思想家、政治家、教育家、文学家、戊戌变法领袖、清华国学院四大导师之一梁启超的长子，出生于日本东京，12 岁回国。1915 年入清华留美预科班，1924 年同林徽因一起赴宾夕法尼亚大学学习建筑，为近代庚子赔款留学宾夕法尼亚大学学习建筑的 22 名学生之一。1927 年获得硕士学位，1928 年 8 月游欧后回国。时代背景与成长环境使得梁思成具有开阔的国际化视野，并对社会、历史、民族、文化等问题具有浓厚的兴趣。在中国近现代剧烈变化的历史语境中，梁思成紧密契合国势国运，为中华民族的建筑事业奋斗了一生。

梁思成的建筑事业大体分为（1928—1931 年）东北大学、（1931—1946 年）营造学社与（1946—1972 年）清华大学三个阶段。作为一名视野开阔、学贯中西的大学者，其成就大体包括建筑教育、古建筑研究、学科领域开创、文物保护、国家重大工程主持以及学术组织机构创办六个方面。几个方面均有重大建树：建筑教育方面有 1928 年创办东北大学建筑系及 1946 年创办清华大学建筑系；古建筑研究方面组织领导了中国第一个建筑学术研究组织营造学社的工作；并撰写了《中国建筑史》《图像中国建筑史》《营造法式注释》《清式营造则例》等具有国际影响力的专著；学科领域方面推动了城市规划、景观园林、工业设计等学科的设立；文物保护方面除了参与修复孔庙、故宫、国子监等重大历史建筑外，还组织编写了《全国文物建筑简目》（《第一批全国重点保护文物建筑》前身）等；建筑方面主持了人民英雄纪念碑（图 2）、

图 2 梁思成 - 人民英雄纪念碑

国徽等重大工程的设计建造；学术组织上推动了中国建筑学会、《建筑学报》等的创办。在中国步入现代化的过程中，梁思成以建筑事业为依托，终生致力于发掘研究并弘扬中国建筑文化。积极的社会性以及强烈的历史使命感使梁思成在中国步入现代化的过程中成为中国建筑艺术精神独立性、民族文化自尊的捍卫者以及伟大的建筑思想启蒙者。

刘敦桢——中国建筑文化的发掘、守成与开拓者

刘敦桢（1897年9月19日—1968年5月10日），湖南新宁人，中国建筑学家、建筑史学家、建筑教育家（图3）。中国科学院学部委员，中国建筑史学界著名的"北梁南刘"中的"南刘"。"建筑四杰"之一。

图3 刘敦桢肖像

刘敦桢是中国第一代建筑师中少有的留学日本学成归国的建筑学家。从1913年至1922年获得东京高等工业学校建筑科学学士学位为止，刘敦桢留日时间长达9年。日本底蕴深厚、保存完整的建筑古迹深深吸引了刘敦桢的兴趣，并进而果断由最初的机械科转入建筑科，刘敦桢自此踏上了以研究、保护、弘扬中国古代建筑文化为终身职业的道路。

在归国短期从事建筑设计后，刘敦桢迅速投身建筑教育行业：1923年协助黄祖森创办了中国第一个建筑学专业"苏州高等工业学校建筑科"；1927年协助刘福泰等创办了中国第一个大学建筑系。两个"第一"奠定了刘敦桢中国现代建筑教育奠基人的地位。1943年抗战胜利前夕，刘敦桢成为"重庆沙坪坝黄金时期"某大学建筑系系主任。1945年进一步成为工学院院长。从1925年任湖南大学土木系教授开始直到南京工学院建筑系教授去世，刘敦桢长期的教育生涯为中国培养了大批杰出的建筑学科人才。

在建筑研究领域，刘敦桢成就斐然：1928年在《科学》杂志上发表《佛教对于中国建筑之影响》。这是迄今为止发现最早的中国人在国际顶级期刊上发表关于中国建筑研究的论文。1932年加入营

造学社后，与梁思成共同确立了以现代科学方式进行中国古建筑研究的工作程序和方法。期间带领社员搜集、发掘、整理出大量中国优秀历史建筑的第一手资料。1956 年发表的《中国住宅概说》引起了"民居研究热"。1958 年主持了国庆十周年的"三史研究"工作。1959 年组织了"中国古代建筑史稿"的编纂工作。1979 年出版的《苏州古典园林》（由中国建筑工业出版社出版）再次引起了"园林研究热"（图 4）。——史稿编纂及《苏州古典园林》均获得国家级科研成果奖。从佛教寺庙到宫殿石阙；从民居到园林；从单体研究到历史梳理；刘敦桢在建筑史学领域均做到了深度发掘且建立了一整套严谨细致的工作程序和极高的学术规范与标准。可以说，刘敦桢是我国近现代建筑界当之无愧的杰出的中国建筑文化的发掘、守成与开拓者。

图 4　刘敦桢 –《苏州古典园林》

杨廷宝——享誉国际的设计大师

杨廷宝（1901 年 10 月 2 日—1982 年 12 月 23 日，河南南阳人，中国建筑学家、建筑教育家）（图 5）曾任基泰工程司主持建筑师，南京工学院副院长、建筑系系主任。中国科学院学部委员，中国建筑学界著名的"北梁南杨"中的"南杨"。"建筑四杰"之一。

杨廷宝聪慧早成，1915—1921 年入读清华留美预科班，1921 年不足 20 岁即赴美进入宾夕法尼亚大学建筑系学习，1925 年获宾夕法尼亚大学硕士学位。在宾夕法尼亚大学系主任 Paul Cret 事务所实习工作两年后，1927 年回国。在良好的家教培养下，杨廷宝擅长美术、书法且英语颇佳。勤奋好学的优良品性为杨廷宝成长为一名优秀的建筑师奠定了基础。

杨廷宝的建筑事业分为建筑设计及建筑教育两个阶段。1927—1949 年，杨廷宝与关颂声、朱彬合办有"北基泰南华盖"之称的"北基泰"。杨廷宝负责专司设计的图房工作。期间主持设计了大量

图 5　杨廷宝肖像

图 6 杨廷宝 – 中山陵音乐台

举国关注的重大项目：包括南京中央体育场、中山陵音乐台（图 6）、延晖馆、中央医院等。中华人民共和国成立后任职南京工学院教授期间进一步主持和组织了人民大会堂、人民英雄纪念碑、毛主席纪念堂、北京饭店、雨花台烈士陵园、南京长江大桥等的设计。在中国第一代建筑师中，就设计标的的重要性、历史价值、等级规模等而言，杨廷宝主持的项目首屈一指。这些作品绝大多数均已入选了 20 世纪建筑遗产。1949 年中华人民共和国成立后，杨廷宝退出基泰而致力于建筑教育事业。同年担任南京大学建筑系系主任。1955 年当选为中国科学院学部委员。1959 年任南京工学院副院长。1979 年成为南京工学院建筑研究所所长。1981 年成为全国首批建筑学博士导师。教学理念上，杨廷宝注重基本功，严谨务实、知行合一是出了名的。这也是杨老一生的写照。

　　高超的设计技巧，善解复杂问题的能力使得杨廷宝成为中国最早获得国际声誉及地位的中国建筑师。宾夕法尼亚大学期间，杨廷宝连续获得包括全美最高大学生设计竞赛奖在内的一金四铜奖项。其作品被选入美国大学生设计参考资料《建筑设计习作》。1953 年中国建筑学会加入世界建筑师学会后，杨老在 1957—1965 年间连任世界建协副主席八年。可以说作为第一代建筑师，杨廷宝很早实现了由中国走向世界。

童寯——博学笃行淳朴低调的大师

图 7 童寯肖像

童寯（1900 年 10 月 2 日—1983 年 3 月 28 日），辽宁奉天人，中国建筑学家、建筑教育家、著名建筑师（图 7）。华盖建筑事务所联合创始人，南京工学院教授，中国第一批建筑学专业博士导师。"建筑四杰"之一。

童寯是中国第一代建筑师中通过清华庚子赔款留学宾夕法尼亚大学建筑系的 22 位学生之一。童寯赴美时已年满 25 岁。童寯的勤奋刻苦是出了名的，仅 3 年即获得硕士学位，并在期间获得全美大学生设计竞赛一、二等奖各一项。

1930 年学成归国后，童寯分别以大学教师及建筑师的身份投入建筑事业，成为当时中国建筑界的中流砥柱。1931—1949 年第一阶段，童寯主要作为华盖事务所的建筑师负责图房工作（即建筑设计）。作为一名勤奋的建筑师，童寯在此期间主持参与的项目 100 多项，其中入选 20 世纪建筑遗产的知名作品即有 20 多项（图 8）。在设计思想方面特别要提到的是：童寯是当时中国建筑师中异常坚定的西方现代主义风格的维护者。在 20 世纪 30 年代大屋顶盛行的时代，童寯多次撰文批评其为"荒诞不经的辫子建筑"，并与事务所同事陈植、赵深相约"摒弃之"。这在当时的时代背景下是难能可贵的。

图 8　童寯 – 南京外交部大楼

1949 年专职教育后，童寯成为德高望重、博闻强记却又刚直不阿、刻苦勤俭的"普通人"。成稿于 1937 年的《江南园林志》是近代中国第一部以科学方法论述造园理论的著作；成稿于 1983 年的《东南园墅》则是继梁思成《图说中国建筑史》后又一部以英文写成的宣传园林文化的专著。郭湖生评价童老为"近代研究古典园林第一人"。日常工作中，"中大院活字典、父子教授三轮车、资料室 30 年不变的座位"等典故则成为童老朴实人格的写照。吴良镛先生感叹道："作为教育家，童老是一代宗师。"童寯以其博学笃行、淳朴低调、"学高为师、身正为范"，成为建筑学子们的楷模。

吕彦直——大国重器警世钟

吕彦直（1894 年 7 月 28 日—1929 年 3 月 28 日），安徽滁州市人，中国近现代具有划时代意义的建筑师（图 9）。彦记建筑事务所创始人，"建筑五宗师"之一（另四人即"建筑四杰"）。

图 9　吕彦直肖像

吕彦直是中国第一代建筑师中比较早留学康奈尔大学的清华庚子赔款留学生之一。就对近现代中国建筑界的影响力而言，康奈尔大学是继宾夕法尼亚大学之后的第二所建筑人才的渊薮高校。吕彦直出身外交世家，父兄姐姐姐夫等均为中国驻外使节。吕彦直 9~14 岁间即随二姐在巴黎接受启蒙教育。1911 年考入清华留美预科班后，1913 年赴美康奈尔大学就读。吕彦直富有的美术天分使其在盛行包扎（Beaux Arts）教学体系的年代更适合建筑学专业。入学不久，吕彦直由电气系转入建筑系学习。

1918 年大学毕业后，吕彦直来到纽约的墨菲（Henry Murphy）事务所实习。当时墨菲恰好大量参与中国诸多教会大学的规划设计工作。所以吕彦直得以了解当时的中国建筑界，这为 1921 年归国后迅速打开局面埋下伏笔。

作为一名转瞬即逝的建筑天才，吕彦直的独立设计生涯自 1925 年彦记事务所创办到 1929 年去世只有短短 4 年。但这 4 年却如流星般放射出最灿烂的光彩：1925 年、1927 年吕彦直在中外建筑师

图 10　吕彦直 – 南京中山陵

共同参与的南京中山陵（图 10）、广州中山纪念堂的设计方案竞标
中全部获得首奖并最终成为实施方案。在 20 世纪 20 年代的中国，
这两项工程的时代性、历史性、艺术性的意义与价值都是毋庸置疑
的。而最终吕彦直出色地融汇了中华民族特色与西方建筑技术，成
功塑造了"中国固有式建筑"的典范与丰碑。梁思成评价其作品为
"新建筑之嚆矢，象征我民族复兴之始"。评委南洋大学校长凌鸿勋
评价其为"木铎警世之想"。杰出的设计使吕彦直被誉为"近现代建
筑的奠基人"。

　　特别提到的是：吕彦直 15 岁于南京金陵中学读书时是人才荟萃
的"木铎会"成员，到 30 岁以警世钟之形状中标中山陵，这是一个
惊人的巧合。回顾其极为特殊的学贯中西、融汇中外的成长历程，可
以说在一定程度上不仅仅是吕彦直创造了历史，更是历史选择了吕
彦直。

图 11　墨菲肖像

亨利·墨菲——中国古典复兴与现代都市规划的倡导者

亨利·墨菲（Henry Murphy，1871—1954 年），美国康涅狄格州人，
美国执业建筑师，中国式建筑古典复兴的代表人物（图 11）。

  墨菲 1899 年毕业于耶鲁大学建筑系。1906 年获纽约大学美术学士学位。1908 年在纽约开设建筑事务所。最初几年在美国的事业平平，1913 年受雅礼会（耶鲁大学传教士团体）邀请于 1914 年赴中国长沙设计雅礼大学（今中南大学湘雅医学院），事业迎来转机并一发而不可收。成为近代中国最杰出的大学校园规划及建筑设计师。

  1914—1928 年，墨菲先后主持设计的大学有雅礼大学、清华大学扩建、沪江大学、复旦大学、金陵女子大学、燕京大学、福州协和大学、广州岭南大学扩建等（图 12）。这些大学均采用了西方现代主义功能分区与中国传统宫殿建筑形式相结合的做法，社会反响极佳。墨菲作为一位西方设计师，成为融合西方规划思想与倡导中国传统建筑古典复兴的代表人物。

  1921 年，墨菲受广州市市长孙科邀请制订了广州市的现代城市规划。1928 年被聘请为"首都建设委员会"委员，于 1929 年同吕彦直、夏光宇等中国建筑师共同制订了指导纲领性质的《首都计划》并随即共同主持了南京城市规划。该城市规划及前面的广州市规划均

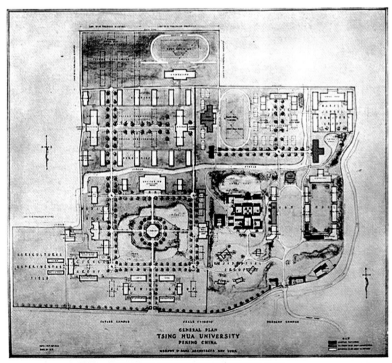

GENERAL PLAN TSING HUA UNIVERSITY, PEKING, CHINA.

图 12　墨菲 – 清华大学扩建

采取了西方现代主义功能分区、方格网及放射蛛网形式结合的现代都
市规划方法。两规划对当时的中国城市建设产生了巨大影响。尽管身
为西方建筑师，墨菲却坚持认为中国建筑文化是完全媲美于西方建筑
文化的独立建筑体系。正是在该《首都计划》中首次提出了"都市主
要公共建筑均应采用民族固有式"的提法。自此，"民族固有式"作
为一种当时主流的设计思潮在相当长的历史阶段内塑造了中国近现代
的城市景观。

邬达克——海派建筑的旗手

图 13　邬达克肖像

　　拉斯洛·邬达克（Laszlo Hudec，1893 年 1 月 8 日—1958 年 10 月
26 日），匈牙利籍斯洛伐克人，缔造大上海海派建筑风格的国际著名
建筑师（图 13）。

　　邬达克出生在奥匈帝国兹沃伦州首府拜斯泰采巴尼亚
（Besztecebanya）的建筑世家。21 岁毕业于匈牙利皇家约瑟夫理
工大学建筑系。1916 年成为匈牙利建筑学会会员。随即在战役中被
俄军俘虏。1918 年邬达克从西伯利亚战俘营逃脱，随后流亡至上海。
1923 年在上海开设自己的建筑事务所。随即在上海这个国际化都市
大放异彩，成为"海派建筑风格"的主要塑造者。

　　邬达克自 1918—1947 年的约 30 年建筑生涯全部在上海。期
间主持设计的建筑项目超过 120 个，属于勤奋、高产的建筑师。
真正让邬达克享有盛誉的是其设计的绝大多数作品均有极高的艺
术品质，几乎个个是精品。在设计风格上，邬达克不受任何艺术风
格、设计流派、基地条件、规模大小等的限制，均能灵活地结合场
地具体条件、甲方要求、资金状况等作出恰当的应对，体现出极强
的处理问题能力和强烈的理性现实主义色彩。这也许与其复杂的人
生阅历与高超的设计技巧有关。其设计的怡和洋行、亚细亚大楼具
有古典主义风格；上海国际饭店体现为芝加哥学派（图 14）；英国
行会、花旗银行总会大楼有巴洛克装饰特点；武康大楼有艺术装饰
派（ART-DECO）特点；大光明大戏院、浙江大戏院等则属于简

图 14　邬达克 – 上海国际饭店

洁现代主义；慕尔堂又显现出哥特复兴的影子……这些建筑作品均能在具体场景中巧妙地融入环境，成为建成环境中一道亮丽的城市风景线。

　　事实上，风格多元、形式多变的设计手法一方面充分展示了邬达克高超的设计水平；另一方面也与上海作为当时十里洋场国际化大都市所拥有的开放包容、兼收并蓄的城市气质息息相关。在这个意义上，上海市收容了流亡避难的邬达克，邬达克则以建筑作品塑造、装点了上海市的城市性格。

林徽因——风华绝代的建筑师

　　林徽因（1904 年 6 月 10 日—1955 年 4 月 1 日），福建闽侯人，中国现代建筑学家、作家、诗人（图 15）。中华第一女建筑师。

图 15　林徽因肖像

林徽因本名"徽音",语出自《诗经·大雅·思齐》,本意美好典范的意思。林徽因出身名门,1920 年随父亲林长民游学欧洲。居英国伦敦期间受房东女建筑师的影响坚定了一生的专业志向。1924 年在通过清华庚子赔款留学考试后与梁思成共同赴宾夕法尼亚大学学习。梁思成受其影响择定了建筑系,而林徽因则阴差阳错因建筑系不招女生而入读同一学院的美术系。尽管如此,林徽因选修了建筑系大多数课程且成绩优异,课程优秀率高达 88%。1925 年即被聘为建筑系助教,堪称佳话。1928 年梁思成、林徽因从宾夕法尼亚大学毕业后于加拿大结婚,从此成为近现代中国最负盛名的建筑伉俪。

梁林二人在结为夫妻后建筑事业比翼齐飞,保持同步:共同于1928 年、1946 年携手创办了东北大学、清华大学建筑系;1931 年同时加入营造学社;共同参与了包括《中国建筑史》《图说中国建筑史》大量古建调研报告等的撰写工作。梁思成一生的研究著述中多次特别提及了林徽因在文献考证、测绘图绘制、文字修订等方面的大量贡献。中华人民共和国成立后,梁林在共同参与国徽、人民英雄纪念碑等设计工作时,因梁思成身体或某些原因,林徽因实际担任了大量的组织领导工作。除此之外,林徽因充分发挥美术理论专长,主力担负了里面装饰纹样、花环雕饰等的设计工作。在长期的重病当中,林徽因特别组织了清华员工对景泰蓝手工艺的发掘抢救整理工作。这些工作为国宝级文化遗产的传承延续发挥了至关重要的作用。吴良镛称赞其为:"中华第一女建筑师,才华横溢的学者,文学艺术方面有如此的造诣,在建筑方面与梁先生并驾齐驱,共同作出了卓越的贡献。"

2024 年 5 月 18 日,林徽因诞辰 120 周年、入学 100 周年之际,宾夕法尼亚大学韦茨曼设计学院在毕业典礼上特别向林徽因追授了建筑学学士学位。至此,林徽因先生作为宾夕法尼亚大学历史上最早入系同时又获得学士学位的女学生永垂史册。

庄俊——中国首位建筑师

庄俊(1888 年 6 月 6 日—1990 年 4 月 25 日),浙江鄞州区人,中国近现代第一位建筑学位获得者、首位建筑师(图 16)。

　　庄俊是中国头三批清华留美"甄别生"中的第二批学生。1910年经甄拔考试后直接赴美伊利诺伊大学学习建筑。同批次学生中还有赵元任、张彭春、钱崇澍、胡适、竺可桢等日后对中国近现代历史产生重大影响的杰出人才。1914年，庄俊刚刚获得学士学位即受清华学校电召回国参加学校急缺人才的扩建工作。庄俊属于"带艺出身"，通过庚子赔款留学考试前1909年已经入读唐山路矿学堂的土木专科。因此，赴美后直接选取了建筑工程专业，而非建筑学专业。这在中国第一代建筑师中非常少见。

图 16　庄俊肖像

　　1914—1923年，庄俊除协助墨菲进行校园规划及建筑设计工作外，更直接负责了代表清华的四大建筑——大礼堂、图书馆、体育馆、科学馆——的建造监督工作；与此同时教授清华预科班的英语课程。因此，庄俊以教师兼"中国第一位建筑师"的身份向清华学生们充分展示了建筑师这一职业的工作内容、地位影响及其价值意义等，对学生们产生了极其深远的影响。在此期间，林澍民、朱彬、赵深、董大酉、杨廷宝、陈植、梁思成、林徽因、童寯等人先后走上了建筑师的职业道路，为日后的中国建筑事业发挥了巨大的作用。可以说，言传身教、启迪后昆正是庄俊作为中国第一位建筑师最大的意义与价值所在。

图 17　庄俊 – 外滩金城银行

　　1925年，庄俊在再次获得庚子赔款资助赴美考察归国后开设了自己的建筑师事务所直至中华人民共和国成立。期间完成的著名作品有外滩金城银行（图17）、大陆商场（南京路）等。1950年事务所先后并入华北建筑工程公司、建工部中央设计院等。后继调入华东工业建筑设计院担任总工程师。1984年中国建筑学会在庄俊从业七十周年庆典上颁授其"建筑泰斗荣誉证书"以示褒奖。

图 18 董大酉肖像

董大酉——纯粹的建筑师

董大酉（1899 年 2 月 1 日—1973 年），浙江杭州人，著名建筑师，董大酉建筑事务所创办人（图 18）。

董大酉是 1922 年清华庚子赔款赴美学生，1922—1925 年就读明尼苏达大学建筑系获得硕士学位。同级清华学生里面有"北梁南杨"中的"南杨"杨廷宝。随后赴哥伦比亚大学美术考古研究所研修两年，并在短期的墨菲事务所实习后于 1928 年回国。回国后加入庄俊建筑事务所。1930 年创办董大酉建筑事务所。中华人民共和国成立后，董大酉在公私合营后积极投入不同阶段的国家发展建设工作中：先后调入西北（西安）、建工部、北京、天津、杭州等各地民用或工业建筑设计院担任总工程师或者顾问建筑师直至去世。

在中国第一代建筑师当中，董大酉是一名少有的纯粹的建筑师，一生专注于规划和建筑设计工作，是承担起中国近现代城市建设发展的中坚力量。董大酉一生作品超过百项，遍布全国各地，比较著名的包括大上海都市规划（图 19）在内的上海市政府大厦（图 20）、上海图书馆（原）、上海博物馆（原）、南京无名英雄墓、广东省政府大楼、文庙图书馆等。这些作品现存的大多数已经入选 20 世纪建筑遗产名录。在设计思想上，董大酉秉持现实主义、理性主义态度，始终能够做到与政府、工程管理方、甲方、施工方等的紧密合作，也因此在主持设计的同时承担了大量的都市计划、建设管理、政府顾问等的兼职工作。在形式与风格的关系当中，董大酉认为"形式是客观的，而风格则属社会意识的范畴，二者不能混淆"。这一观点充分反映了董大酉客观理性的建筑思想，其相应的作品功能类型丰富多样，形式风格多变：从西方古典主义到中国固有式（大屋顶）；从现代主义到民族复兴式等均能够依据环境条件灵活应用。除此之外，董大酉于 1929—1938 年在吕彦直、关颂声、庄俊等组办的中国建筑师学会中担任会长，为华人建筑师这一新兴行业的发展作出了贡献。

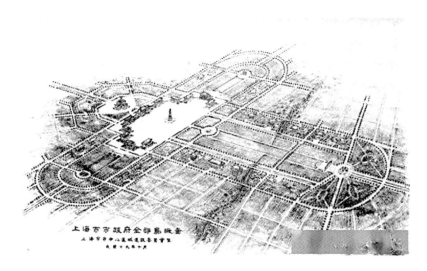

图 19　董大酉 – 大上海都市规划

图 20　董大酉 – 上海市政府大厦

篇 二

分　论
地域类别

20 世纪工业遗产论

徐苏斌

徐苏斌，天津大学工学博士，东京大学工学博士，清华大学博士后。天津大学讲席教授、博士生导师，天津大学中国文化遗产保护国际研究中心常务副主任，香港中文大学客座教授。国家"万人计划"领军人才。主要研究领域为中国城市建筑史、文化遗产保护、工业遗产保护等。担任国家社科重大项目首席专家和艺术学重大项目首席专家。

在中国，工业遗产是一种新型遗产，从 2006 年《无锡建议》起算已经近 20 年，但是依然在探索中，并没有形成稳定的工业遗产论。《中国 20 世纪建筑遗产论纲》的编撰促使笔者深入思考工业遗产与整个文化遗产体系的关系以及保护的核心问题。2013 年笔者开始国家社科重大课题"我国城市近现代工业遗产保护综合研究"，2021 年启动了国家社科艺术学重大课题"中国文化基因的传承与当代表达"，前者聚焦工业遗产的全链条相关问题，后者则聚焦文化遗产学和集体记忆。从 2011 年开始，天津市又数次委托进行工业遗产大调研，积累了基层的经验。与中国工业遗产保护发展同步，笔者对于工业遗产的认识也在逐渐加深。笔者认为工业遗产概念的提出标志着赋予了其文化资本的属性，这是和以往研究的根本区别。尽管工业遗产研究不能脱离原来工业的基础，但是应该如何挖掘价值、保护价值、传承价值变成重要的议题，即工业遗产进入文化遗产学的研究领域。以下从三方面论述。

一、文化遗产学视野下的工业遗产认知

思考工业遗产首先要思考文化遗产学。事实上文化遗产学当前还是一个方兴未艾的领域。文化遗产学研究的核心问题应该是什么？

在中国，文化遗产保护的历史已经一百多年了，而作为学科关注文物则主要始于 20 世纪 80 年代，21 世纪初逐渐改为文化遗产学[1]。关

❶ 王运良 . 中国文化遗产学研究文献综述 [J]. 东南文化，2011（5）: 23–29.

于文化遗产学，中国研究者曹兵武❶、孙华❷、苑利❸、贺云翱❹、彭兆荣❺、蔡靖泉❻、王福州❼、潘鲁生❽、冯骥才❾等都有研究。我们承担的国家社科艺术学重大课题也采访过 500 余位文化遗产工作者，很多人提到价值保护的问题，这应该是文化遗产学要研究的核心问题。更为完整的可以表述为研究遗产价值发现、遗产价值保护、遗产价值传承这三个部分的问题。

近年来遗产领域的思考十分活跃，集体记忆受到广泛关注。2006 年批判遗产学的倡导者劳拉简·史密斯（Laurajane Smith）出版了《遗产利用》，强调了记忆在遗产中的重要地位❿。我们可以看到遗产和记忆的关系，以及批判遗产研究对于记忆的重视。

集体记忆的研究始于法国社会学家莫里斯·哈布瓦赫（Maurice Halbwachs）。他在 1925 年《记忆的社会框架》记入如下对于记忆的研究⓫。他将记忆从个体记忆带入社会学中，研究了社会中的记忆问题。1992 年出版《论集体记忆》谈到关于集体记忆和空间地点的关系⓬。这是比较早将集体记忆和空间建立关系的论述。

---

❶ 曹兵武.文化遗产学：试说一门新兴学科的雏形 [N].中国文物报,2003–5–30（8）.

❷ 孙华.文化遗产"学"的困惑 [J].中国文化遗产，2005（5）：8.

❸ 苑利.文化遗产与文化遗产学解读 [J].江西社会科学，2005（3）.

❹ 贺云翱.走近"文化遗产学"：问题与对策 [J].东南文化，2011；贺云翱.文化遗产学论集 [M].南京：江苏人民出版社，2017.

❺ 彭兆荣.非物质文化遗产体系的"中国范式" [N].光明日报，2012-6-6；彭兆荣.生生遗续 代代相承——中国非物质文化遗产体系研究 [M].北京：北京大学出版社，2018.

❻ 蔡靖泉.文化遗产学 [M].武汉：华中师范大学出版社，2014.

❼ 王福州."文化遗产学"的学科定位及未来发展 [J].中国非物质文化遗产，2021.

❽ 潘鲁生.关于文化遗产学建设的思考 [J].中国非物质文化遗产，2021（3）：6-10.

❾ 冯骥才.非遗学原理 [N].光明日报，2023.3.19.

❿ 劳拉简·史密斯.遗产利用.苏小燕，张朝枝，译.北京：科学出版社，2022.

⓫（1）记忆是过去在当下的存在；（2）孤立的个体是虚构的，个体记忆只能在社会框架中；（3）记忆有社会功能，社会影响记忆。引自《记忆的社会框架》，收入《论集体记忆》，1992 年。哈布瓦赫.论集体记忆.毕然，郭金华，译.上海：上海人民出版社，2002.

⓬（1）个体记忆借助具体空间唤起集体记忆；（2）共同体通过将记忆人为定位或迁移到具体空间中，巩固或者获得社会地位；（3）同一空间上的不同记忆存在竞争合流，同一份集体记忆定位在不同空间；（4）一个集体由不同群体构成，他们不同的传统与历史经历也会重新定位记忆。《福音书中圣地的传奇地形学》（1941）收入《论集体记忆》（1992）。哈布瓦赫，毕然，郭金华.论集体记忆.上海：上海人民出版社，2002.

德国的埃及考古学家扬·阿斯曼（Jan Assmann）在《文化记忆》一书中系统提出"文化记忆"理论，探讨了记忆（有关过去的知识）、身份认同（政治想象）、文化的连续性（传统的形成）三者之间的关系❶。

更加明确把记忆和场所捆绑到一起的是法国历史学家皮埃尔·诺拉（Pierre Nora），他的《记忆之场》是阐释记忆和场所关系的经典之作，《记忆之场》还涉及了遗产、记忆和身份三者关系："身份、记忆、遗产：当代意识的三个关键词，文化新大陆的三个侧面。这三个词彼此相连，极富内涵，具有多重含义，每个含义之间又互相回应，互相依存。"❷

回到文化遗产学的框架，我们尝试探讨遗产和记忆、身份建构的关系，我们认为广义的遗产学要研究的内容不仅仅限于遗产本体，而是要追溯集体记忆，集体记忆又和建构身份共同体直接相关。这里我们暂定的文化遗产学框架为三个层次的金字塔（图 1），最下层是遗产，中层是记忆，最高层是身份，是共同体的归属。他们之间的关系为：遗产是载体，承载着记忆，记忆更通过载体（遗址、纪念物等）不断强化。

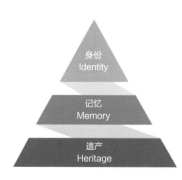

图 1　文化遗产学的金字塔框架思考

在这个框架中思考工业遗产要研究的问题，首先是遗产层面：工业遗产价值发现，遗产价值保护，遗产价值传承。"工业遗产价值发现"强调工业遗产价值挖掘，中国工业遗产既包括受产业革命影响以后的，也包括工业遗址，目前工业遗产的普查和评估并没有全面展开。"遗产价值保护"包含了保护理念、保护手法等，有传统技法保护、现代技术保护，是否可以用现代技术手段也是被广泛讨论的话题。"遗产价值传承"涉及博物馆、旅游、遗产管理、多媒体、数字化、名城、镇、村建筑设计、工艺设计、公众参与等。

工业的集体记忆是近年研究的热点。中国从近代大机器工业有了飞速的发展，中华人民共和国成立以后有 156 项目、三线项目等

---

❶ 扬·阿斯曼 . 文化记忆 . 金寿福，黄晓晨，译 . 北京：北京大学出版社，2015.
❷ 皮埃尔·诺拉 . 记忆之场 . 南京：南京大学出版社，2020.

一系列工业遗产以及很多集体记忆，这些集体记忆的载体正在快速消失，目前学者和经历者都十分重视口述历史的收集。老工匠、劳模的故事等成为工业领域的经典，一遍又一遍被宣传，从而一遍又一遍确认工业的集体记忆，这是身份认同的作业过程，他们的身份认同代表着社会主义社会最有代表性的群体工人阶级共同体。从工业产生的工匠精神也成为中华民族共同体的坚强支柱之一。

二、工业遗产价值的框架

工业遗产价值框架讨论主要聚焦于遗产层面。

联合国教科文组织关于固有价值（Intrinsic Value）的定义：固有价值是某种物品本身具有的价值，它具备的自然特性，对人而言十分重要，对于世界遗产而言，固有价值与"突出的普遍价值"的概念息息相关 ❶。

工业遗产的固有价值构成包括了经济学中的四种资本：物质资本（Physical Capital）、人力资本（Human Capital）、自然资本（Natural Capital）和文化资本（Cultural Capital）。

工业遗产涉及了上述这四种类型的资本。物质资本属于工业遗产的固有属性，包括遗产地的厂房、仓库、附属建筑、机器、相关设备等。人力资本与工业生产密不可分，人的知识、技术与劳动在生产中创造了重要价值，遗产背后的生产环节，所需的教育活动、创意等也属于人力资本，亦是遗产价值中重要的一环。文化资本十分特殊，文化经济学创始人戴维·思罗斯比（David Throsby）提出了经济意义上的"文化资本"的定义，即除了传统的三种经济学资本之外的另一种资产，除了可能拥有的全部经济价值外，文化资本还体现、贮存并提供文化价值。他认为"文化资本"是以财富的形式具体表现出来的文化价值的积累。他指出："这种积累紧接着可能会引起物品和服务的不断活动，与此同时，形成了本身具有文化价值和经济价值的商品""财富也许是以有形或无形的形式存在""有形的文化资本的积累

---

❶ L Pricewaterhousecoopers. The Costs and Benefits of World Heritage Site Status in the UK Full Report[R]. Pricewaterhouse Coopers LLP（PwC），2007.

存在于被赋予了文化意义（通常称为文化遗产）的建筑、遗址、艺术品和诸如油画、雕塑及其他以私人物品形式而存在的人工制品之中""无形的文化资本包括一系列与既定人群相符的思想、实践、信念、传统和价值"❶。世界文化遗产的标准、全国重点文物的标准都主要针对文化资本的评估。

如果用鸭蛋模型来说明的话，固有价值是蛋黄部分，用 A 表示（图 2）。

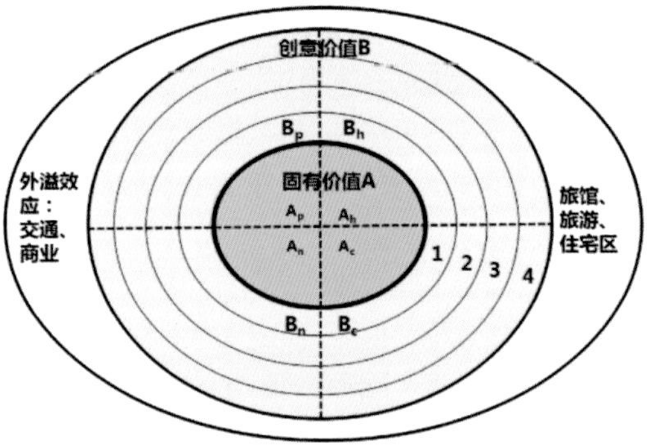

图2 工业遗产价值框架总体模型
（A 为固有价值，A_p 为物质资本价值、A_h 为人力资本价值、A_n 为自然资本价值、A_c 为文化资本价值；B 为创意价值，其中也可以细分为四种资本的价值）

如果广义讨论工业遗产的综合价值，应该把创意价值纳入讨论范围。在文化经济学中研究涉猎艺术的经济学角色、艺术市场的经济学介入、文化发展、文化政策学、遗产学以及可持续发展的文化策略等，其中包括了创意经济。戴维在《经济学与文化》第六章中论述了创意经济，主要论述了当代艺术家的创意所产生的价值。为了对应"固有价值"，这里我们暂且称为"创意价值"（Creative Value），界定为当代的创意所产生的价值。为了区别"固有价值"，我们将"创意价值"用 B 表示（图 2）。

除了固有价值和创意价值，还有外溢效应。在《经济学与文化》中，戴维还提到了外溢效应（Positive Spillovers），即影响其他经济

❶ Throsby，David．Economics and Culture[M]．Cambridge：Cambridge University Press，2001．

中文版：戴维·思罗斯比．经济学与文化 [M]．王志标，等，译．北京：中国人民大学出版社，2011．

Throsby，David．The Economics of Cultural Policy[M]．Cambridge：Cambridge University Press，2010．

中文版：戴维·思罗斯比．文化政策经济学 [M]．易昕，译．大连：东北财经大学出版社，2013．

人的收益外溢或成本外溢。位于市区的博物馆可以为周边企业和居民创造就业机会、收入机会以及其他经济机会，这些效应在当地经济或者区域经济评估中可能是重要的，但是这种计算却是很困难的❶，例如交通、商业、旅馆经济等都是由于文化遗产而引起的，都要计算。

统合上述内容，工业遗产的价值框架可以用鸭蛋形理论模型来描述：蛋黄核心部分是遗产的固有价值，蛋白部分是创意价值，最外环是外溢效应。

工业遗产的文化磁力来自遗产或者遗存的固有价值和创意价值，两者共同影响工业遗产的文化磁力。外溢效应取决于文化磁力。

上述工业遗产价值框架有助于理解图 1 金字塔中遗产层面的核心问题。而价值内涵则是和集体记忆相关的，对价值的认识随着不同时代、不同文化背景而异，是变化的，但是价值应该代表着一个时代的共识。在《中国文化基因的传承与当代表达研究》第三卷中，我们在调查了中国对于工业遗产认知的前提下提出了《中国工业遗产价值评价导则（试行）》❷，从工业遗产的角度反映了集体记忆和价值判断的关系，"试行"意味着变化。

三、体系化保护工业遗产的策略

中国进入存量规划发展阶段，工业遗产再利用成为首当其冲面临的问题。笔者认为，从工业城市到工业街区，再到厂房建筑，工业遗产再利用应该抓住三个环节的问题：保护固有价值 + 创造创意价值 + 扩展外溢效应。

（一）保护固有价值

1. 信息采集

增强工业遗产信息标准档案设立和建设，全面提升工业遗产的保护与研究水平。亟须加强对工业遗产建筑以及考古研究的系统化建

---

❶ 戴维·思罗斯比. 经济学与文化 [M]. 北京：中国人民大学出版社，2011：41–85. 戴维·思罗斯比. 文化政策经济学 [M]. 易昕，译. 大连：东北财经大学出版社，2013：120.
❷ 徐苏斌. 中国城市近现代工业遗产保护体系研究 [M]. 北京：中国城市出版社，2021.

设，具体包含以下几个核心方面：首先，针对工业遗产多为近代遗存的特点，制定研究重心，确保工业遗产考古研究与工业遗产保护及活化利用的有序进行，避免历史信息损失。其次，扩展工业遗产的调查广度与深度，全面梳理现有遗产点，不仅关注工业遗产数量众多的区域如上海、北京等地，也应加强全国工业遗产的整体性考察，以获得更均衡的全国工业遗产图录。再者，建立和完善国家工业遗产评价标准，参考国际先进经验，如英国的分级评价体系，细化评价指标，为工业遗产的分级保护与合理利用提供科学依据。最后，构建多层次的数字信息体系，包括国家级、城市级及单体遗产级的信息平台，运用GIS 与 BIM 等现代技术手段，实现遗产信息的精准记录、有效管理和公众可访问性，从而为政策制定、学术研究及公众教育提供强有力的数据支持。这一系列措施的实施，将为工业遗产的长期保护、价值挖掘与传承发展奠定坚实的基础。

2. 价值评估

工业遗产价值评估应该由单纯强调物质资本评估扩展到文化资本评估，需要深入挖掘工业遗产的文化资本的价值。价值评估也应该重视社会文化价值评估。工业遗产的保护是物质载体的保护，更是价值呈现，因此不同的评估等级修缮的要求不同，对于那些没有名分的工业遗产也需要评估，保证有价值的部分得以保存。

3. 保护规划和再利用设计

加强基于价值评估的保护规划和再利用设计。将工业遗产保护纳入历史文化名城保护专项规划，最终纳入国土空间规划。基于价值评估的再利用设计，包括被列入文物、历史建筑清单和未被列入清单的一般工业遗存。

（二）创造创意价值

1. 重视博物馆

在工业遗产的改造中注重创意价值的创造。创意价值的创造是工业遗产可持续发展的关键，反过来工业遗产也可以为创意提供资源。博物馆应该是文化磁力最强的场所，因此应该重视博物馆的设置，并开设各种创意活动。同时，文化创意园在业态布局时应该尽可能考虑展示原有工业街区的价值，使得整个工业街区呈现工业社区博物园的功能，有条件的应该展示生产流程、设备等。陶溪川不仅博物馆占据核心地位，同时整个文化创意园也是展示宇宙瓷厂的博物园，再扩展到景德镇也是博物馆星罗棋布，各具特色，形成文化磁力的聚集效应。

2. 业态平衡

工业遗产利用中业态的配比并不能全部是博物馆，还需要有办公和商业。互联网信息服务、专业设计服务、广告、印刷复印、软件、广播电视、版权服务、影视、发行服务、会展服务、出版服务、娱乐休闲服务、新闻服务等都是和文创相关的办公业态，也会带来高附加值。办公比例过高会影响园区的旅游，降低活性。另外也有科创被引进创意园区，科创虽然也会带来高附加值，但是后面的生产区配套也要考虑。商业比例过高会过度商业化。因此不断调整业态，在强化文化磁力的同时注意市场需求。在政策方面原创性的创意产业属于一级市场，应该给予政策扶持。

3. 政策支持

各个城市常有土地从工业用地转向商住用地后开发房地产，破坏了工业遗产。在新一轮的城市更新中，各地已经采取有利于工业遗产再利用的政策，鼓励城市更新中的工业遗产改造和再利用落地，如天津政府目前采取70%融资，利息3%，还款时间延长到20年的政策。为了保证工业遗产的价值，还可以采用容积率转移的方法，也可以采取飞地建设住宅的方法。天津第一机床厂在改造中的一部分住宅选择在飞地建设，尽可能减少对于工业遗产本体的影响。

（三）扩展外溢效应

1. 加强城市文化体系协同

加强工业遗产与城市文化体系结合，甚至跨城市、跨区域体系结合，将工业文化纳入文旅宣传体系，避免独立作战。充分利用工业遗产建筑空间特点，加强与其他类型文化遗产多元互补，促进多元遗产之间的协同发展。

2. 提供配套服务设施

从规划层面完善市政设施的规划，及时提供配套的市政系统，尤其对改造后的工业建筑周边的公共交通予以完善，加强工业遗产与其他旅游、文化景点的交通联系，将工业遗产纳入文旅线路。提供配套的酒店、餐饮等服务设施。

3. 借助多媒体广泛宣传

通过线上和线下结合的方式广泛宣传。促进工业旅游事业的发展。要积极推动工业遗产与旅游经济的紧密结合，借鉴国际成功案例，如欧洲工业遗产之路，建立全面的信息库和分类路径，促进遗产地的旅游发展，带动周边产业升级，如酒店、交通等相关业态的联动，实现经济效益与文化传承的双赢。

本文获得国家社科艺术学重大课题"中国文化基因的传承与当代表达研究"（21ZD01）支持。

20 世纪建筑遗产中外比较论

陈　雳　张瀚文

近代西方国家兴起的现代主义建筑运动，打破了长期以来古典建筑的束缚，在建筑思想、建筑技术等方面都有了新的突破，出现了一批杰出的现代主义建筑大师。近代以来现代主义建筑运动持续地推动着中国传统建筑在风格、功能、技术等方面的变革，从早期现代主义与中国传统结合，到 1949 年之后向苏联学习，从设计思想、建筑技术、风格式样等方面来看，与西方国家相同，现代主义建筑运动也是中国 20 世纪建筑遗产的重要来源，直至改革开放之后全面学习并借鉴西方的先进经验，中国的建筑与中国建筑师获得了长足的发展，开创了中国建筑文化自信的道路，在整个发展过程中现代主义对中国20 世纪建筑遗产起着重要的作用。

陈雳，北京建筑大学教授，建筑历史与理论博士，城市规划博士后。德国学术交流中心（DAAD）资助亚琛工业大学、班贝格大学访问学者。中国文物学会 20 世纪建筑遗产委员会专家委员。

一、现代主义建筑运动的起源

（一）产生的背景

19 世纪末，资本主义工业化迅速发展，人口数量激增，人们的生活状态也发生了质的改变，科学技术的发展迈上了一个新台阶。在建筑领域，钢结构和钢筋混凝土应用日益频繁，建筑的新技术、新功能、新思想已见端倪。20 世纪 20 年代前后，一批欧洲的建筑师推动了新建筑运动的兴起，打破了长期以来古典建筑形式的束缚，在建筑思想、建筑技术、建筑材料、建筑功能各个方面都有了新的突破，新材料钢和混凝土逐步代替了木材、石料、砖瓦等传统材料。现代主义建筑思想随之影响到了全世界，建筑界逐渐摆脱了复古主义和折中主义的羁绊，与工业化愈发紧密地结合在一起，建筑发展步入了现代主义大道。

张瀚文，北京建筑大学建筑遗产保护方向硕士，国家奖学金获得者。现为北京维拓时代建筑设计有限公司建筑师。

（二）现代主义建筑的发端

现代主义运动可以溯源到德国"德意志制造联盟"的发展。此前经历了一段过渡时期，无论是英国、美国的"工艺美术"运动，还是欧洲兴起的"新艺术"运动、"装饰艺术"运动或是美国芝加哥学派，都是古典主义向现代建筑主义发展的萌芽阶段，但他们都没能解决工业化与传统的手工业之间存在的矛盾。

1907 年，由企业家、艺术家、建筑师、技术人员等组成了"德意志制造联盟"（Deutscher Workbund），他们认定了建筑和艺术必须要走和工业相结合的道路，他们认可建筑的工业生产方式；他们提倡建筑应该避免政治的干扰，主张以人为本，大力宣传功能主义，反对装饰，崇尚简洁。"一战"后，建筑技术有很大的发展，德国、奥地利、意大利、荷兰、俄国等国家坚持探索更多的风格，但这些大多停留在美术和文学艺术层面，对于现代建筑的发展并没有解决根本问题，直至包豪斯（Bauhaus）风格兴起，达到现代设计运动的高潮，奠定了现代主义设计的思想基础，建立了现代主义设计的西方体系原则。

20 世纪 20 年代前后，欧洲出现了格罗皮乌斯、密斯·凡·德罗等一批重要的建筑师，他们推动了现代主义建筑的发展，虽然他们的设计思想不是完全一致，但提出了大致相同的建筑主张：在思想上更加强调社会民主，以人为本；在技术上特别强调使用新材料、新技术以及新形式，反对繁琐的装饰，推崇简单几何形体和功能主义；在风格上主张自由灵活地处理建筑造型，坚决反对套用传统建筑样式。

（三）现代主义建筑创作

早在 1896 年，芝加哥建筑师路易斯·沙利文（Louis Sullivan）提出了"形式永远追随功能"的口号，这是现代主义建筑的重要理论基础。现代主义建筑风格的构想形成于 20 世纪初期，之后出现了很多优秀的建筑师、建筑理论家，但是 20 世纪上半叶的现代主义建筑作品并没有突出的表现。早期的伦敦万国工业博览会的水晶宫（1851 年）和巴黎埃菲尔铁塔（1889 年）是现代主义建筑萌芽的重要体现。

包豪斯是现代主义建筑的一大标志，瓦尔特·格罗皮乌斯（Walter Gropius）是包豪斯的第一任校长，在他的带领下包豪斯学校成为现代建筑设计的基地，培养出了大量优秀的现代建筑师。1926 年格罗皮乌斯在德国德绍（Dessau）设计的包豪斯新校舍代表着现代建筑的成熟。包豪斯教学中强调自由创新，反对套用传统建筑模式；宣扬各个学科相互结合，学生动手能力和理论能力同时培养，并且加强手工艺与机器工业生产结合。格罗皮乌斯的作品中，法古斯工厂（图 1）和包豪斯校舍打破了传统的建筑平面模式，立面也简洁大方，大胆运用了新材料和新技术。

现代建筑流行观念还深受法国－瑞士建筑师勒·柯布西耶和德国建筑师密斯的影响。1923 年，密斯在德国魏玛工作，开始了他的职业生涯，创建了极其简化、亲切细致的结构形式，以呼应沙利文对固有建筑美学的追求。密斯设计了著名的巴塞罗那德国馆（图 2），该建筑将密斯的建筑理论体现得淋漓尽致，建筑内墙自由灵活、纵横交错，形成了一些既分割又连通的流动空间。建筑外形由简单的平板屋顶和光滑的墙面组成，完美诠释了密斯的"少就是多"的建筑理论。

密斯一直在探索新建筑的设计手法和设计原则，建筑不仅要

图 1 法古斯工厂

图 2　巴塞罗那德国馆

"新"，还要跟进社会时代的发展。他的作品中出现了很多形态规整、纯净的钢和玻璃"方盒子"建筑，如西格拉姆大厦、芝加哥的湖滨公寓等。密斯的"方盒子"建筑对于欧洲乃至世界都有很大的影响，也波及了遥远的中国。

　　勒·柯布西耶有一句名言："住宅是居住的机器"，他于 1923 年出版的《走向新建筑》一书，其早期的作品，如法国普瓦西的萨伏伊别墅，被认为是功能主义典型，他极力宣扬用工业化的方式大规模生产建筑构件，以降低造价。在建筑形式上主张运用简单的几何图形，并提出了著名的"新建筑五点论"。此外，勒·柯布西耶对于艺术性也有所要求，强调工程师同样也是艺术家。

　　他的作品体现了两种截然不同的风格，前期表现出更多理性主义，如萨伏伊别墅（图 3），钢筋混凝土柱子和楼板组成建筑的骨架，墙壁不再承重，建筑摒弃了复杂的装饰，采用了一些曲线墙体，展示他的"机器美学"；巴黎瑞士学生宿舍是勒·柯布西耶的另一个作品，大量运用了对比的手法，玻璃墙面和石墙面的对比、上部大体量和下部小柱子的对比、多层建筑和低矮建筑的对比、天然材料和人工石料的对比等，这些手法也常常为现代建筑师所采用。而后期勒·柯布西耶更多地体现出了艺术家的浪漫主义，最著名的就是他的朗香教堂。

　　在第二次世界大战结束后，现代主义的建筑受到各种机构和公司的青睐，成为当时居主导地位的建筑风格，充分融入了现代城市。

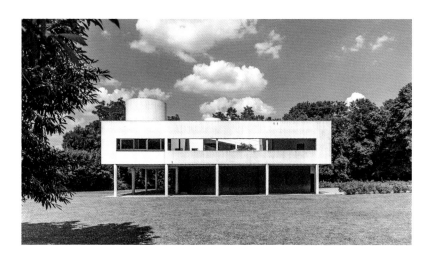

图 3　萨伏伊别墅

（四）西方现代主义建筑的发展与流变

西方的现代主义建筑不是无本之木，是在经历了新艺术运动、工艺美术运动这些建筑风格的发展之后的一次伟大的建筑变革。而新材料、新技术的出现，是在现代主义初始阶段就已经发生了。西方的折中主义建筑思想是一次历史上既往风格的荟萃与大爆发，其中现代建筑的材料和技术早已经潜移默化地发挥着作用。现代主义又远非建筑发展的顶峰和终止，而从某些角度看又是一个鲜明的新起点，其后出现的后现代思潮及多元化的倾向是现代主义建筑运动的一次次的蓄力前行和分支流变。

美国是现代主义建筑思潮流变的重要策源点，现代主义建筑形式打破了殖民时期的建筑桎梏，从芝加哥学派到后现代思潮，简洁、实用一直是贯穿其间的主线。

除了欧美之外，澳洲大陆是 20 世纪建筑遗产发展的要地，虽然也有殖民时期的深刻影响，他们接受现代主义建筑风格更为彻底，大量的工业建筑成为近代工业发展的见证，至今仍然成片地保留，它们的保护呈现与后续的活化利用，是 20 世纪建筑遗产的一大特点。人们至今还津津乐道悉尼、墨尔本和阿德莱德的港口区域，大量的工业遗迹成为社会生活和游览的重要场所。

二、现代主义建筑传入中国

（一）西方现代建筑的输入

20 世纪中期，现代主义不仅推动了欧洲、美洲的建筑发展，对于亚洲也有十分重要的影响。从鸦片战争开始，中国在西方列强的侵略压迫下也被迫打开了大门，逐步接受了西方的文化和技术，中国建筑也由此发生了巨大的改变。

1. 建筑风格更加丰富

中国敞开大门后，不断地输入西方建筑的各种风格流派，折中主义、巴洛克风格、新艺术运动风格、分离派风格等在中国建筑中都有所体现，特别是早期开埠城市，受到的影响更大。现代主义萌芽和发展对中国建筑产生了深远的影响，在建筑形式上，彻底改变了中国传统建筑比较单一的建筑形式，经过多年的消化吸收，在中国出现了许多深受现代主义思想影响的建筑。

2. 建筑功能呈现多样性

根据建筑功能，中国传统的建筑主要有宫殿、坛庙、寺庙、佛塔、民居建筑等，近代时期，新的生活方式及文化形态，加之西方新建筑思想和理论的影响，产生了新的建筑功能，出现了如教堂、厂房、影剧院、火车站、商业建筑（银行、百货大楼等）、医院、学校等新建筑类型。建筑内部的功能划分也更加细致，不仅具有单一功能，还可以满足多功能的使用。20 世纪初，中国出现了一批施工质量和设计水平都具有很高标准的西洋建筑，如济南津浦铁路火车站

图 4　济南津浦铁路火车站

图 5　青岛德国总督府官邸

（1912 年）（图 4）、青岛德国总督府官邸（1908 年）（图 5）、上海沙逊大厦（1929 年）等。

3. 传统技术跨越式更新

建筑技术和材料的改变导致了建筑风格的变化。中国传统建筑运用木材，以榫卯的形式进行连接，虽已摆脱墙体承重，但木材在防火、防潮、防腐上都有许多难以克服的缺点。西方现代建筑中的钢材、混凝土、玻璃等新材料完美弥补了传统材料的不足，使新建筑更加坚固、安全，建筑层数也逐渐升高，跨度变得更大。现代施工方法使新的建筑功能和风格成为可能。

西方现代主义建筑思想虽对中国产生了空前的影响，但随着时间的推移，国际上对现代主义建筑的争议也不断出现，例如过于简洁、理性，丢失了建筑的传统特色和情感寄托；又比如新建筑模式化，彻底摒弃了传统的装饰手法，失去了对传统文化的传承。中国建筑界一开始就酝酿着对现代主义的修正，进行了有选择的接受。在对西方现代建筑技术和材料的使用过程中，中国的许多建筑仍保留了传统大屋顶、细部装饰等元素。

（二）中国早期的现代建筑

近代中国的现代建筑思想来源于西方，国外事务所捷足先登，如 1936 年新瑞和洋行设计的青岛东海饭店是一栋纯粹的现代主义建筑（图 6）。

图 6　青岛东海饭店

　　20 世纪初从欧美留学归来的年轻建筑师成为中国早期建筑事业发展的中流砥柱。黄作燊被誉为现代主义建筑在中国的先驱者，他于 20 世纪 30 年代赴英国学建筑，曾在巴黎与著名建筑师勒·柯布西耶结识，1939 年毕业于伦敦建筑协会学校，同年进入美国哈佛大学设计研究院（ Graduate School of Design，Harvard University ），成为格罗皮乌斯的第一个中国籍研究生。两年后回国，在上海建立圣约翰大学建筑系，传播包豪斯的现代主义建筑思想。尽管如此，黄作燊一向认为中国建筑师不能盲目崇洋，应该深刻理解和欣赏中国传统文化，中国的新建筑应该延续传统建筑的美丽和壮观，同大自然融为一体。

　　几乎同一时代，很多年轻的建筑师受到美国宾夕法尼亚大学建筑教育体系的熏陶，如梁思成、杨廷宝、童寯、范文照、陈植等。宾夕法尼亚大学的建筑教育更加倾向于折中主义，也许正是基于此，他们中的很多人对现代主义功能和技术条件下的民族建筑形式进行了大胆的探索。

　　1925 年吕彦直主持设计的南京中山陵是极具开创性的作品，建筑形式仍保留中国传统的大屋顶元素，但祭堂的平面采取了西方现代建筑的功能布局，难能可贵的是用钢筋混凝土体现中国建筑的传统风格。他主持设计的广州中山纪念堂亦很好地将东西方的建筑艺术和技术融汇到一起。他的留世作品虽然不多，但是对中国现代建筑的发展产生了深远的影响，被誉为"中国近现代建筑的奠基人"。

1933 年杨廷宝设计的南京中央体育场田径场和 1935 年董大酉设计建成的上海江湾体育运动场和体育馆都是传统向现代过渡的重要作品。梁思成、沈理源、范文照、童寯、陈植等都以现代建筑为创作方向，在传统与现代中找到切入点，探索适合中国国情的新建筑形式。他们的作品都是现代建筑影响下珍贵的 20 世纪建筑遗产。

（三）现代主义背景下的开埠城市多元化建筑

在欧美国家现代主义建筑萌芽发展的特殊阶段，我们的中华大地，恰恰处于巨大的社会动荡和变革转型之中。此时在许多中国的近代开埠城市，新型建筑的力量正在成长，并且生动地展现了这种多元化的变换，青岛的建筑发展，就深深地打上了这种时代的烙印。

在中国建筑师尚未成熟的最初阶段，西方先进的建筑文化伴随着强势的资本和技术输出率先抢占了城市发展的滩头要地。20 世纪 10 年代青岛的欧洲区和华人区鲜明地体现了这种变化。

青岛最早的城市轴线中山路贯穿欧洲区和华人区，道路两侧异国风格的新建筑拔地而起，展示了新型的商业居住文化。同时，中西风格兼具的里院民居群落诞生并快速发展，展示出强大的生命力。这些里院，既有中国院落的尺度和秩序，又有西洋式的简洁与高效，并与交通和城市景观融为一体，至今几代居民生活其中，孕育了特殊的城市文化。

这种浑然一体的城市结构包含了若干有机的节点组团，如青岛的火车站、警察局、总督府等等都处于组团的核心，还有港口区域、八关山区域及以后的八大关区域，在规划布局中无不体现着现代主义的理念。

众多青岛的建筑中，许多个性鲜明的个体都体现了现代的建筑材料和设计理念，尽管它们具有新罗马风的符号和古典主义的山花与线角，仍然可以称为地域风格的现代主义。除此之外，在欧洲化的城市之中，仍然不乏中国特色的风格存在，老衙门和天后宫是传统中国建筑，栈桥亭和水族馆则是驾驭现代材料的新中式建筑，在 1949 年之前，这些建筑遗产都是现代建筑的中国化体现。如果一层层展开这样一座城市，呈现在眼前的将是一座现代主义国际背景下多元化 20 世纪建筑遗产的巨大宝库。

三、中国化的现代主义建筑

（一）新中国现代建筑的发展

1949 年以来的各个历史阶段，中国现代建筑都有了长足的发展，大致可以分为两个发展阶段：前 30 年中国的建筑发展借鉴苏联较多，与西方世界基本隔绝；改革开放之后，中国敞开大门向西方学习，引进国外经验技术，建筑业得到了飞速的发展。

中华人民共和国成立初期的 1950—1952 年是国民经济的恢复时期，此时建筑设计体制还不完善，需要建造的项目不多，规模也较小，但要求建成速度快，许多设计事务所的建筑师凭自己所学按照他们熟知的现代建筑的手法完成了大量的作品，如：杭州人民大会堂（唐葆亨，1951 年）、北京和平宾馆（杨廷宝，1951—1953 年）、上海同济大学文远楼（黄毓麟、哈雄文等，1951—1953 年）等，此外，上海曹杨新村（汪定增等，1952—）运用了国际上流行的"花园城市"理论，充分考虑了建筑周边的自然环境因素。这些作品大多为 3~4 层，受到西方"方盒子"现代主义模式的影响，外形方正，但在细节部位增添了中国传统的纹饰雕刻。这一时期的作品种类多、分布广，有些作品仍然是今天城市的地标。

（二）建筑文化的多元探索

在社会主义建筑理论、"民族形式"思想的影响下，梁思成先生对当时的建筑思想作了"中国化"解释，中国出现的"民族形式"的建筑作品，可以分为四类。

（1）中国宫殿式。该类建筑保留中国传统宫殿式屋顶，如北京四部一会办公楼（张开济，1952—1955 年）、北京友谊宾馆（张镈）、北京地安门中央军委办公厅机关宿舍大楼（陈登鳌等，1954 年）、湖南大学图书馆和礼堂（柳士英，1955 年）、北京火车站，都采用了相对不显沉重的传统攒尖顶。

（2）少数民族式。该类建筑在屋顶方面运用具有地区风情的圆顶、尖拱，体现少数民族文化，如北京伊斯兰教经学院（赵冬日、朱兆雪，1957 年）、新疆人民剧场（刘禾田、周曾祚，1956 年）等。

（3）民间乡土式。该类建筑对一些规模较小的建筑，增添亲和性、朴实感及地域特色，如北京外贸部办公楼（徐中，1952—1954年）、上海鲁迅纪念馆（陈植、汪定曾、张志模，1956年）、上海同济大学教工俱乐部（王吉螽、李德华，1957年）等。

（4）少许装饰的现代主义形式。该类建筑摆脱"大屋顶"形式，在建筑中有节制地增添一些传统的元素，如北京建筑工程部大楼（龚德顺，1955—1957年）、北京电报大楼（林乐义，1955—1957年）、北京天文馆（张开济，1956—1957年）、人民大会堂（赵冬日、张镈等，1959年）。

建筑师们在第一个五年计划之际用"民族形式"建筑代表实现民族复兴、国家统一的殷切希望。这一时期的建筑是国家和人民意志的集中体现，虽然建筑的功能结构仍使用现代处理方式，但后期仍被批判为"复古主义"。

1958年，布鲁塞尔国际博览会开幕，引来各国建筑师的关注，中国建筑在建筑标准化、装配化、薄壳结构、悬索结构及构筑物新结构等方面有了进一步的发展。主要实例有重庆山城宽银幕电影院（黄忠恕等，1958—1960年）、上海同济大学学生饭厅（黄家骧）、北京工人体育馆（熊明等，1959—1961年）、成都双流机场航站楼（1960—1961年）、青岛八大关小礼堂（林乐义，1962年）（图7）；构筑物有北京人民英雄纪念碑（梁思成、刘开渠，1952—1958年）、哈尔滨防洪纪念碑（李光耀，1958年）。特别是当中国建筑师看到苏联馆、美国馆、法国馆利用相同的悬索结构，但却展现出完全不同的造型后，似乎对"民族形式"有了更新的认识和解读。

图7　青岛八大关小礼堂

（三）现代主义奔涌向前

1979—1989 年，是中国引进外国现代主义建筑的又一高潮，此时西方大量的建筑信息进入中国，西方建筑理论、建筑教育制度、全新的技术及大量的实例令人眼花缭乱。

后现代理论中"现代建筑已死"的观点，引起了广泛的关注，后现代主义实质上是现代主义的发展和延续，新的建筑擅长提取古典建筑元素加入现代建筑之中，注重建筑的文脉，追求用隐喻的手法将一些符号装饰加入建筑中，强调建筑的形式和含义，不仅倡导装饰，甚至出现了过于追求形式而引发了拼贴符号、注重装饰的现象。

20 世纪 80 年代，中国改革开放伊始就面对着西方后现代的建筑思潮，也影响到了建筑师的创作，新的民族形式、地域风格及各种符号拼贴的设计手法层出不穷，这其实也是中国现代主义建筑道路的新的探索，这时期的优秀作品有北京菊儿胡同（吴良镛）、阙里宾舍（戴念慈）（图 8）、北京国际展览中心（柴斐义）、武夷山庄（齐康、赖聚奎）、敦煌机场航站楼（刘纯翰）等。

该阶段受到西方建筑理论较深影响的建筑师在中国设计了很多的建筑作品，其中以旅馆、饭店类建筑最为突出，他们的出现为中国建筑业注入了活力，如北京建国饭店（陈宣远）、北京长城饭店（培盖特国际建筑师事务所）等。其中贝聿铭先生设计的北京香山饭店

图 8　阙里宾舍

（1979—1982 年）体现了在现代建筑基础上对传统的继承，被誉为中国后现代建筑的经典。

20 世纪 80 年代以来，除了后现代主义，西方国家还出现了新理性主义、新地域主义、解构主义、高技派等建筑设计思潮，建筑师们从人文关怀、技术渗透入手，从稳定的建筑造型中寻找突破，以各种方式对建筑进行新形式探索，这些建筑风格对中国建筑也产生了不小的影响。中国敞开国门以来，建筑界不断探索、创新、交流，与国际接轨，时代性的作品层出不穷。

四、现代主义影响下的中国 20 世纪建筑遗产

从 19 世纪末至 20 世纪初，新建筑的萌芽到国际现代主义建筑运动蓬勃开展，建筑界发生了天翻地覆的变化，现代主义最终取代了繁琐保守的折中主义，成为世界建筑的主流。在这一过程中现代主义一直对中国建筑施加影响，无论是西方列强的侵略和输入，还是早期留学生漂洋过海取经学习，都是现代建筑传入中国的重要途径。现代建筑的功能、技术和形式带给中国的并不只是简单的方盒子，还产生了强烈的民族文化的唤醒。回眸整个 20 世纪，中国建筑从早期的学习西方，尝试中西融合，到学习苏联，直至全面开放，开创了一条中国特色的建筑发展之路。

中国的 20 世纪建筑遗产是世界现代主义建筑发展的成果，他们数目庞大，时间跨度长达一个世纪，从晚清、民国，到新中国的诞生直至现在。他们的建筑风格不仅包括纯粹的现代主义，还有大量的民族传统式样；不仅有近代欧美风格，还包括苏俄的建筑形式；大量的新材料、新技术成功地运用到了工程实践。中国 20 世纪建筑遗产是一座蕴含丰富的建筑宝库，是世界 20 世纪建筑遗产的重要组成部分。

2011 年 6 月，国际古迹遗址理事会颁布了《马德里文件》（Madrid Document），致力于推动 20 世纪建筑遗产的鉴定、保护及展示，20 世纪建筑遗产已经正式纳入国际宪章。我国在 2016 年公布首批"中国 20 世纪建筑遗产项目"名录，共计 98 项；2017

年公布第二批"中国 20 世纪建筑遗产项目"名录，共计 100 项，这是对其研究和保护迈出的重要一步，但是 198 项对于数目庞大的 20 世纪建筑遗产只是很少的一部分，后续还将有大量的工作要做。

前两批的遗产名录都是中国 20 世纪建筑遗产中的精品，具有鲜明的时代性，体现了中国建筑在现代主义思潮中的发展轨迹，很多是建造在特定的历史时期，体现了历史重大事件，或纪念某些历史人物或历史事件，他们的价值在于能够直接或间接地反映该历史时期中国的社会、经济水平，对于历史研究也有很高的参考价值，如北京友谊饭店、武昌起义军政府旧址、西安事变旧址、毛主席纪念堂、人民英雄纪念碑等。

很多建筑运用了新的建筑结构和新的技术手段，有较高的质量和经济价值，如首都体育馆、全国农业展览馆、北京火车站使用了 35m×35m 双曲扁壳；北京民族饭店使用预制装配结构处理；上海金茂大厦采用钢筋混凝土和钢的复合结构等，这都体现了其科学价值。

从文化层面来说，前两批的遗产所代表的文化涵义更为丰富，能够体现当地的地域特点和民族特性，他们与周边环境的关系使建筑具有了独特的内涵，比如体现近代宗教文化的教堂建筑圣索菲亚大教堂，体现工业文化的上海曹杨新村，还有国家意志集中体现的北京十大建筑……

五、结语

20 世纪的中国历史跌宕起伏，堪称一幅波澜壮阔的历史画卷，这一时期的建筑丰富多彩，他们是跳跃着的时代脉搏，延续着城市生命，是历史的见证和记录，更是当代社会和未来生活的基石。

20 世纪建筑遗产的一个主导性风格要素就是 20 世纪初出现的现代主义建筑风格，西方的现代建筑传入中国，扎根发芽，并汲取中国文化营养，经过多年的发展流变，形成了中国特色的新型现代建筑风格。

中国的 20 世纪建筑遗产因为有了现代主义元素的加入与中国本土建筑文化的护持成为新型的遗产体系，也正因为有了这些特殊性才变得弥足珍贵，值得全社会珍爱和保护。

参考文献

［1］ 中国文物学会 20 世纪建筑遗产委员会 . 中国 20 世纪建筑遗产名录（第一卷）[M].
天津：天津大学出版社，2016.

［2］ 潘谷西 . 中国建筑史（第七版）[M]. 北京：中国建筑工业出版社，2015.

［3］ 邹德侬 . 中国现代建筑史 [M]. 北京：中国建筑工业出版社，2010.

［4］ [英] 查尔斯·詹克斯 . 后现代建筑语言 [M]. 李大夏，摘译 . 北京：中国建筑工业出版社，1986.

20 世纪建筑遗产园林景观论

殷力欣

殷力欣（1962–），研究员，中国文物学会20世纪建筑遗产委员会专家委员，现任《中国建筑文化遗产》副总编辑。在核心期刊发表建筑历史与理论类论文数十篇；合作编著《义县奉国寺》《中山纪念建筑》等专著；主持整理修订《陈明达全集》（十卷）；个人专著2部：《吕彦直集传》《中国传统民居》。

引言

中国建筑界在 20 世纪的百年历程中，向西方学习现代建筑技术与理念，无疑是主流思潮，也由此产生了一批西式建筑作品以及在现代建筑技术的基础上保留传统中国建筑艺术形象的作品，即以吕彦直先生为代表的"中国固有式建筑"流派。在持续百年的历程中，西方古典式建筑、现代主义建筑、中国固有式建筑，以及 20 世纪 80 年代以来的后现代主义风格建筑，都留下了相当数量的经典之作，理所当然地占据了九个批次合计 900 处"中国 20 世纪建筑遗产项目"的一定份额。相比较而言，纯粹沿用中国传统技术与文化理念的 20 世纪建筑作品，尚未引起更多的关注。不过，随着涉及"中国 20 世纪建筑遗产"的研究与考察工作的持续深入，人们发现迄今推介的九批项目中，一些园林景观项目是具备传统文化理念和技艺传承的。

所谓"园林"，其特殊性在于在大类上可归属建筑，但同时又有与建筑相独立的成分。故 20 世纪 80 年代，《中国大百科全书》将建筑、园林、城市规划三个学科合编为一卷《中国大百科全书·建筑·园林·城市规划》❶。这三个学科对应的英文分别是 Architecture、Garden 和 Urban Planning，由此可知，园林与建筑之间有着微妙的差异，但大体上是不可分割的。

由于园林与建筑之间若即若离的关系，在已公布的九批"中国 20 世纪建筑遗产项目"中，真正明确归类于园林者并不多，更多的项目只可暂且称为"含有园林成分的建筑"。九批次中的天津宁园、江西赣东列宁公园、武汉中山公园、天津解放北园（原称"维多利亚

❶ 中国大百科全书出版社部.中国大百科全书·建筑·园林·城市规划.北京：中国大百科全书出版社，1988.

花园"）、天津中心公园（原称"法国花园"）等可称为园林作品，而
广州泮溪酒家、无锡太湖工人疗养院等，可称为园林成分很重的建筑
作品，或可理解为"景观建筑（Landscape Architecture）"。

　　囿于篇幅，本文不能全面论述 20 世纪建筑遗产中的园林项目，
只择要论述这些项目所揭示的私人空间向公共空间嬗变的文化价值。

一、园林 – 景观建筑

　　所谓园林，在我国古时候，开始为皇家园圃，虽具有对大自然
景观的欣赏成分，但主要功能却是皇家狩猎、农产品养殖等。在汉
魏六朝之后，园林纯粹作为建筑的组成部分，以与自然环境协调一
体为哲学理念，形成独特的山水诗画式之美。明末著作《园冶》，大
致系统地总结了我国的园林学。西方的园林，最早的历史记录可追
溯至古埃及、古巴比伦、古亚述及基督教《圣经·旧约》等，形成
较系统的园林学则在 13 世纪末（以克里申吉《园林考》等论述的问
世为标志）。最具现代学术意义的园林学理念，是美国建筑师奥姆斯
特德在主持设计纽约中央公园之际，首创"景观建筑（Landscape
Architecture）"这一专业名词，将园林设计的视野扩展至城市建筑
乃至城市规划（Urban Planning）全局。

　　在近现代园林 – 景观建筑学界，一般将园林分为三大系统：西
亚系统、欧洲系统和中国系统。其各自的特点本文不再赘述，简而言
之，欧洲园林系统曾受中国古典园林影响至深（所谓"英华式花园"
曾风靡西欧），而至清末民初，随着西风东渐的社会潮流，我国的园
林理念开始接受欧美"公共空间"的影响，无论从审美趣味上，还是
从社会文化需求上，都逐渐有了不同往昔的变化。

　　中国古典园林，无论是皇家园林、寺观园林还是私家园林，也无
论其文化寓意的差异，均有一个共同点，即其对公众不同程度的封闭
性：皇家禁苑自是百姓的禁地；私园即使闻名遐迩，不得园主邀请或
许可，也只能望而却步；寺院道观等也有各自的禁忌……可以说，可
供芸芸众生自由出入的公园或景观建筑的数量实在有限。早在 1937
年抗战爆发前夕，《江南园林志》一书阐释了中国古典园林，首先以

大写的"園"字释义："園之布局，虽变幻无尽，而其最简单需要，其实全含于'園'字之内。今将'園'字图解之：'囗'者，园墙也。'土'者，形似屋宇平面，可代表亭榭。'口'字居中为池。'∿'在前似石似树"❶。这里，童寯先生很形象地指出中国传统园林的三个要点：山水、建筑和围墙——山水与建筑组合的景观环境，须有一道围墙做空间限定，否则园就不成为园了。

作为一种生活艺术，中国古典园林无疑达到了非常高的艺术境界：其建筑与自然环境（山水花鸟）所构成的景观，与"可观可赏（望）、可行可居"的中国山水画意境实有异曲同工之妙。

实际上就全球范围而言，古代的西方园林学史也有类似的阶段，只是在我国私园艺术臻于完美而封闭性依旧的明清之际，公元 17 世纪的英国皇家已率先要求英国贵族阶层将其私有庄园开放为可供公众游览的公园。

进入 20 世纪，一方面"西风东渐"促使我们为不落后于时代而积极学习西方；另一方面维护民族文化自信也是相当一部分中国人的文化坚守。如何兼顾这两方面的要求，具体体现在 20 世纪的园林设计建造上。

二、园林 – 公园

学术界一般认为，位于上海外滩北端的于清同治七年（1868年）落成的英美公共租界南侧之公家花园，是西式的"园林 – 公园"引进中国最早的实例。知名建筑学者彭长歆则在近期发现：早在第一、二次鸦片战争期间，广州十三行英国商馆和美国商馆前的珠江河滩上也曾出现过两处相连的、由在粤西方商人共同使用的园林，即"美国花园（American Garden）"（图 1）和"英国花园（English Garden）"，它们才应该是中国近代最早出现的、具有现代意义的西式公园。彭长歆还特别强调："广州十三行美国花园、英国花园的创建，是 19 世纪中期全球性公园建造活动的一部分，与后来的香港

---

❶ 童寯. 江南园林志 [M]. 北京：中国建筑工业出版社，1984.

图 1　1843 年的广州十三行美国花园

兵头花园、上海外滩花园一样，是世界公园建造史无法罔顾的重要环节。"❶

　　进入 20 世纪，上海、天津、武汉等开埠城市及政治文化中心北京、南京等，都有相当不错的新建园林作品。欧式园林成分较大的作品有上海虹口公园（1900 年）、北京农事试验场附属公园（今北京动物园，1906 年）、上海法国公园（今复兴公园，1908 年）、天津法国公园（今中心公园，1917 年）、广州中央公园（今人民公园，1918 年）等。其中上海虹口公园、广州中央公园等类似于欧美一般性的绿地公园（图 2、图 3），而天津法国公园地处放射状道路交会处，是标准的街心公园，涉及更具整体性的城市规划问题，面积不算大，但很值得注意（图 4、图 5）。类似的街心公园，还可列举大连中山广场（1898 年）、沈阳中山广场（1913 年）等。

　　近代中国园林作品中，天津维多利亚花园（今称解放北园）算是一个饶有趣味的实例。此地原是海河泛滥所遗留的沼泽地带，划归英租界范围后，英租界工部局将水泽填平，于 1887 年建成占地面积约

　　❶ 彭长歆 . 中国近代公园之始——广州十三行美国花园和英国花园 [J]. 中国园林，2014，14（5）: 7.

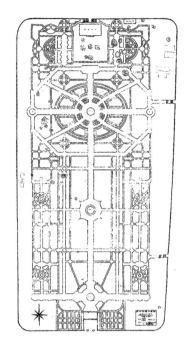

图 2　广州中央公园原设计
图（左）
图 3　广州中央公园（今人
民公园）现状（右）

图 4　天津法国公园旧影 1-
鸟瞰（左）
图 5　天津法国公园旧影 2-
女神像（右）

9000 平方米的公共花园；又于 1890 年 5 月在花园北侧建成了一座
欧洲古典风格的城堡建筑戈登堂；1919 年，曾在园内建设一座约 5
米高的欧战胜利纪念碑。至此，维多利亚花园与戈登堂一体，形成一
个英式建筑与花园的完整建筑景观。过去曾有一种说法：相比尚有一
些中国风建筑的上海租界，天津的租界内全部为西式建筑，没有一座
中国式的建筑。针对这种说法，有人提出反驳："维多利亚花园内就
有一大一小两座中式凉亭呀！"其实，仔细观看这两个中式亭子，
不难发现这两个亭子其实是西方人的模仿之作，更接近欧洲近代绘画
作品中的中英式花园亭子。所以，准确一点说，这其实是 18 世纪在

英国流行的"英华式花园"（Jarden Anglo-Chinois）再现于 19 世纪末 20 世纪初的中国——其设计理念还是来自西方（图 6、图 7）。

图 6　天津维多利亚花园旧影 1- 鸟瞰（左）
图 7　天津维多利亚花园旧影 2- 英华花园式凉亭及戈登堂（右）

类似的西式公园，还有上海闸北公园（1913 年初建）、齐齐哈尔龙沙公园（1904 年初建）等（图 8、图 9）。

一些园林以承载着重大历史事件而闻名于世，同样值得关注。

位于汉口解放大道旁的武汉市中山公园占地 32.8 公顷，其中陆地 26.8 公顷，水面 6 公顷，绿化覆盖率达 93%。此园始建于 1910 年，其前身"西园"为私人花园，占地 3 亩多；1914 年西园扩建至 20 多亩；1927 年收归国有，1928 年为纪念孙中山先生而命名为"中山公园"。这座现已成为集休闲、娱乐、游艺等多项服务功能于一身的大型综合性公园，被誉为武汉闹市中的"绿宝石"。公园分前、中、后三个景区。前区是中西合璧式的园林景观区，保留了中国传统园林风格及历史建筑，如棋盘山、四顾轩、雨亦奇亭、深秀亭等园林景点；中区是现代化的休闲文化区，以张公亭、孙中山与宋庆龄纪念

图 8　上海闸北公园（左）
图 9　齐齐哈尔龙沙公园（右）

图 10　武汉中山公园之孙中
山与宋庆龄纪念像（左）
图 11　江西葛源列宁公园
（右）

像、受降堂、大型音乐喷泉和多组雕塑为代表（图 10）；后区有近年
来增建的大型生态游乐场。

江西东北区域的葛源镇葛溪河畔之葛源列宁公园，同样是以重大
历史事件扬名的公园。此园建于 1931 年春，是当时红色根据地建设
的第一座人民群众自己的公园，江西省苏维埃政府所在地的大众休闲
娱乐场所，由江西东北苏维埃政府主席方志敏亲自筹建，并命名为列
宁公园（图 11）。

毋庸讳言，中国本土有五千年文化所积淀的独特的审美趣味，西
式园林进入中国后，在造园艺术上的成果实例还是少数。但即使如
此，也无可否认其带来的思想理念上的飞跃——公园理念：

在社会文化需求方面，20 世纪的园林应是公众自由出入的大众
乐园；

在人与自然的关系方面，公园应成为维护纯净环境的城市之肺；

在艺术追求方面，成功的园林往往可以成为一座城市的文化
标志。

三、20 世纪中国传统风格园林的坚守与改进

1911 年清王朝的覆灭，促成了中国园林界的一件大事：旧有园
林在功能上的转变——一大批皇家禁苑被陆续开放为公园。其中如北
京颐和园、西苑（北中南三海）、承德避暑山庄等，大致是较简单的

功能转变，而另外一些禁地则需要较大的改造工程。在这方面，朱启钤先生主持的原皇家社稷坛改造为北京中央公园（后改称中山公园），具有象征意义。

　　1914 年，在北洋政府内务总长朱启钤的主持下，将北京皇家社稷坛辟作大面积的整修，开凿原围墙南门，向社会开放，改称中央公园，是当时北京城内第一座公共园林，也是北京最早成为公园的皇家园林之一。1925 年孙中山先生的灵柩曾停放在园内的拜殿，故后公园改称中山公园。园内于 1915 年始建、1935 年原址重建唐花坞，为钢筋混凝土结构，孔雀绿琉璃瓦檐，平面为燕翅形，中间为重檐八杜形式，建筑面积 417.5 平方米，成为当时北京最大的花卉温室，服务于植物学研究，也为市民日常生活服务。1949 年后，又在原皇家社稷坛东侧增设露天的音乐堂（后于 1980 年改建为座席 2000 人的标准音乐厅建筑）。以中山公园改造为先例，北京皇家太庙（今劳动人民文化宫）、国子监、文庙等，都先后转变为公共文化设施了。而在北京城之外，浙江杭州在西湖孤山前清御花园原址上增建中山纪念林、中山纪念亭等，杭州中山公园（1927 年）建设也是较成功的一例。可以说，北京中山公园是旧皇家禁地改造为市民文化生活场所的成功范例，其破墙启门、增设为市民服务的花房、营建大众音乐堂等一系列举动，具有封建的中国走向开放的象征意义（图 12、图 13）。

　　当然，朱启钤先生改造原皇家社稷坛为北京中央公园之举，主要体现在政治思想上走向开明，并不是否定旧有园林在艺术上的成就。20 世纪初，在营造新园林方面，传统的造园手法还是有相当多的传承的，突出的实例是无锡城中公园、天津宁园，尤其是后者。

图 12　北京中山公园之唐花坞（左）
图 13　杭州中山公园 – 复旦光华坊（右）

无锡城中公园初建于清光绪三十一年（1905年），是我国最早由民众集资修建，具备现代"公园"意义和功能特征的公园之一，甚至有"华夏第一公园"的美誉；城中公园内还曾发生过许多历史事件，见证了一百年来无锡发展的历史沧桑，并留下了大量的人文历史遗迹。此园西临中山路，东接新生路，南北为崇安寺街区，占地约3.6公顷。在其百年来的发展历程中，历经多次增建、重建和改造，在满目苍翠中，九老阁、多寿楼、兰移、西社、池上草堂等古老建筑掩映其间，公园东南角3000多平方米的白水荡是无锡城中最大水面。现存十景：绣衣拜石、芍槛敲棋、松崖挹翠、多寿春楔、草堂话旧、方塘引鱼、兰移听琴、西社观鱼、天绘秋容，从不同侧面和角度反映了公园的四季景观和历史内涵，使游客移步换景，如在画中游。因其绿地功能突出，又有"城市绿核"之称（图14）。

天津宁园占地约685亩（约合45.65公顷，其中水面175亩），近九倍于苏州最大的古典园林拙政园（约78亩，合5.2公顷），近十三倍于无锡城中公园。清光绪三十二年（1906年），直隶总督袁世凯为推行新政，以工艺总局名义在天津北站附近筹办种植园，1907年（清光绪三十三年）正式开湖建园，即日后远近闻名的天津宁园。此园既是新政的产物，同时也有为清慈禧太后兴建行宫的考虑，故园内整体布局带有皇家园囿的特点：理水、叠山、花草树木和屋舍等要素齐全，而占地面积特大到数倍数十倍于江南私家园林。有"初建园时，挖湖堆山，开渠理水，设闸引水，湖水与园外金钟河相通，宣泄得宜"之类的明确文献记载。1930年，北宁铁路局购得此园并正式将种植园拓建为公园，取意诸葛亮《诫子书》所谓"非宁静无以致远"，为其命名为"宁园"，新建宏观楼、大雅堂、志千礼堂、图书馆、四面厅、钓鱼台以及水池亭桥、长廊曲径等古典风格建筑，又以2000余米的长廊，将各分散景点串联一体。园内湖渠聚合相宜，以30余座拱桥、小桥贯连，沿岸遍植垂柳，楼亭错落，回廊蜿

图 14　无锡城中公园

蜓，表现出若隐若现的园林情趣和自然优美的独特景观。1949 年后，宁园历经数次整修，原有古典园林建筑加以保护修复，并新建舒云台、畅观楼、叠翠宫、电影院、花展馆、致远塔、温泉宾馆等，形成宁园十景：荷芳揽胜、九曲胜境、紫阁长春、月季满园、鱼跃鸢飞、莲壶叠翠、曲水瀛洲、静波观鱼、俏不争春、宁静致远。宁园历经清末、民国和中华人民共和国成立后多次建设，各个时期的景观建筑和历史遗存异常丰富，是记录不同时代印记的近现代公共园林，更是传统造园手法在近现代传承并有所发展的范例（图 15、图 16）。

图 15　天津宁园之理水部分

图 16　天津宁园之长廊

图 17 1957 年由莫伯治设
计的广州北园酒家（上）
图 18 1959 年由莫伯治设
计的广州南园酒家（下）

上述天津宁园、无锡城中公园，规模上或大或小，但都称得上是沿袭传统造园技法而具有公园理念的成功案例。

进入 1949 年之后的中华人民共和国时代，尤其是改革开放之后，我们的建筑师在建筑设计实践中，不断有一些优秀作品融入了园林元素。较早的案例，可首推建筑大师莫伯治先生设计的广州北园酒家（1957 年），设计者在不大的庭院内布置了精致的岭南派园林。之后，莫伯治先生又先后设计了南园酒家（图 17、图 18）、泮溪酒家，合称"广州三大园林酒家"。

相比广州北园酒家等的方寸之间营造精致庭园景观的做法，20 世纪 50 年代建筑大师戴念慈先生所重新设计改建的杭州西湖国宾馆有异曲同工之妙。西湖国宾馆原为 19 世纪的私家庄园——刘庄（又称"水竹居"），坐落于西湖西岸，三面临湖、一面靠山，庭院面积 36 公顷。戴念慈先生奉命重新作改建设计时，针对杭州西岸相对宽裕的占地和毗邻西湖辽阔的水面，在景观设计上保持小范围的小桥流水、亭台楼阁、曲径通幽式的江南园林特色，但在各个院落的建筑样式上，采取白墙黛瓦的色调，屋脊装饰纹样效仿中山陵屋脊的抽象线条样式，而建筑尺度则远比普通民居要大得多。由此，西湖国宾馆取得了局部仍是小桥流水式的江南风韵，但舒朗开阔的大国气势，堪称庭园式建筑组群的杰作（图 19、图 20）。

图 19　杭州西湖国宾馆总平面示意图

图 20　杭州西湖国宾馆 8 号院

四、结语

回顾 20 世纪百年的中国建筑历程，立足民族文化传统，借鉴西方经验（无论成功的、失败的经验，都应有所考量），最终形成中华民族在当下和未来的文化更新，似乎是多数人的共识。具体到园林学问题，似乎西方近现代的公园理念、景观建筑理念和中国传统造园的诗画意蕴，对近代中国的园林创作、景观建筑创作等，都有着很深的影响，而最能体现中国文化特性的园林诗画意蕴，则是中国的建筑师、园林设计建造者们最难以割舍的。

京津冀 20 世纪建筑遗产案例

戴 路 李 怡

戴路，天津大学建筑学院教授、博士生导师，中国建筑学会建筑史学分会理事，中国文物学会20世纪建筑遗产委员会专家。研究方向为中国近现代建筑历史与理论、20世纪中国建筑遗产保护、地域性建筑等。主要论著有《印度现代建筑》等，发表论文70余篇。

李怡，天津大学 2022 级博士研究生。

中国在 20 世纪经历了历史性的巨变，作为中国近代化的滥觞地之一，京津冀地区的定位几经变化，三地因紧密的地缘关系而在一定程度上拥有着共同的特征，但又因区域差异，其发展方向也存在不同。长期作为国家政治中心的北京，及其融会八方辐射全国的北京地域文化；作为口岸城市的天津，及其融通和谐、雅俗共赏的天津文化；作为支撑腹地的河北，及其历史厚重、燕赵之风的河北地域文化，在百年之中经历区域城市化和社会现代化的转变，呈现文化上的分异与交融。

在已评选出的第一至八批"中国 20 世纪建筑遗产项目"中，位于京津冀三地的项目分别为 132 项、52 项和 19 项。它们在近现代中国城市建设史上有着重要的地位，是重大历史事件的见证，更体现着中国的城市精神，也是城市空间历史性文化景观的记忆载体。整体而言，其代表着当时城市、区域功能的规划，构建了当地的特色文化，反映出当时先进的设计理念。以 20 世纪建筑遗产案例作为文化载体，对其进行历史与未来的考察，有助于理解在中西政治、经济和文化的激烈碰撞下，京津冀地区文明的互动与变迁，以及生产生活方式、审美偏好、心理与行为习俗及其表征体系等的流变与选择。

一、文化：具有辨识度和代表性的地域文化标记

京津冀三省市处于同一个地理单元，彼此为邻，在环境特征中，有着许多共同的特征。人们的文化活动围绕建筑发生，建筑展现城市性格与其文化魅力。作为城市文化地标的重要构成，建筑遗产为城市提供了文化审美的对象、文化识别的符号、文化认同的载体和文化发

展的物证，通过各时期的累积，在历史的沿革中沉淀，记录着城市的故事，不断丰富城市的文化底蕴。

北京在历史上长期作为国家政治中心，发挥着主导性的作用，发挥着面向全国的政治、经济、军事、文化的强大辐射力，并实现引领和呼应。最具有代表性的当属"十大建筑"，举全国之力，完成这一我国建筑史上的壮举。在明确的政治意志的指引下，广大群众以民族自豪感和坚强的意志共同实现。这些建筑形象折中，体现民族特色，既有使用大屋顶形式的全国农业展览馆，也有西洋古典式的人民大会堂，及苏联形式的中国人民革命军事博物馆等，集全国建筑设计人员的智慧，将中国传统建筑元素合理化利用，以对称、朴素、稳健的风格和气度，塑造了中国的形象，是政治意志、群众力量的巨大胜利[1]，也在中华人民共和国成立十周年之时，奠定了首都北京的地域建筑基调。在北京政治中心的定位下，全国级别最高的办公单位均位于此，这些建筑同样具有极强的庄严感。如由时任建工总局副总工程师龚德顺设计的原建设部办公楼，和由著名建筑大师张开济主持设计的"四部一会"办公楼，几乎是在 20 世纪 50 年代同时设计和建设的（图 1）。前者建筑面积达 3.774 万平方米，共 7 层；后者建筑面积为 8.490 万平方米，主楼地上 6 层，中部 9 层。两座建筑均以砖混结构实现，在当时的条件下实现了技术革新，尤其是"四部一会"办公楼的巨大体量。在外观上，两座建筑均对民族形式进行探索，原建设部办公楼是从中国古代的石阙中吸取了特色造型元素，采用了中国元代常见的盝顶做法与平面屋顶相结合的檐部处理手法，立面处理为双层檐口，墙体厚重。而"四部一会"办公楼则是在大楼的入口处建设一个重檐歇山的宫殿式建筑，两边

图 1　原建设部办公楼和"四部一会"办公楼刚建成时的景象

对称设重檐四角攒尖亭子造型，檐口下面作仿石质的斗拱和梁枋，墙面运用中国庙堂的石券门、石栏杆装饰，楼体仿自中国传统城墙的收分设计。在气势上，庄严大气，但在尺度上，建筑却以合宜的比例，完善的细部做到适宜人的使用，如合适的窗洞口尺寸、竖线条等，使建筑整体更显轻快。这些建筑具有强烈的纪念性和政治象征，共同构建了北京的城市基本格局，形成了首都新形象，同时也为社会主义国家的建筑样式，集合人民之力建设城市，让城市为群众服务等一系列问题提供了答案。

天津依河海而生，因漕运而兴，其交通发达，尤其是水路，为货物运输提供了河海相济的漕运通道。海纳百川的地理区位，使天津自然地形成了一座"五方杂处"的移民城市和商埠码头，融汇南方与北方精华，海、河、湖及其产业便成了天津建筑设计的灵感源流。在方位上，作为中国最早开埠的城市之一，列强割据下，海河两岸迅速建立起解放北路一系列的金融银行、利顺德大饭店、望海楼教堂等各类建筑，孕育了中国近代金融业、工商业、文化的发展，吸纳多元复合的西方外来文化。这些建筑依河而建，临河远眺，构建起天津城市最初的样貌，奠定了天津现代"摩登"的基调。对城市地域特色的反映贯穿建筑内外，甚至在建筑细节上也有体现，如在天津盐业银行旧址，其楼梯间用彩色玻璃窗拼成晒盐的场景（图2），呼应银行主题，并体现天津自古以来就是著名的盐产地，拥有中国最大盐场的地域之利。矗立在海河东岸，最早建于1888年的天津站，经1988年、2007年的扩建后，其总建筑面积达20万平方米，继续呼应着城市源流，面对海河弯道，既满足建筑站房平行铁路，又照顾与海河弯道的关系[2]，主站房平面呈"Y"字形，环抱海河。其造型明快而沉稳，

图2　天津盐业银行及其楼梯间的彩色玻璃窗

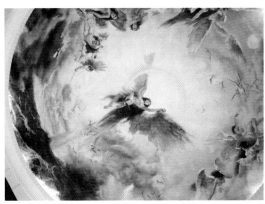

布局紧凑，在进站口穹顶上绘制的巨幅油画《精卫填海》同样反映着
城市河海之畔的特征（图 3）。依河而生、与河共生是天津城市发展
的自然地理环境特征，这孕育出城市一系列历史景观，促进着海河文
化的持续兴盛。

图 3　天津站及其穹顶壁画

　　河北东临渤海、内环京津，其西北方向为山，东南方向临海，是
中国唯一兼有高原、山地、丘陵、平原、湖泊和海滨的省份。依附于
不同的环境，在不同位置形成了不同的设计与建造逻辑。在渤海之
滨，秦皇岛港口的近代建筑群、北戴河近现代建筑群，同北京、天津
的近代建筑群一样，源于西方列强的侵占，却也是在被动的历史背景
下完成了文化本土接纳与融合。西方与东方、古典与现代的彼此碰
撞，反馈在建筑上，即形成了独有的城市现代开放文明。转向河北内
陆城市，在中华人民共和国成立后，因与北京紧邻的地缘关系，在人
民大会堂落成后，天津建起了天津大礼堂，河北多地也开始兴建会
堂（图 4）。响应当时河北省委的决定，在石家庄、唐山、邯郸、保
定、张家口兴建五座大型"毛泽东思想胜利万岁"展览馆，并在形式
上模仿北京的人民大会堂，建筑风格的时代特点鲜明。其中，张家口
市展览馆在建设过程中所需的钢材、木材、水泥、砖石等大部来自各
个方面的无偿支援，义务参加劳动的人群分批到工地参加劳动，通过
昼夜施工，仅用了 87 天就将建筑面积约 1.2329 万平方米的展览馆
竣工[3]。其整体呈"凹"字形，主楼设高大柱廊，屋檐下嵌着代表中
国革命各个历史时期战斗场景的白色浮雕。辽阔的地域、深厚的底
蕴，使河北的每一寸土地都承载着厚重的历史，守卫着京师的安全，
也同京津文化同源，相承相通。

图 4　人民大会堂（上）、
天津大礼堂（中）、张家口
市展览馆（下）

综合时代和环境因素，京津冀三地的代表性建筑在各自所在的城市发展中承担其作用，成为当地的根基和血脉，孕育出地域的文化与精神。在 20 世纪，三地的城市追求、城市表现、城市吸纳都处在越来越活跃的状态，分别沿着首都、渡口、拱卫的方向各自发展。在此过程中，创造和共生互促，核心区带动周边，行政区位的划定本使其文化协同间存在壁垒，但在个性和协调性共存的情境下，建筑的文化获得合适的发展空间，形成了建筑文化的传播和彼此之间的互通。

二、流变：追求现代化和创新性的 20 世纪身份确立

20 世纪与过去一切时代的区分不是一般时间上的区分，帝国主义时代的内外条件孕育出了非西方地区的革命，殖民地和半殖民地为了经济发展、政治独立和文化生存而持续展开了对帝国主义霸权的抵抗和对阻碍上述目标的内部社会关系的变革，及对新的社会形式的探索 [4]。在特定的环境下，各地所表现出的代表性形象，建构了地区的身份，这在同国家、同其他地区的互动中形成，也使其内涵不断更新。对于中国而言，20 世纪初期，原有的传统建筑体系依旧延续，也正面临着新功能、新技术、新风格的引入，京津冀地区作为率先受到外来文化冲击，追求现代化的先行区，在变动中，其城市与建筑在某些方面走在全国前列，代表着所处时代的先进水平，并为当时当地的人们带去了新的生活方式。

20 世纪初，生产力迅速发展，科技飞速进步，同时伴随着殖民侵略扩张，帝国主义进一步加紧对中国的掠夺。在半殖民地修铁路，便是列强侵占领土的一种方式。直到京张铁路的修建，这条中国人自筹自建的第一条国有干线铁路，打破了外国列强对我国铁路技术的封锁，证明了中国人有能力自主修建铁路，能够掌握建设技术，开启了中国铁路桥梁工程的新纪元。其中南口至八达岭最能够体现设计智慧，修建困难最大，地势险峻，山高坡陡。建设的困难、建成的自豪，如今由仍然保留着的人字形铁路和南口、东园、居庸关、三堡、青龙桥 5 座老车站及众多车站附属设施遗存，还有詹天佑墓及铜像等以作纪念。在天津解放北路上，一栋主体 10 层，局部 11

图 5　利华大楼

层，总高 43 米的利华大楼，在大多数为复古主义和折中主义建筑风格的天津各租界内，以十分前卫的简练高层建筑形象出现，外立面设超大尺度的玻璃窗，甚至在转角处处理成弧形，整体无笨重之感（图 5）。其主体为钢筋混凝土框架剪力墙结构，内部兼具商业、办公、住宅等多样功能。此建筑一度成为天津最高的建筑物，内部设有两部电梯，也是天津最早拥有供暖、上下水、照明等现代化设施的建筑之一。这些技术上的突破，表明中国追求现代化的起点尽量与世界同频，紧跟着世界建筑潮流的新进展，尤其是在开放程度更高的城市。

在中华人民共和国成立后，革命的热情与建设的豪情高涨，在当时国民经济较为困难的条件下，一批经济、简洁又富于变化的现代建筑相继落成，开启了中国建筑发展的新篇章。北京和平宾馆、北京儿童医院等建筑，成了中国建筑的典范之作，它们既是对比例与尺度进行精心推敲后的结果，同时也具有中国传统建筑的神韵，整体朴素简洁，竖起了当代建筑设计的里程碑。之后在苏联"社会主义"建筑理论的影响下，这些优秀的现代建筑却被当作"国际风格"的帝国主义和资本主义建筑受到批判，转向对民族形式的探讨当中，在苏联的援助下，空前宏大的建设运动展开，在这一时期，传统中国建筑形式的北京友谊宾馆，学习苏联形式的北京展览馆，及现代建筑形式的北京天文馆、北京电报大楼、全国政协礼堂等，成为当时建筑的代表作。在"调整、巩固、充实、提高"的八字方针下，大型公共建筑大多是在拮据的条件下，集合人民之力共同建成的，成为各地的建设奇迹。天津市人民体育馆采用砖石结构，屋盖为弧形角钢联仿网架，建筑造型庄重，具有浓厚的民族风格，竣工后，成为当时亚洲的第二大体育馆（图 6）。天津市第二工人文化宫则是当时占地面积最大，"文、体、学"功能俱全的园林式文化宫（图 7）。

在优先发展重工业为核心的工业化道路上，一批工业建筑记录着如何以推动和实现工业化作为新中国经济发展的核心目标，见证着一系列显著的工业进步。如北京焦化厂中，我国自主研制的第一台炼焦炉推出了第一炉焦炭，并第一次将人工煤气通过管道输送到市区的"三大一海"（大会堂、大使馆、大饭店、中南海）[5]；天津第一机床厂作为中国机床行业"十八罗汉"之一的国家大型骨干企业，在 1953 年开发研制成功了我国第一台 C620 全齿轮传动车床[6]；邯郸钢铁厂则是中国钢铁行业的"十八罗汉"之一，邯钢高炉"跃进号"于 1958 年炼出了第一炉铁水。这些工厂推动了国家的工业发展，也为所在的城市争取到了其他产业的配套设施，以支柱产业拉动了京津冀各城市的综合性发展。

在改革开放之后，尤其是改革开放初期，在与世界长期隔绝之后，京津冀地区，尤其是北京和天津，两座直辖市作为探路者、先行

图 6　天津市人民体育馆

图 7　天津市第二工人文化宫

者，其建筑在很大程度上代表着中国发展的力度与决心。为吸引来华技术投资和观光游客，引进外资建设现代化旅游饭店作为开放的起点。第一批中外合资的三个企业中，建国饭店和长城饭店是最早的中外合资饭店，均按照国际一流水平的大型旅游饭店标准，分别由美国陈宣远建筑事务所和美国贝克特国际公司设计。在造型上，建国饭店总体设计仿照美国帕罗沃特假日饭店的风格，长城饭店则是北京首个全部由玻璃幕墙作为立面的建筑，这为刚刚开放的中国建筑带来了新风。天津市第一个外资项目——水晶宫饭店的设计是由投资方吴湘开办的 Wou & Partner 事务所完成的，其临湖而建，建筑三分之一浮于水上，外观以白色为主，轻盈优雅，是光亮派建筑的代表之作（图 8）。

更多更大体量、功能更复杂的建筑建起，尤其体现在展博类建筑、交通类建筑等，它们以崭新的形象、别致的造型，成为城市新的地标，引领着大规模城市建设的新方向。与此同时，对于建筑的讨论不再只停留于建筑本身，延伸至对环境的关注，对文化的重新讨论，以及对个人日常生活的重视。如菊儿胡同项目便是人居环境倡导者吴良镛先生对该居住区具有针对性的优秀改造成果，通过实施"有机更新"与"新四合院"的设计方案，吸取了南方住宅"里弄"和北京"鱼骨式"胡同的特点，完成了对中国传统住宅邻里的创新演绎[7]，促进全社会达成了从单体保护到整体保护的共识。而天津大学冯骥才

图 8　天津水晶宫饭店

文学艺术研究院的建成，则为建筑同环境的结合方式提供了新的范本，让环境成为设计的起点和必须结合的条件（图 9）。大尺度的方形院落中，建筑斜跨于一汪池水上，周边以片墙围合，圈起宁静幽深的书院意境。这对于校园秩序的维护、原有植物的保存、丰富庭院层级的划分、独立氛围的营造，具有极强的作用，使建筑同环境、文化融于一体，使人们在进入后能够以多感官感知建筑叙事。

图 9　天津大学冯骥才文学
艺术研究院

如果说技术推动着建筑在技术、实践层面的物质进步，那么建筑设计理念上的前进，不拘于特定风格或主义的灵活设计方式，积极了解、学习，逐渐有选择地接受，再结合建筑所在地域特征文化，形成新的形式，顺应时代发展重点，与建筑功能相适配，并将关注的重点转移到人本身，不再是政治需求下的特定主题的反映，而是改革开放后自由环境下建筑抓紧契机发展的具体体现。聚焦京津冀地区，可以直观看到改革开放后北方核心区域的建筑发展步伐。对于厚重历史的尊重，对于各地城市自身文化的还原和提升，以及对于所处时代欣欣向荣的发展建设态势，和对于当时人们的具体需求的精神关怀，均能够自由地在建筑中有所体现和创新探索。显然，首都北京成为这一探索的重要试点，并以风向标的作用为全国其他各地的建筑发展指引着方向，起到示范引领的作用。

三、在地：延续利用地域资源，选用当地适宜材料

风土环境决定了建筑实践所使用的材料与技术，对建筑形式有重要的影响。20 世纪大力发展的生产力，使建筑的实现有了更多的可能性，为之提供了物质层面的保障。京津冀地区常用的传统建筑材料主要有砖、木、瓦、石，营造手法则各具特色。在 20 世纪的建筑中，其表现力很大程度上源于建造，在一个个实践项目中挖掘材料本身的潜力，尤其是在"适用、经济、在可能条件下注意美观"的建筑方针

的长期指导和影响下，继承并开拓建筑材料和技术在地运用的智慧，以沿承文化价值和现实意义。

北京最具代表性的建筑材料有青砖灰瓦、琉璃瓦等。灰砖更增加了建筑的历史厚重感，琉璃瓦则代表了建筑的等级，并塑造出建筑恢宏的气势。在不同年代的建筑中，各色琉璃都有运用，如中国美术馆在设计时，受敦煌莫高窟的启发，主要形象为古典楼阁，重檐大屋顶由黄色琉璃瓦覆盖（图 10）。即便有过恢复"大屋顶"的复古浪潮复辟，但对现代的追求未曾停歇，对经济造价的考量和在建筑本身发展的共同促成下，传统地域材料不再只是以其本身形象直接呈现，而是通过对材料进行加工和改良，将原始的肌理与纹路、色彩与质感同建筑相结合，赋予其时代条件下的新生。如炎黄艺术馆在屋顶上采用门头沟茄皮紫色琉璃瓦，檐口瓦当饰以"炎黄"二字图形纹样，外墙以北京西山民居常用的青石板贴面，基座正门侧壁由卢沟桥的蘑菇石砌成。建筑形象中地域材料及元素的使用，使整座建筑端庄恢宏。

天津近代建筑中，多采用砖、石、面砖与涂料等完成，如利顺德大饭店以砖配合木构件模仿欧洲传统民居的砖木外墙装饰体系，商业、银行等建筑则常用石材和混凝土作为外檐材料或完全用石材展现庄重而稳定的形象，在渤海大楼、利华大楼所用到的麻面面砖使建筑更具有现代感和装饰性，这共同成就了天津建筑的魅力。即便融合了多国建筑风格，但大多数建筑建造时，在做法上仍有当地的建造方

图 10　中国美术馆

图 11　天津大学主楼

式体现和建筑材料的运用，成为外来建筑风格落地后的本土适应性实
践。除老城厢所用的青砖、原租界建筑所用的红砖，天津极具地方特
色的体现是对硫缸砖的使用，尤其是在对民族风格探寻之时，对该材
料的运用达到了新的高度。如天津大学主楼（图 11）、天津市人民体
育馆、团结里等建筑，都运用了这种过火烧制后的黏土砖，其材料致
密，坚硬程度更高，不怕碱蚀，同时也延续了地方建筑独特的材质变
化和外部肌理。

　　河北悠久的历史文化赋予建筑以质朴大气的性格，粗犷、简洁
的风格很大程度上是由材料的粗裁细作实现的。20 世纪初期，即便
在建筑风格上吸收了西式建筑风格，如位于北戴河沿海地区的近代别
墅建筑群，红漆铁瓦楞覆盖单坡或双坡的屋顶，采用当地的花岗石和
粗糙的毛石砌筑墙体，"上空"有楼阁，"下空"有地下室，外侧有宽
敞的外廊，形成"红顶、素墙、高台、明廊"的适应海边潮湿天气的
建筑景观[8]。选用适宜的建筑材料与技术，配合标志性符号，使之后
发展的现代建筑既保持简洁明快的特色，又能够表现项目主题，体现
城市特征。如石家庄火车站对城市红色记忆的体现，唐山抗战纪念碑
对唐山大地震中逝者的追忆。这些在建筑结构形式上实现了巨大的进
步，促进更丰富多样的建筑形态和环境风貌的发展。

作为建筑的物质基础，建筑材料的选用对建筑物在地实现的艺术形象、功能作用有着重要的意义。地域的紧邻使京津冀三地建筑在材料的选用方面有着极大的相似之处，但随适用场景的不同，当地资源的各异，建筑最终的呈现便有着直观的不同，成就本地区建筑的特征。使用地方性建筑材料，有助于建筑融入周围环境，使建筑在创新发展的同时，仍能够同地域之间建立紧密的联系，完成同已有环境的融合，及其在地实践，使人们自然产生对建筑的地域认同。

四、结语：塑造建筑个性与对中国性形象的地域探索

京津冀的地理亲缘，核心的国家定位，决定了三地的发展均是围绕对"中国式"的探索展开，或被动或自觉地发生，并不可避免地带有政治的烙印。或许相对中国其他沿海地区，这种"正统的"实践并非最前沿，但却能够体现最庄重、稳定、大气的中国建筑形象。甚至这些建筑中，在中华人民共和国成立后建成的大多数都是由固定的建筑设计单位完成的，即北京市建筑设计研究院、天津市建筑设计研究院、河北省建筑设计研究院。当然，相对而言，这种有限制的自由探索和文化内核的稳定性，使得三地的建筑相对平稳地度过了 20 世纪这一民族特征与文化身份因受到冲击而急剧动荡的时期。即便三地建筑的地域性常被庞大的国家概念所替代，内部的地域特征及差异也极易被忽视 [9]，但经济水平、自然条件、生活习俗与独特创造经验等或悬殊或略为相异的情况还是使三地的建筑具有了不同的特征，标明其 20 世纪的身份。

20 世纪不同年代的探索主题，围绕的中心均是如何结合现代建筑经验，探究合宜的建筑实现途径，在文化热潮的推动下，对于地域性的探索更加开放、更加活跃。20 世纪建筑遗产的确立，为对各地区建筑特征的普遍关注与研究提供了重新挖掘、回顾历史的机会，也为步入新时期后，如何结合时代热点，再度反思何为"中国性"，如何构建京津冀地域身份，在冷静下来的建筑市场化发展进程中，聚焦于如何保护经典、再度成就经典。

参考文献

[1] 邹德侬.中国现代建筑史 [M].北京：中国建筑工业出版社，2020.

[2] 刘景樑.天津建筑图说 20 世纪以来的百余座天津建筑 [M].北京：中国城市出版社，2004.

[3] 展览馆 [N].张家口日报，2021-10-21（8）.

[4] 汪晖.世纪的诞生——20 世纪中国的历史位置（之一）[J].开放时代，2017（4）.

[5] 潘一玲，徐彦峰，徐晓菊.守卫城市生命线 共筑辉煌三十年 [J].北京规划建设，2016（5）.

[6] 萧楠.当年"十八罗汉"，如今再展风采天津一机床全力打造中国齿轮机床研发基地 [J].天津科技，2006（3）.

[7] 吴良镛.北京旧城与菊儿胡同 [M].北京：中国建筑工业出版社，1994.

[8] 《中国传统建筑解析与传承 河北卷》编委会编.中国传统建筑解析与传承 河北卷 [M].北京：中国建筑工业出版社，2020.

[9] 卢永毅.建筑：地域主义与身份认同的历史景观 [J].同济大学学报（社会科学版），2008（1）.

图片来源

图 1：中国建筑设计研究院有限公司主编.重读经典 向前辈建筑师致敬 [M].北京：中国建筑工业出版社，2022.

图 2：左图自摄，右图引自纪录片《小楼春秋》。

图 3-9，图 11：自摄。

图 10：https://upload.wikimedia.org/wikipedia/commons/4/47/National_Art_Museum_of_China_%26_Wusi_Street.jpg

天津市自然科学基金面上项目（合同编号：23JCYBJC01170）

江浙沪 20 世纪建筑遗产价值与特征

汪晓茜　姚佩凡

20 世纪的中国舞台上，江浙沪地区一直占据显要位置，财富、知识、技术、人才在这里流动汇聚、沉淀升华，令其在近现代中国社会发展的主要历史阶段都曾发挥出重要作用，甚至引领风气之先。富庶、开放和文化发达是这个片区的标志性特征。同时区域内的差异也带来丰富的多元性，使江浙沪地区的 20 世纪建筑发展既有中国近现代建筑发展的共性，也有各自地域环境和自身历史条件等带来的独特内容。本文以江浙沪地区的中心城市上海、南京和杭州的代表性建筑遗产为例，概要介绍并阐释江浙沪地区 20 世纪建筑遗产产生的背景及其价值，指出该地区 20 世纪建筑遗产的主要特征包括：理念和技术先进，中西交融，风格多样，努力与时代同步，与地域特色相适应，并在现代化进程中勇于创新等。

汪晓茜，东南大学建筑学院建筑历史与理论研究所副教授，研究生导师。主要从事世界建筑史、中国近现代建筑、建筑遗产保护与更新等方面的教学、研究和实践工作。出版著作 20 部，论文近 60 篇。曾获中国建筑学会建筑历史分会勒·柯布西耶奖。

一、上海的 20 世纪建筑遗产

上海的崛起和发展见证了中国近现代社会波澜壮阔的历史。自 1843 年开埠后，它从一个不起眼的海边小镇迅速发展成远东第一大都市，1949 年中华人民共和国成立后又稳步向全国最重要的工商业城市迈进，改革开放后更发展为中国乃至全球最具活力和影响力的城市之一。百余年来的中西交融碰撞，在上海塑造出一片独具特色的城市空间和建筑景观，被认为是中国现代城市文化和建筑文化当之无愧的策源地 ❶。目前，上海依然保留了大批极具历史、文化和艺术价值的 20 世纪建筑遗产，类型之丰富，风格之多元，是其他城市难以比拟的。

姚佩凡，东南大学建筑学院 2022 级建筑历史与理论方向研究生。

---

❶ 郑时龄. 上海近代建筑风格 [M]. 上海：上海教育出版社，1995.

上海开埠后，西方殖民者以租界为核心建立起了一片"不同秩序"的城市空间❶，现代生活方式开始渗透，奠定了上海包罗万象的城市基因。外滩就是这个自成一体的特殊区域，如今的范围大致是苏州河至今方浜路的黄浦江岸❷。经过近百年持续建设后，至 20 世纪 30 年代，外滩的天际线和空间格局已基本成形。风格多元是外滩建筑群最显著的特征之一，也因此被冠以"万国建筑博览会"的美誉。早期外滩建筑以殖民地外廊式风格为主，楼层较为低矮，一般不超过两层。19 世纪末 20 世纪初，西方职业建筑师的到来使得建筑风格开始转向西方古典风格，包括文艺复兴式、巴洛克式、安妮女王风格、哥特复兴以及杂糅多种元素的折中风格等皆有体现（图 1）。纵观外滩建筑群，虽以西方风格为主，但却并非西方经验的简单移植，这些建筑折中调和、局部变异，中西合璧、着意创新，和谐共处、相得益彰，表现出一种灵活和创造性的建筑探索，共同塑造了独树一帜的城市空间与滨江景观 ❸。

图1 号称"万国建筑博览会"的上海外滩
a 外滩上海轮船招商总局大楼
b 外滩上海总会
c 外滩圆明园公寓
d 汇丰银行
e 字林西报大楼

❶ 叶文心. 上海繁华：都会经济伦理与近代中国 [M]. 王琴，刘润堂，译. 台北：时报文化出版企业股份有限公司，2010：80.

❷ 薛理勇. 外滩的历史和建筑 [M]. 上海：社会科学院出版社，2002：10.

❸ 王绪远. 中国上海百年外滩建筑 [M]. 北京：中国建筑工业出版社，2008.

20 世纪 20~30 年代是上海近代建筑发展的黄金时期。经济繁荣带来了建造活动的繁盛。作为中国现代城市生活的肇始地和样板，众多适应现代生活的新建筑类型，如银行、饭店、百货商店、俱乐部、体育场、舞厅、电影院、公寓、邮政局等率先在上海街头涌现，为城市增添摩登气息。与建筑相关的营造厂、建材商行、中外建筑师事务所和行业团体的数量也快速增长，上海建筑业迅速发展并居于全国领先地位。而建筑风格上也更加多元开放，既出现如外滩建筑群那样的各种西方传统式样，也出现了继承和发扬中国古典建筑精神的固有式设计，如大上海计划中在五角场附近规划建设的上海特别市政府、图书馆、江湾体育场等，以及当时国际上正流行的装饰艺术派和现代主义等新风格（图 2）。同时，上海也是中国共产党的诞生地和重要活动基地，全国的进步人士汇聚上海，又从上海把革命火种播撒到神州大地，为上海留下中国共产党第一次全国代表大会会址、中国共产党第二次全国代表大会会址、中国共产主义青年团中央机关旧址等重要的红色建筑遗产（图 3）。

此外，上海也是中国第一代建筑师大显身手的舞台。他们不满

图 2　多元与开放化的上海近代建筑
a 上海特别市政府大楼
b 上海市图书馆
c 江湾体育场
d 装饰艺术风格的沙逊大厦
e 现代风格的大光明大戏院

图3　上海的近代红色建筑遗产
a 中国共产党第一次全国代表大会会址
b 中国共产党第二次全国代表大会会址
c 中国共产主义青年团中央机关旧址

足于模仿西式建筑的风格造型，渴望找到中国建筑的出路与未来，因此，在上海开展了具有科学文明和现代精神的实践。建筑师奚福泉设计，建于 1933 年的上海虹桥疗养院，就是 20 世纪中国早期现代主义建筑的代表性作品（图 4）。❶ 这是一座专门治疗肺结核的疗养院，四层主楼和一层副楼均为钢筋混凝土结构。建筑以"愈疗"为设计出发点，采取现代主义建筑实用性的功能设计语言：主楼的退台方式充分保证每一间病房均可获得充足日照，隔墙的设计和对退台尺度的精准把握使得"人立在上层阳台上，其视线能不及下层阳台上人之行动，其同层之阳台，每间亦互相隔离，以备横卧憩息之用"❷。除此以外，还铺设了吸声的"橡皮地板"、吸收紫外线的"紫光玻璃"等设施，体现了对病人的尊重与关怀，无论在形式上还是设计理念上都走在时代前列。

　　中华人民共和国成立后，上海继续在城市建设领域领跑，并涌现

图4　中国早期现代主义建筑的代表性作品：上海虹桥疗养院

---

❶ 卢永毅. 实践与想象 西方现代建筑在近代上海的早期引介与影响 [J]. 时代建筑，2016（3）：16–23.

❷ 介绍虹桥疗养院 [N]. 申报，1934–6–18：第 16 版.

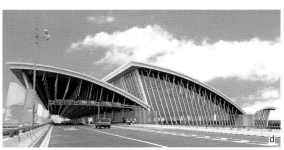

了一批适应时代发展，具有引领性的新建筑成果：中华人民共和国第一个工人新村——曹杨新村；仅用 28 天建造完成的《中美联合公报》诞生地——锦江小礼堂；南京路上第一栋现代高层建筑——华东电力大楼；首次大规模采用大跨度张弦式钢结构的上海浦东国际机场一期工程等（图 5）；都体现出立足当代、面向未来、开拓进取、锐意创新的"海派特色"，为中国乃至世界的建筑发展提供了上海智慧与上海方案。

图 5　中华人民共和国成立后锐意创新的上海新建筑
a 曹杨新村
b 锦江小礼堂
c 华东电力大楼
d 上海浦东国际机场一期工程

　　上海铁路新客站（图 6）就是其中的杰出代表。1987 年底建成并投入使用的上海铁路新客站在设计和建造中开辟了多项创新：一是首次采用"高架候车，南北开口"的站型布置，将候车厅置于铁轨上方，南北各设出入口与站前广场，提高了人流通行效率，解决了铁路分割城市交通和周边城市干道交通压力的问题；二是还采用了多项新颖与便捷的新技术和新设施，如恒丰路立交桥的独塔单索面斜拉结构、行包地道的自动信号装置、自动行包磅秤和小件寄存柜等。作为 20 世纪 80 年代国内现代化水平最高的铁路客运站，其建设为组织复杂城市交通提供了新思路，深刻影响了后来我国大型铁路枢纽的建设。

图 6　上海铁路新客站是 20 世纪 80 年代中国最现代化的铁路客运站

图 7　上海松江方塔园
a 宋代方塔
b "何陋轩"茶室
c 方塔园总图

　　上海松江方塔园则是以现代理念传承城市文脉、实现传统新生的一处 20 世纪经典建筑遗产（图 7）。这座城市公园占地 192 亩，始建于 1978 年，由冯纪忠先生设计。该园因宋代九层木构方塔而得名，此外园内还有多处历代文物。方塔园整体规划设计思想为"与古为新"，冯纪忠将其解释为："今的东西可以和古的东西在一起成为新的。"❶ "与古"就是"尊古"，全园以宋代方塔为空间核心，奠定了全园典雅朴素的宋式风韵。林间堑道、塔外白墙、公园门棚等细部也处处透露出宋代艺术中简约自然、至真至朴的意境。同时，规划又采用了现代公园常见的手法，如分区的功能布置、接近平直的道路与驳岸、英国自然园式的草坪空间等，营造出一座适应现代生活的"古典园林"。而最能体现其独具匠心的"为新"设计莫过于公园东南角小岛上新建的"何陋轩"茶室。该轩以茅草为顶，青砖为地，毛竹为架，精心设计了现代结构，简朴的材料看似随意摆布，却颇有传统意趣，是方塔园中点睛的一笔，建成后至今仍然代表着中国现代园林建筑的最高水准，也是唯一一座用竹材建造的中国 20 世纪建筑遗产。

二、江苏的 20 世纪建筑遗产及南京案例

　　作为我国人口密度最高和城镇化程度最高的省份之一，江苏既是

---

❶ 冯纪忠 . 与古为新——谈方塔园规划及何陋轩设计 [J]. 华中建筑，2010，28（3）：177.

历史文化资源丰富的区域，也是近代中国社会转型的先发之地和改革开放走在前列的地区，这些都为江苏 20 世纪建筑遗产的创造提供了丰富的历史、文化和社会动力。作为近代通商口岸和"洋务运动"最先辐射到的地区，依靠优越的地理区位和发展基础，在一批民族企业家的推动之下，江苏境内形成了以棉纺织业、缫丝业、面粉加工业为主的近代工业格局，成为中华民族工商业重要的发祥地，也催生了如无锡、南通、常州、苏州、镇江等重要的近代新兴城市。而这些由民族工商业资本建设的城市与建筑，较多体现出新旧交织、华洋混合的特征，乃至全新的西式类型和建筑结构，如南通大生纱厂、无锡茂新面粉厂等民族工业建筑，以及南通博物苑、张謇故居、通崇海泰总商会大楼，以及无锡商会旧址、苏州天香小筑等西式以及中西合璧新式建筑（图 8）。

　　江苏近代建筑发展的高潮出现在 1927 年国民政府定都南京之后。该时期，以南京城市建设和建筑实践为首，中国建筑师主动和专业性地探索了中国建筑多样化的现代转型路径，从"中国传统宫殿式"到"简朴实用式"略带中国色彩，都反映了国家和建筑师对民族性和现代性的思考。沿南京中山大道两侧兴建的一大批行政建筑，南京中山陵及其周边建筑，以及国家级别的博物馆、大会堂、美术馆等，都是这个阶段中国建筑的代表性作品，对于形成南京近代城市面貌起到了关键性作用。而南京中山陵最具代表性，并因其非凡的历史价值和卓越的建筑品质，在 20 世纪中国建筑遗产目录中名列首位（图 9）。中山陵前临平川，后拥青障，设计师吕彦直巧妙利用紫金山南坡由低渐高的地形，在同一中轴线上依次安排陵前广场、博爱

图 8　江苏境内部分 20 世纪近代建筑遗产
a 南通大生纱厂
b 无锡茂新面粉厂
c 南通博物苑
d 张謇故居
e 通崇海泰总商会大楼
f 无锡商会旧址
g 苏州天香小筑

图 9　20 世纪中国建筑遗产
目录中名列首位的南京中山陵

坊、登山墓道、碑亭、祭堂和墓室，逐步向上推进，烘托出陵寝的宏
伟气势。而层层叠叠的台阶、宝蓝色琉璃瓦顶的建筑物被郁郁葱葱的
松柏掩映，在蓝天白云映衬下，呈现高度纯化的冷色基调，塑造出陵
墓肃穆清明的意境❶。中山陵主体建筑的空间和形式在中国传统基调
上加以创新，如祭堂平面结合了欧洲古典理性主义的平面构图以及中
国传统建筑柱网布局，更加开敞。门洞及开窗增多，则改善了传统建
筑闭塞、采光不佳的缺点，更具现代优势。外观亦非全盘照搬古代典
例，而是采取中国古建筑的重檐歇山式，但四角筑以堡垒式房屋，形
成中西结合的构图。建筑物体块简洁，雄浑大气，比例、坚固感、稳
定感都好，吕彦直的设计立意和手法精妙，融贯中西的建筑精神也与
孙中山先生的思想气度融为一体。其后，周边又陆续兴建名人墓、纪
念馆、体育场、文化演出场所、官邸和新村、办公楼以及一系列纪念
亭榭等设施，同时遍植树木，形成城市重要景区和游览地。如今，南
京中山陵及其周边地区是南京最著名的风景区和文化地标之一，每年
几百万游客登临南京中山陵缅怀革命先行者的丰功伟业。

　　既回应民族性表达，又考虑当时窘迫的经济状况，在民国时期的
南京，一部分中国建筑师还探索了一种"经济实用又略带中国味道"
的建筑现代化新做法。由上海华盖建筑师事务所的建筑师赵深、童寯

❶ 汪晓茜. 大匠筑迹——民国时代的南京职业建筑师 [M]. 南京：东南大学出版社，
2014：158.

图 10　南京国民政府外交部大楼

和陈植设计，建于 1935 年的南京国民政府外交部大楼是这类尝试的代表（图 10）。建筑平面呈"T"字形，对称布局，入口有突出门廊。大楼地上中部五层，两端四层，西式平顶，更好展现出几何体量组合的简洁性和现代性。立面采用西方古典建筑三段式构图，分基座、墙身和檐部三部分。基座勒脚用仿石水泥砂浆粉刷，墙身用深褐色泰山面砖饰面。檐口下则以褐色琉璃砖砌出浮雕及简化斗拱装饰，以呈现民族式样，是一种极为洗练的仿古设计手法。室内则应业主要求做了大红立柱，柱、梁、枋、吊顶及藻井等均施彩画，楼梯扶手、栏板、门窗等装饰有中国传统纹样。这种建筑摒弃了大屋顶造型，而以抽象纹饰传达民族风味的新途径，在当时具有重要的进步意义和社会价值，是那个时代官署建筑的新范式，同时对 20 世纪探求具有民族特色的中国建筑的新方向也产生了重要影响。同时期在南京建设的国民大会堂、国立美术陈列馆、中央医院等建筑皆具有类似特征。

　　中华人民共和国成立后的江苏，经济社会发展和城镇化建设一直保持高速增长，体现独立自主精神、事关国民经济发展的重大工程和重要建筑相继建成，书写了中国人的奋斗史。其中最为突出的成果为 1968 年国庆日落成通车的南京长江大桥（图 11）。这是中华人民共和国第一座依靠自己力量设计施工建造的铁路、公路两用双层跨江大桥。大桥沟通南北交通，不仅是我国桥梁工程史上一次重大飞跃，中华人民共和国成立后前三十年最值得国人骄傲的成就之一，更向世界展示了中国人民的智慧与力量，被称作"中国人民的争气桥"。南京长江大桥长 1576 米，最大跨度 160 米。在南北两端位于长江两岸的主桥与引桥交界处，分立大桥两侧，各屹立着四

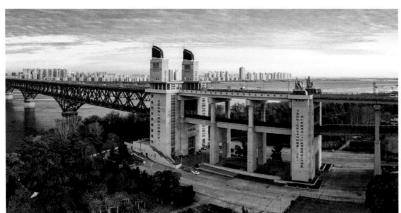

图 11　中国人民的争气桥——
南京长江大桥

组桥头堡：大堡两组，小堡两组。桥头大堡塔楼高 70 米、宽 11 米，
采用钢筋混凝土结构，米黄色外墙，高耸出公路桥面的整体造型气
势磅礴，简洁有力。大堡顶端高 5 米、长 8 米的钢制"三面红旗"
呈飞跃前进状，构成整个桥头堡造型的视觉中心，而"红旗"造型
系由周恩来总理亲自敲定，体现出社会主义建设的特征及时代的精
神风貌。桥头小堡与大堡类似，仅体量略小，凸出公路桥面的部分
为 5 米高的灰色"工农兵学商"混凝土群像，反映了当时中国社会
的 5 大组成部分，具有典型的"文革"时期文艺风格。南京长江大
桥在设计建造时期，遭遇了国家发展的困难时期，正由于条件艰苦，
整个造桥过程也成为那个年代人们心中不可磨灭的记忆。

三、浙江的 20 世纪建筑遗产和杭州案例

　　浙江省地处中国东南沿海，地理位置良好，经济发展活跃，也
是我国最早开始近代化进程的省份之一。1842 年《南京条约》签订
后，宁波被划为"五口通商"城市之一，率先走上了城市近代化转型
之路。洋务运动开始后，商贸传统发达的浙江迅速投入民族工业发展
的浪潮之中，形成了以轻纺业、手工业以及商业贸易为主体的基本格
局，为省内城市的发展提供了重要的经济动力。同时，浙江重视文
教，人才辈出，加之山清水秀、风光旖旎，吸引了一批名人在此开设
学堂与兴建会馆寓墅：如温州利济医学堂、宁波锦堂学校、莫干山别

墅群、南浔张氏旧宅建筑群等。

　　浙江的历史发展进程中，杭州始终处于核心地位：经济繁荣、人文底蕴深厚，此外又坐拥西湖名胜，以一方湖光山色蜚声中外、驰名古今。这些要素共聚杭州，在这座城市催生出一大批既能代表浙江近现代建筑发展水平，又具有本地特色的 20 世纪建筑遗产。鸦片战争之后，西方传教士在杭州率先开展了小规模建设活动，标志着杭州近代建筑的起步。进入 20 世纪，有识之士在杭州兴办文教事业，建造了如之江学堂、浙江图书馆（孤山馆舍）等重要建筑。辛亥革命后，随着"实业救国"思想的兴起，杭州工商业快速发展，并随着 1929 年 6 月首届西湖博览会的举办而到达高潮。这是近代中国举办的规模最大的博览会，盛况空前，历时 128 天，总参观人数近 1800 万人。西湖博览会共设八个主要展馆，其中的工业馆为唯一保留至今的新建展馆。馆内主要展示当时我国一些重要的工业产品，是一处既能反映经济社会发展，又能代表城市建筑水平的独特遗存（图 12）。工业馆建筑总体呈长方形，东西长约 50 米，南北长约 35 米，占地面积 2100 平方米，中间有一天井，故又称之为"口字厅"。建筑外墙为黄色，点缀以白色立柱，整体上采用了当时国际流行的装饰艺术风格。由于采用了当时先进的大跨结构，使"参加者进入其中，恍如身处一巨大之工厂"❶，营造出一种"沉浸式"的观展氛围，设计概念颇为新颖。第一届西湖博览会工业馆旧址是研究近代杭州经济、会展业发展、公共建筑变革的最佳实物案例，现已更新改造为"西湖博览会博物馆"。

图 12　西湖博览会大门（现已不存在）和工业馆旧址

❶ 王昕 . 寻找乌托邦——第一届西湖博览会建筑初探 [J]. 建筑与文化，2012（12）：69-71.

民国时期杭州的建筑活动颇为活跃，在类型和技术上不断推陈出新，市政建设、商业建筑、宗教建筑、住宅等都得到了全面发展，涌现了兴业银行、新新饭店、钱塘江大桥等一系列具有时代特征的经典案例。建筑风格也呈现出多元化特征：除之江大学旧址、兴业银行等为西方传统建筑风格外，还出现了带有中国特色的仿古建筑，西泠印社就是20世纪初沿用中国传统手法设计完成的一个江南园林佳作（图13）。

20世纪80年代，伴随改革开放后旅游业的兴起，全国出现了旅馆建筑建设热潮，杭州集中建设了一批优秀的旅馆建筑，在业界赢得好评，杭州黄龙饭店就是杰出代表（图14）。建筑位于杭州宝石山麓，与西湖隔山相邻，总建筑面积约43000平方米，共有客房578间，由程泰宁先生设计，为20世纪80年代杭州最大的合资旅游酒店。如何实现建筑与自然环境的和谐统一是其设计主要的创新点。杭州黄龙饭店以小单元分散式的布局使建筑与山水态势取得联系和呼应。同时，为了防止过于分散造成经济和能耗成本增加，以及施工复杂与管理不便等问题，在满足现代旅馆功能要求的前提下，设计师又从整个环境空间的角度对单元加以联化组合，并在单元组之间留出空白，增加建筑与环境的互动，使整个建筑既能与环境融合成整体，又具有传统建筑格局特有的意境❶。建成后的杭州黄龙饭店成为杭州市地标性建筑之一，2004年入选"中华百年建筑经典"，2017

图13 20世纪初江南园林佳作——西泠印社（左）

图14 杭州黄龙饭店（右）

---

❶ 程泰宁. 环境·功能·建筑观——杭州黄龙饭店创作札记 [J]. 建筑学报，1985（12）：35–42，84.

年入选第二批中国 20 世纪建筑遗产。

　　除了旅馆建筑以外，在杭州建设的其他具有影响力的建筑物，还包括 1969 年建成的杭州体育馆，首次实现了马鞍形双曲屋面和椭圆形建筑平面的结合；杭州铁路新客站则突破了"站房主体"的思维，将车站与城市结合设计，为旅客带来更多便利（图 15）；2003 年建成的中国美术学院南山校区更是在重塑中国传统建筑，在寻找现代建筑的中国特色方面实现了成功探索（图 16）。这些建筑上的新发展不仅延续了近代以来杭州文教商旅兴盛、人文气息浓厚的城市氛围，也为杭州未来提供了更多机遇和可能。

图 15　杭州铁路新客站

图 16　中国美术学院南山校区

通过以上对江浙沪地区中心城市一些代表性的 20 世纪建筑遗产的分析，可以看出在中西交融和不断开放的 20 世纪，上海呈现出更为外向和商业引导的特征，在建筑类型的丰富性、建筑风格的多元化，以及技术的大胆创新方面一路领跑；南京则因其民国首都的地位，于特定阶段彰显了对中国传统建筑文化的继承和发扬；而杭州的 20 世纪建筑遗产则更加贴合其山水形胜，新设计努力寻求与环境协调。它们以特有的魅力共同展现了中国东部地区 20 世纪社会和建筑发展的成就。

参考文献

［1］ 郑时龄 . 上海近代建筑风格 [M]. 上海：上海教育出版社，1995.

［2］ 薛理勇 . 外滩的历史和建筑 [M]. 上海：社会科学院出版社，2002.

［3］ 王绪远 . 中国上海百年外滩建筑 [M]. 北京：中国建筑工业出版社，2008.

［4］ 叶文心 . 上海繁华：都会经济伦理与近代中国 [M]. 王琴，刘润堂，译 . 台北：时报文化出版企业股份有限公司，2010.

［5］ 汪晓茜 . 大匠筑迹——民国时代的南京职业建筑师 [M]. 南京：东南大学出版社，2014.

20 世纪建筑遗产西部设计变迁

陈 纲 肖 瀚

前言

中国幅员辽阔，文化多元，西部地区以其特有角度见证了这个时代，也为这个时代的发展作出了自身贡献。本文梳理了西部地区中国 20 世纪建筑遗产，具有建筑类型丰富，总体保存完整；建筑印记特殊，具有时代纪念意义；建筑特色鲜明，文化内涵丰富的三个特点。西部地区建筑遗产具有 20 世纪中国发展"活化石"的历史价值；具有设计创新、技术适宜的建筑价值；具有展示经济发展、文化交融的社会价值；具有本体特色鲜明、外来融会相合的文化价值。文章通过对西部地区的 154 个 20 世纪建筑遗产的回顾，研究 20 世纪建筑遗产在西部地区的特点与设计营造变迁。

一、西部地区概述及其 20 世纪遗产特点

（一）西部地区概述

中国西部地区位于东亚大陆西部，为中国经济地理分区，包括西南地区与西北地区十二个省、自治区和直辖市❶。西部地区地域辽阔，

陈纲，重庆大学建筑规划设计研究总院有限公司副总建筑师、建筑分院院长。重庆大学建筑城规学院教授，一级注册建筑师。从事建筑设计方法、建筑遗产保护与利用、建筑策划及后评估研究与实践。

肖瀚，重庆市建筑规划设计研究总院有限公司历史文化名城中心高级工程师，一级注册建筑师，注册规划师；从事历史文化名城、名镇、名村和街区保护传承研究，以及各类建筑遗产的修缮技术与保护利用研究。

---

❶ 中国西部地区为中国经济地理分区，涉及中国十二个省、自治区和直辖市。包括西南地区（重庆市、四川省、云南省、贵州省、广西壮族自治区、西藏自治区）和西北地区（陕西省、甘肃省、宁夏回族自治区、青海省、新疆维吾尔自治区、内蒙古自治区西部，含乌兰察布、呼和浩特、包头、鄂尔多斯、锡林郭勒、阿拉善盟）。

资源丰富❶，民族多元，是中华文明重要发祥地，对外交流频繁，在历史上具有重要影响❷，也拥有极具价值的自然、人文资源。

20世纪的中国经历了政治、军事、经济、文化、社会等方面全方位的剧变❸。中国西部地区因鲜明的地域性、民族性、多元性等特征，在这个时期的城市和建筑上留下特有的历史痕迹和记忆，见证了这个时代，为这个时代的发展作出了自身的贡献，也留存了历史研究的重要依据。

（二）西部地区20世纪建筑遗产特点

中国西部的地理区位、政治环境、经济文化等多方面的特殊性，使20世纪建筑遗产的现状呈现出三个特点：

一是建筑类型丰富，总体保存完整。公布的9批中国20世纪建筑遗产中西部地区共计154处，类型涵盖所有风格和功能的建筑、市政、设施、纪念场所等，可谓内容丰富，种类繁多，由于地区经济

---

❶ 西部地区是资源富集区，矿产、土地、水、能源等资源十分丰富，特别是天然气和煤炭储量，占全国的比重分别高达87.6%和39.4%；全部矿产保有储量的潜在总价值量达61.9万亿元，占全国总额的66.1%；土地资源丰富，不仅拥有广袤的土地资源，而且拥有较高的人均耕地面积和绝大部分草原面积，土地面积占全国的71.4%，人均占有耕地2亩，是全国平均水平的1.3倍。耕地后备资源总量大，未利用土地占全国的80%，其中有5.9亿亩适宜开发为农用地，适宜开发为耕地的面积约1亿亩，占全国耕地后备资源的57%。西部草地面积占全国的62%；西部地下水天然可采资源丰富，水资源占全国的80%以上，其中西南地区占全国的70%；西部的旅游资源具有类型全面、特色与垄断性强、自然景观与人文景观交相辉映的特点。

❷ 西部地区与蒙古国、俄罗斯等13个国家接壤，陆地边境线长达1.8万公里，约占全国陆地边境线的91%；与东南亚许多国家隔海相望，大陆海岸线1595公里，约占全国海岸线的1/11，有历史上穿越西部地区的"丝绸之路"，曾是中国对外交流的第一条通道。

❸ 在经济方面，鸦片战争后经济落后的中国经新民主主义革命建立了新民主主义经济，国民经济得以迅速恢复，而中华人民共和国成立初期的计划经济则迅速推进了国家工业化进程，改革开放后的社会主义市场经济更是充分利用各种资源推动中国经济高速发展和现代化进程，工业化和现代化也为建筑发展提供了技术保证和资源支持。在文化方面，西方文化的外来入侵和地方文化的在地调适一直是20世纪中国各领域文化发展的永恒主题，从帝国主义入侵时的被动传入到改革开放的主动学习，从他者影响到自我觉醒，包括建筑文化在内的20世纪中国文化一直在传统文化的取舍扬弃和现代文化的学习探索中不断前进。在社会方面，从1911年辛亥革命推翻中国两千多年的君主专制统治到1919年五四运动开启彻底反帝反封建的新民主主义革命，再到1921年中国共产党成立并带领人民追求国家独立和民族复兴，20世纪的中国社会不断经历着旧秩序的打破与新秩序的建立。

条件相对较弱等，大部分建筑继续服务于社会，虽存在改建和扩建情况，但总体保留情况较好。

二是建筑印记特殊，具有时代纪念意义。其地理的特殊、文化的独特、民族的多元造就了 20 世纪中国的重大历史事件（例如长征、重庆谈判、西安事变等）、经济活动（例如三线建设等）都在中国历史上留下特定的印记，具有特殊的历史纪念意义。

三是建筑特色鲜明，文化内涵丰富。西部地区民族多元，地理气候复杂等特点带来多元的地域建筑特色（例如巴渝吊脚楼、西北窑洞、藏式石砌碉楼等），作为与西方连接的重要陆路枢纽，在西方现代建筑思想传入中国，建筑师在传统与现代这个话题上的尝试与探索，也成就了许多具有里程碑意义的建筑作品。

二、西部地区的 20 世纪建筑遗产价值

20 世纪建筑遗产是具有多元、多重价值的复合性遗产，具有政治、经济、历史、文化、技术、艺术、生态等多方面价值属性，这些多重价值成为 20 世纪建筑遗产的重要特征和基础。西部地区 20 世纪建筑遗产主要有以下几方面：

（一）具有 20 世纪中国发展活化石的历史价值

20 世纪的近代开埠，辛亥革命、中国共产党的成长、抗日战争、中华人民共和国的成立及社会主义发展，这些重大历史事件均在西部地区留有深深的痕迹。特别是红色文化重要载体和作为国家战略大后方这两方面的历史价值显著。

红色文化是在革命战争年代，由中国共产党人、先进分子和人民群众共同创造并极具中国特色的先进文化，蕴含着丰富的革命精神和厚重的历史文化内涵。作为建筑遗产的革命旧址不仅是作为记录和研究过往的历史史料，更是通过直观的场景感召、教育，激励一代代中华儿女为理想和信仰拼搏奋斗的有效载体。作为红军长征的主要经过地、根据地等，西部地区拥有丰富的红色资源（共计 28 处）（图 1）。例如，记录中国共产党党史上重要历程的贵州遵义会议会址

图 1 西部地区拥有丰富的红色资源，是革命历史的重要见证

（1935 年），陕西瓦窑堡会议旧址（1935 年）等；记录革命重要工作地的陕西延安革命旧址（1930—1940 年），八路军重庆办事处旧址（1938 年），重庆《新华日报》营业部旧址（1940 年）等；记录新民主主义斗争重大事件的重庆谈判旧址群（1945 年）等；记录政治协商活动的重庆特园（1931—1945 年）等；记录执政管理的新疆石河子军垦旧址（1952 年），青海省委旧址（1950 年）等；体现革命历史纪念意义的广西南宁市人民公园（1940—1996 年），重庆西山抗战遗址群（1938—1950 年）等；新民主主义斗争的陕西西安事变旧址（1936 年），云南起义事件的昆明卢氏公馆（1930 年）等。

生存和发展的安全是国之根本，西部地区历代都承载着国家战略大后方重任。在 20 世纪建筑遗产中有丰富的体现（共计 20 处），云南凤凰山天文台近代建筑（1938 年）、贵州"二十四道拐"抗战公路（1937 年）、重庆人民解放纪念碑（1947 年）、重庆黄山抗战旧址群（1940—1946 年）、重庆抗战兵器工业建筑群（1930—1946 年）、四川中国营造学社旧址（1930—1940 年）、云南西南联大旧址（1938 年）等记录抗战岁月，青海第一个核武器研制基地旧址（1958 年）记录中华人民共和国建设的艰难；重庆 816 工程遗址（1960—1984 年）记录了三线建设的不屈。

此外，广西北海近代建筑群（1890—1910 年）、云南陆军讲武堂旧址（1910 年）等，也承载了开埠和军阀割据时期的记忆。

（二）具有设计创新、技术适宜的建筑价值

建筑的本质是形式、功能、美观、绿色的综合平衡，故建筑价值具有思想性、科学性、艺术性❶。20 世纪是探索设计建筑如何对本土传统的传承、转化和创新，实践现代的、中国的和地方的时期。西部地区由于其文化类型多元，地理气候复杂多变，经济实力相对较弱，在建筑价值方面具有敢于创新和注重实效的百花齐放、积极探索特点。

一是完整记录了自开埠以来到改革开放"新时期"整个 20 世纪，探索现代建筑与中国文化的设计思路及实践❷。在近代时期（1949 年以前）的西部地区（图 2），广西北海近代建筑群（1890—1910 年）等展示了开埠时期完全引入外来文化的印记；其后欧美传教士通过"中国固有式建筑"❸探寻西方文明进入中国文化的途径，例如四川大学早期建筑群（1910—1950 年）；同时期中国建筑师也在探索传承本土文化和有选择地吸收外来文化的中式现代主义建

---

❶ 其思想性主要包括设计理念及设计方法，科学性主要包括功能合理、维护方便、材料合理使用、施工与结构技术的突破与特点，艺术性主要涉及本体的美学价值、建筑形式上的突破、建筑细部装饰及与周边环境的呼应等。

❷ 由于现代性观念和工业化起步均滞后西方达百年以上，加之西方文化移入初期的需要，以及中国上层社会对民族国家身份的认同和对传统文化象征的尊崇，使中式的新古典主义始终在 20 世纪的建筑遗产中占有重要地位。至 20 世纪中期，以北京天安门广场的现代建筑遗产为代表，西方新古典主义建筑的影响在新中国的建筑遗产典范中更加清晰可辨。直到 20 世纪 80 年代，由于改革开放向世界打开了大门，西方后工业时代的各种建筑思潮蜂拥而至，中国 20 世纪末的建筑形式才走出了新古典的范型，现代古典、晚期现代、后现代等西方建筑的影响以中国的在地形式呈现出来。

❸ 中国固有式建筑，20 世纪 20 年代的中国建筑师开始思考传统传承问题并成立了中国营造学社。20 世纪 30 年代中国民族主义建筑进入高潮。20 世纪 20~30 年代开始了中国传统古典建筑风格的复兴，在历史上被称为：中国固有式。受西方建筑思潮影响，这是一种功能现代，而形式彻底中国化的新形式。就创作方法来说，"中国固有式"实质上是折中主义的一种表现，在折中主义设计思想的指导下，建筑空间布局往往被纳入某几种固定的构图形式，这是他们受学院派影响的结果。广义而言，欧美传教士和学者、建筑师一直在探寻西方文明进入中国的文化适应方式（Acculturation），以及能为中国人熟悉的建筑形式。他们在北京明清宫殿群中找到了这种形式的范型，所采用的中国古典形式作为中国新建筑外壳的古典"伪形"（Psuedomorph），也被称为"中国固有式建筑"。

云南陆军讲武堂旧址（1910年）

四川大学早期建筑群（1910—1950年）

重庆万州西山钟楼（1930年）
云南大学建筑群（1920年）

广西北海近代建筑群（1890—1910年）

重庆农民银行暨美丰银行旧址（1930年）

图 2　近代时期（1949 年以前）的西部地区对现代建筑与中国文化的结合探索

筑❶，并通过重庆中央银行、农民银行暨美丰银行旧址（1930 年）等进行实践；中西合璧也是一种探索方向，具有传统中式外形与细节欧化的云南陆军讲武堂旧址（1910 年）中西合璧的建筑风格反映着东西方文化交流融合的历史进程。

现代时期（1949—2000 年）的西部地区，也追随 1949—1978年以意识形态为导向，建筑工业化为物质基础，历史风格的折中再现为形式特征再现中国新古典高潮。重庆市人民大礼堂（1953 年）等"民族形式"的建筑样板，把古典构图和元素与现代的功能、结构和材料相融合，成为这一时期民族形式的代表；其后在倡导"百花齐放、推陈出新"的感召下，建筑师在四川展览馆历史建筑（1969年）、陕西西安报话大楼（1963 年）尝试古今折中和中外浑融的新古典手法；从进入改革开放"新时期"，中国建筑界开始走向了价值多元化，多以对地方传统的传承、转化和创新为己任，追求现代的、

---

❶ 中式现代主义建筑，20 世纪三四十年代，作为中国固有式建筑的一种衍生，基本表现为：采用西方现代建造体系建造的现代功能的西式建筑，局部辅以传统纹样和装饰手法。这类建筑是高层建筑尝试采用传统纹样的最早实例。随着当时房地产、商业、娱乐的高速发展以及国际上现代主义建筑的发展，这一时期的折中主义建筑多为大体量高层建筑。这些建筑也具备了现代主义建筑形式服从功能的特点，中式元素比例进一步压缩，仅在屋檐、屋顶和入口处加入古典建筑元素，整体上看是融合中国传统建筑风格的现代建筑。

西藏博物馆（1999年）

重庆人民大礼堂（1953年）

陕西西安报话大楼（1963年）
四川广汉三星堆博物馆（1980年）

陕西历史博物馆（1991年）

四川自贡恐龙博物馆（1986年）

中国的和地方的设计倾向 ❶。陕西历史博物馆（1991年），外观着意突出盛唐风采来对应唐代博大辉煌时代的风貌，布局上借鉴了中国宫殿建筑"轴线对称，主从有序，中央殿堂，四隅崇楼"的特点，突出古朴凝重的格调，再现传统文化与现代功能融为一体的设计理念；新疆人民会堂（1985年）建筑主体四角高耸的塔楼及立面连续的尖拱构架富有地方特色，体现新疆各民族的交融；西藏博物馆（1999年）秉承"外观传统、内部现代"的理念，整体与世界文化遗产地布达拉宫－罗布林卡和谐一致。同期四川自贡恐龙博物馆（1986年）、宁夏展览馆（1987年）、陕西西安钟楼饭店（1980年）、云南美术馆（1984年）、四川建川博物馆聚落（1990—2000年）、广西人民会堂（1996年）等（图3），都是探索文化多元化表达的优秀作品。

二是探索建筑的地域性表达，在中国建筑史上占据重要地位。抗战内迁带来西部地区城市建设无论在类型、规模还是数量上都有了极大增加，高水平人才引入带来建筑活动和创作思想的活跃，现代建筑思想得以广泛实践与运用。这个时期建筑活动的特点是"多元化探索

图 3　现代时期（1949—2000 年）的西部地区建筑创作积极探索中国文化的多元化表达

❶ 尤其是建筑师贝聿铭，以其深厚的中国文化修养和专业功力，将中国古典园林建筑的布局和韵味与现代建筑的几何形体巧妙融合，设计了北京香山饭店，对中国建筑界有很大影响。在此背景下，20 世纪 80 年代涌现了一批高质量的中国现代建筑作品。

重庆黄山抗战旧址群（1938—1942年）

甘肃敦煌石窟文物保护研究陈列中心（1994年）　　重庆市委办公大楼（1951年）　　　重庆市工人文化宫（1952年）

重庆保卫中国同盟总部旧址（1942—1945年）

图4 西部地区的建筑注重
与自然和文化的关联，体现
历史延续和特定文脉

建筑设计"（图4）。例如官邸建筑领域❶，更注重室外空间和室内装饰
的精细化设计，重庆黄山抗战旧址群（1938—1942年）❷等都是该
类探索的实践。这些官邸建筑造型也往往多元，歌乐山林园1、2号
楼（1939年）采用国外近代小住宅风格，颇具国际范；黄山云岫楼
（1938年）❸及黄山松籁阁（1938年）则倾向本土传统民居特色；
也有中西合璧风格的黄山松厅（1938年）❹，现代建筑风格的宋子文
住宅（1938年）等一大批风格迥异的小住宅，反映当时建筑的多元
化及建设水平。

　　1949年中华人民共和国成立，恢复与发展生产，巩固新政权，

---

❶ 由于国民政府的统治中心移至重庆，大批的政府要员、军阀、买办、地主等
达官贵人也云集陪都，他们修建公馆、别墅等建筑，集中反映了当时的优秀设计思
想，体现了建筑施工、管理、材料等各方面的最高水平，具有极高的代表性与保留
价值。

❷ 重庆黄山抗战旧址群现存有云岫楼、松厅、孔园、草亭、莲青楼、云峰楼、松
籁阁、侍从室、防空洞、炮台山等16处遗址。迄今为止，重庆黄山抗战旧址群，是西
南地区乃至全国对外开放的抗战遗址中保护最完好、规模最大的一处抗战遗址群，同
时也是抗战遗址中最具国际意义的"二战"遗址。

❸ 黄山云岫楼是蒋介石的住宅，其为两楼一底的砖木结构，位于黄山主峰。蒋介
石的卧室在二楼右角，房间宽敞，三面都有大玻璃窗，视野开阔。

❹ 黄山松厅是宋美龄的住宅。松厅在黄山浅谷西北边缘，是一座中西合璧的建筑
物，正房是中国传统式平房，具有民族风格。房前有宽大的走廊，宅后种有大量松树，
前院内花园绿化十分讲究，布置得体。

改善人民生活、建设人民的城市是城市建设的重点❶。该时期建筑师自觉将现代建筑原则与中国国情相结合，以重视基本功能、追求经济效果、创造现代形式为主调❷，留下一批优秀的低多层简洁朴实"方盒子"。重庆市委办公大楼（现重庆市文化遗产研究院）（1951 年），采用偏中心的近十字形平面布局，顺地形层层递升，与周边环境巧妙融合，建筑构图以简单的几何形体多样组合，尽量避免繁复冗余的装饰，立面简洁明快，传统柱网式基础布局，砖混结构，充分考虑了通风与采光，整体外观融入西式建筑风格，歇山顶，苏式扣隼板瓦铺作屋顶，米黄色墙面，无花饰矩形窗户；重庆市工人文化宫（1952 年），也是这一时期的典型民生项目代表，建筑形象简洁，钢筋混凝土结构，通过柱廊、回廊等造型，表体抹灰，局部装饰脚或纹样。甘肃敦煌石窟文物保护研究陈列中心（1994 年），从与所处环境的关系出发，采用地景建筑进行地域性表达，强调自身与自然、文化的关系，体现历史延续性和特定地区文脉。

　　三是结合实际情况，因地制宜，探索适宜技术，丰富中国建筑技术体系。21 世纪初的西部地区经济不发达，建造往往结合所在地的地理、气候，就地取材，多元的环境带来丰富的技术体系，例如具有本土特色的竹木、砖石结构体系的贵州茅台酒酿酒工业遗产群（1900—1920 年）；抗战时期工厂内迁带来工业建筑的极大发展❸，重庆抗战兵器工业旧址群（1937—1942 年）大多为砖木结构单层

❶ 1950 年 3 月，中共重庆市委明确了重庆市在此后一段时期的工作方针是"面向生产，恢复与发展生产，把消费的城市变为生产的城市，建设成一个人民的、生产的新重庆"。

❷ 中华人民共和国成立之初的建设环境，为延续现代建筑提供了机会：亟待建设涉及人民生活的建筑，但财力、物力有限，而经济和简洁等现代建筑原则，天然地符合这类需求。

❸ 抗战前，重庆工业规模小，生产能力低，抗战爆发以后迁渝的工厂，大多在两江沿岸和川黔公路沿线征地建厂。1862 年由李鸿章创建的金陵兵工厂，1937 年 9 月搬迁到江北的陈家馆；张之洞创建的汉阳兵工厂及湖北铁厂分别迁到长江边的鹅公岩及大渡口；1938 年由广东入川的第二兵工厂在长江峡口对岸的唐家沱建厂；由河南迁来的豫丰纱厂在嘉陵江边的土湾建厂；由汉口迁来的裕华纱厂在长江边的翘角沱建厂。这些内迁企业门类齐全、种类较多，大多具有较高的生产水平和规模，这些厂的内迁逐步形成了重庆工业的骨架，使重庆成为当时全国最大的工商业城市，也为重庆以后的工业发展打下了坚实的基础。现在重庆的几个大型厂如嘉陵、建设、长安、望江、重钢、重棉等都是从此发展起来的。

厂房，采用竹、木、石、土等地方材料，由厂家自己设计与施工完成，其特点是施工快、造价低、就地取材；贵州天门河水电厂旧址（1939—1945 年），为了防空袭和解决发电落差，利用溶洞设置电站机房，糯米、黄豆为石材黏合材料。

由于时值抗战，经济发展受到极大影响，也要求建筑设计适应当地的文化、环境与气候，这个时期的建筑显著特点是吸取当地传统建筑经验，注重采用当地材料及当地施工技术建设新的功能建筑。建筑造型简朴醇厚，多半是砖木或混合结构，但却体现了现代主义设计思想，例如八路军重庆办事处旧址（1939 年）。

1958—1976 年，建筑技术的革新与社会主义建筑新风格探索是主题。建筑结构的开发与挖掘主要为四方面：一是标准化与装配化；二是薄壳结构；三是悬索结构；四是构筑物的新结构。该时期大多数建筑师面临项目缺资金、缺指标、缺材料、低标准的问题，节省资金、节省材料、节省面积，使当代建筑设计师养成了精打细算、量入为出的作风。例如陕西西安报话大楼（1963 年），造型与功能结合，立面处理平稳简洁，室外无纹样装饰，仅通过局部略加线脚装饰。通过线脚的有机分割，片墙竖向拉伸视觉高度，钟塔四面镶钟，上部五个小孔利于通风，同时也创造神秘光线效果；新疆维吾尔自治区在水泥、钢材等建筑材料严重不足的情况下，建筑师、结构师们创新研发出就地取材且综合造价低的拱式结构住宅，并加以推广。各种不同跨度和类型的薄壳结构被广泛应用于食堂、礼堂、仓库、影剧院和车间等项目的设计中。此阶段建设基本为服务工业、交通类建（构）筑物，例如，重庆白沙沱长江铁路大桥（1959 年）❶ 也说明功能和经济是建筑不可忽视的重要因素。

---

❶ 重庆白沙沱长江铁路大桥位于大渡口区跳磴镇南端长江之上。该桥是中华人民共和国历史上仅次于武汉长江大桥的跨江桥，是川黔铁路线上首座长江大桥。1953 年选址，1955 年 9 月 10 日正式开工，1959 年 12 月 10 日建成通车。大桥跨江主桥长 802.2 米，两岸引桥和环上桥路（环线）有 4.5 公里之长。

（三）展示经济发展、文化交融的社会价值

建筑的社会价值主要体现在其对公众利益的综合贡献 ❶，其主要体现在从经济上如何能更好地支撑城市运行，链接社会、促进民族交融。20 世纪建筑遗产的社会价值体现在其对城市发展的影响上。它不仅关乎建筑本身的功能和美学价值，还涉及其对社会、经济、文化等多方面的影响和贡献 ❷。西部地区 20 世纪建筑遗产的社会价值的呈现主要如下：

一是体现社会经济发展的历程。社会发展首先是经济的发展，开埠后西部地区社会基础设施得到发展，云南个旧鸡街火车站（1918 年）等记录了交通发展；云南石龙坝水电站（1912 年）等记录了市政发展；在文教方面注重精英培养，开办、升级了一批学校，例如四川大学早期建筑群（1910—1950 年），重庆大学近代建筑群（1930 年），广西医学院建筑群（1936 年），云南大学建筑群（1920 年）；洋务运动以来 ❸民族工业的发展成为社会共识。民国初期，金融建筑发展较快，新建了重庆交通银行旧址（1935 年），涌现出了陕西长安大华纺织厂原址（1935 年）、云南水泥厂立窑（1930 年）等一批民族工业。

1949 年 10 月 1 日中华人民共和国成立，恢复与发展生产，巩固新政权，改善人民生活、建设人民的城市是城市建设重点 ❹。首先医治

---

❶ 建筑对公众利益的综合贡献，包括特定的使用功能、绿色生态、环保、节能节地、安全可靠、抗灾防灾、自然和人文的空间环境、历史文化生态、文化遗产保护利用、优秀传统的继承发展、经济效益、信仰理想、景观、工程技艺以及可持续发展和辐射力等方面。这些价值要素不仅涉及社会生活的方方面面，而且涵盖了物质和精神需求的多个层面。

❷ 建筑的社会价值可以归纳为三个核心要素：好效能、高效益和美好效应。好效能指的是建筑特定的使用功能及其衍生和潜在的有益作用；高效益则是指社会效益、环境效益及经济效益合成的综合效益；美好效应则是在物质和理性基础上，主客观统一的精神感受和影响力，它是大众在享受好效能、高效益的基础上，对建筑环境空间、形态形式、肌理质感的综合感受，并反作用于效能、效益。

❸ 清朝后期资本主义的产生和民族危机的加深，19 世纪 60 年代，清朝统治阶级内部出现了洋务派。从 19 世纪 60 年代到 90 年代，他们掀起了一场"师夷长技以自强"的洋务运动。洋务运动没有使中国走上富强的道路，但在客观上刺激了中国资本主义的发展，促进了中国近代化的历程。

❹ 1950 年 3 月，中共重庆市委明确了重庆市在此后一段时期的工作方针是"面向生产，恢复与发展生产，把消费的城市变为生产的城市，建设成一个人民的、生产的新重庆"。

战争创伤，进行了一系列的市政、交通、补全居住配套等改善民生的行动；其次建立国营企业；最后是恢复工业生产，新建、改扩建等工作随即展开。同时政府在以有限的投资建设尽可能多的居民住宅及配套项目，改善城市市民和贫民阶层的居住条件。此间多为文教、居住等关系民生的建筑类型，以及为解决各行各业办公需求的办公建筑。

工业发展注重均衡布局，西安工业建筑群（1950—1960年）、四川成都量具刃具厂（1950年）、内蒙古包头钢铁公司建筑群（1950年）等重工业项目上马，交通建设加快，建成重庆成渝铁路（1952年）、重庆白沙沱长江铁路大桥（1960年）等；市政发展有四川化工厂（1956年）、甘肃兰州自来水公司第一水厂（1955年）、云南开远发电厂旧址（1955年）；同时大力进行文教发展，关心广大劳苦大众的文化水平，提升劳动者文化素质。系统布局，整合和新开办了一批大学，教育资源孱弱的西部地区得到很大的发展，在文教发展方面有甘肃西北民族学院历史建筑（1950年）、陕西西安交通大学主楼群（1950年）、重庆四川美术学院历史建筑群（1950年）、云南昆明理工大学（莲华校区）历史建筑群（1950年）、内蒙古大学建筑群（1957年）、新疆大学历史建筑群（1960年）、甘肃兰州大学历史建筑群（1962年）等（图5）。

服务民生的公共建筑也及时得到建设，例如办公类有重庆市委办公大楼（现重庆市文化遗产研究院）（1950年）、中国建筑西南设计研究院有限公司旧办公楼（1957年）、陕西省人民政府办公楼（1959年）等；文娱类有重庆工人文化宫（1951年）、新疆乌鲁木

图5 西部地区的20世纪建筑遗产记录了不同历史时期社会经济、文化的发展特征

中国建筑西南设计研究院有限公司旧办公楼（1957年）

云南开远发电厂旧址（1955年）

甘肃兰州大学历史建筑群（1962年）
重庆白沙沱长江铁路大桥（1959年）

云南个旧鸡街火车站（1918年）

陕西长安大华纺织厂原址（1935年）

重庆大学近代建筑群（1930年）

齐人民电影院（1950 年）、云南艺术剧院（1951 年）、重庆人民大
礼堂（1954 年）等；体育类有重庆市体育馆（1955 年）；博览类有
广西经济文化展览馆（1957 年）、内蒙古自治区博物馆（1957 年）；
医疗类有贵州遵义第一人民医院信息科办公楼（1956 年）；邮政类
有陕西西安钟楼邮局（1958 年）、陕西西安报话大楼（1963 年）；
旅馆类有云南昆明饭店历史建筑（1958 年）、广西桂林榕湖饭店庭
院式宾馆（1953 年）、新疆昆仑宾馆 8 中楼（1959 年）等民生项目。

　　二是体现社会文化交融的社会价值。人类文明的进步，始终伴随
着交往、交流与交融。通过文明互鉴搭起的桥梁，正是当今世界构建
人类命运共同体不可或缺的重要基石和纽带。中华传统文化在几千年
的历史进程中，常以兼容并蓄之胸怀，吸取他方文化之精华，不断丰
富自身的文化体系。多民族是西部的一个突出特点，良好的民族交往
交流交融是社会发展和稳定的必要前提，也是中华民族形成、发展和
繁荣的内在动力。各民族在交往交流交融中构筑起的共同体理念，是
中华民族共同应对时代风险挑战的精神支柱。西部地区的多元传统文
化与中华传统文化之间是子与母、个性与共性的关系。这种不可分割
的血脉联系以及具有包容性的文化特性对建筑所产生的深远影响，反
映了西部地区人民崇尚、认同以及乐于主动吸纳优秀文化的包容、开
放心态。

　　内蒙古呼和浩特清真大寺（1693 年）就是中国近代建筑受西
洋建筑文化影响的实物见证和载体，是中国传统建筑与伊斯兰教建
筑文化融合的典范。云南大理天主教堂（1927 年）采用白族建筑形
式，有中西结合的特点和深厚的宗教文化内涵❶。西藏罗布林卡新宫
（1922—1959 年，民居 – 第五批）、内蒙古呼和浩特天主教堂（中
西合璧 – 第九批），这些西部的 20 世纪建筑遗产，也展示了我国各

---

❶ 云南大理天主教堂由教堂、生活区、学校三部分组成。教堂主体建筑坐东朝
西，建筑木构架为抬梁与穿斗相结合的木构体系，与白族民居两面有廊的过厅式建筑
很相似，无楼面。堂内按巴西利卡形制布局，用立柱将南北向分为三个空间，中厅设
座椅，前设圣坛，圣坛上设祭台，祀圣母像。大门内有柱廊、过厅。教堂高 16 米左
右，底层至钟楼共有 4 层，东西长 34 米左右，宽 15 米左右，教堂坐东朝西，层层飞
檐上装饰着白族风格的雕刻和中国传统的彩绘，飞檐超出地基达 4.5 米。室内面积 600
平方米，可容纳 500 多人。教堂为白族庙宇式，堂内的祭台采用当地盛产的大理石制
成，教堂里里外外雕梁画栋，具有浓厚的白族建筑风格。

民族更加广泛的跨区域流动、融居的特点。

（四）本体特色鲜明，外来融会相合的文化价值

建筑的文化价值体现在多个方面，它不仅是人类从事建造活动创造的物质和精神财富的总和，还凝聚着人类对于社会习俗、意识形态、伦理道德和技术水平的整体认知。建筑遗产的文化价值主要包括传统文化传承、对外来文化的融合与再生、本土文化多样化的体现。

西部地区的 20 世纪建筑遗产，其多元的人文历史与特色自然环境构成独特的城市文脉和浓郁的地域文化，不同地区和民族的建筑风格和构筑方式反映了不同的文化背景和价值观，从建筑的选址、布局、形制、用材等各方面体现了文化的传承和融合❶。西部文化的独特性在于，一是西部地区历来是多民族聚居地区，从建筑风格来看，有的集中体现了某一民族文化的特点，有的则反映出各民族文化相互交融的多元文化特征。二是在外来文化输入过程中，有的建筑反映了外来文化的直接影响，有的则体现出本土文化与外来文化相互影响下的融合。三是宗教建筑风格体现了多种宗教文化的影响。西部地区历来是多民族聚居和多种宗教并存的地区，西部地区宗教建筑反映出多种宗教文化在西部地区传播和并存的特点。四是清代统一西部地区后，西部各省快速发展的会馆文化，为西部多元的传统建筑文化注入了新鲜血液，成为连接西部与中原地区的精神纽带。

新疆于田艾提卡清真寺（1920 年）为典型砖木结构的维吾尔族建筑，由大殿、南门、北门、净身房组成。北门门塔大门上建有宣礼塔、望月楼。布局简洁，建筑装饰体现了维吾尔族传统建筑艺术特点，对研究和田地区古建筑文化具有重要价值；内蒙古成吉思汗陵（1955 年）主体是由三个蒙古包式的宫殿一字排开构成。金黄色的琉璃瓦圆顶上部有用蓝色琉璃瓦砌成的云头花，是蒙古族所崇尚的颜色和图案，东西两殿为不等边八角形单檐蒙古包式穹庐顶，亦覆以黄色琉璃瓦，整个陵园的造型犹如展翅欲飞的雄鹰，极显蒙古

---

❶ 与世界其他多民族国家相对松散的民族关系不同，中国的众多民族通过强大的向心力凝聚在一起，形成了具有共同体意识的多元统一体——中华民族。中华民族多元一体的特质在多民族聚居的西部地区体现得尤为突出。

甘肃临夏东公馆与蝴蝶楼（1938—1947年）

新疆于田艾提卡清真寺（1920年）

内蒙古成吉思汗陵（1955年）

新疆伊宁市六星街（1930—1950年）

云南石屏第一中学（1923年）

图 6　西部地区的多民族交流与交融，体现在丰富多彩、个性鲜明的建筑上

族独特的艺术风格。陕西青木川魏氏庄园（1927—1934 年）、被誉为汉文化活化石的云南石屏第一中学（1923 年）、云南石屏会馆（1921 年）、中西合璧的民国大院贵州戴蕴珊别墅（1925 年）、甘肃临夏东公馆与蝴蝶楼（1938—1947 年）都是自身特有文化的代表（图 6）。

　　西部地区本土文化在对外来文化有取舍地吸纳和本土化的过程中，并不排斥前期文化，新文化中总包含着旧文化的因子，既继承又有所创新，强大的文化融合功能正是西部本土文化得以延绵不绝的内在动力。例如，新疆伊宁市六星街（1930—1950 年），其以独特的六角形街巷而闻名，见证了外来文化和本地文化结合的奇特的文化共生现象。街区现居住汉族、哈萨克族、维吾尔族等多民族居民，各种本土及异域风情的建筑❶，多民族共聚、共生，也产生了共融。广西北海近代建筑群（1890—1910 年）、内蒙古蒙古国驻呼和浩特总领事馆旧址（1955 年）也都是西部地区文化交融的代表。

---

　　❶ 现在的街区名并不叫六星街，而是由黎光街、工人街、赛依拉木街三条街从中心点分散出去成为六条主街道。在每一条主街道上又分成若干小街道，如黎光街一巷、二巷，直到七巷。各式民族庭院和民居，沿着放射性的街道在环形扩散模式下依次布置，井然有序。有欧式风格的尖顶小阁楼，也有浓郁伊斯兰风格的半弓形窗棂，还有俄罗斯铁皮尖顶木屋门廊，还有维吾尔族风格木雕、石雕浮板及各式铁艺门廊等。这里似是城市中的一处展览中心，展示着各类浓缩的特色街景建筑以及民俗文化生活场。

三、结语

"中国 20 世纪建筑遗产"中的西部地区项目，从一个侧面反映了中国建筑百年来的发展，反映了从被迫接受到主动创新的历程。研究 20 世纪建筑遗产的意义不仅在于知晓历史，更在于指导现在和未来，是为了重新审视它们在建筑遗产传播进程中所体现出的创新性和探索性，寻找其入选意义，才是回顾与分析的最终目的。不同阶段、功能丰富的建筑范例成为时间与历史的见证。其强烈的地域个性，不仅在承袭过去，更是在引领未来。

参考文献

[1] 中国文物学会 20 世纪建筑遗产委员会 . 20 世纪建筑遗产导读 [M]. 北京：五洲传播出版社，2023.

[2] 单霁翔 . 20 世纪遗产保护 [M]. 天津：天津大学出版社，2015.

[3] 邹德侬，张向炜，戴路 . 20 世纪 50—80 年代中国建筑的现代性探索 [J]. 时代建筑，2007（5）.

[4] 支文军 . 构想我们的现代性：20 世纪中国现代建筑历史研究的诸视角 [J]. 时代建筑，2015（5）.

[5] 金磊 . "20 世纪事件建筑" 应广泛认知 [J]. 建筑与文化，2017（12）.

[6] 金磊 . 20 世纪遗产乃中国百年建筑学脉 [J]. 城市住宅，2018，25（9）.

湖南 20 世纪建筑遗产的时代特征

柳　肃

湖南的 20 世纪建筑遗产数量众多，类型丰富，大体上可以分为如下五种类型：中国传统建筑类、西洋古典建筑类、民族形式类、早期现代建筑类、工农业生产和交通设施类。各种类型的建筑遗产都有其特殊的历史背景，分别代表着某种时代特定的历史文化特征。本文从几个不同历史时代的文化背景来分析各种建筑遗产的类型特征。

柳肃，1956 年 6 月生，博士，毕业于日本鹿儿岛大学工学部建筑学科。湖南大学建筑与规划学院教授，中国科学技术史学会建筑史专业委员会主任委员，国家文物局古建筑专家委员会委员。出版学术专著和教材 29 部，发表学术论文 200 多篇。承担过 40 多项重点文物建筑修复设计。担任过中央电视台《百家讲坛》古建筑栏目主讲人。

一、历史传统的延续

中国传统社会延续数千年，文化传统的力量强大，生命力顽强。在建筑上也有明显的体现，进入 20 世纪以后，传统建筑的文化特征仍然还在延续。湖南的 20 世纪建筑遗产中，有一类就是中国传统建筑类。这一类建筑遗产就是这个时代文化背景的产物。

20 世纪初期，在很多地方，尤其是广大农村和比较偏远的地区，建筑业仍然延续着传统的建造方式。建筑的造型风格采用的是传统式样，建造的工艺技术和材料技术仍然是传统的方法，总之建造的房屋基本上仍然是古代传统建筑的延续。这一类建筑被选入 20 世纪建筑遗产，不是因为建筑物本身代表这个时代的特征，往往是因为这些建筑物和某个重要的历史人物或者重大的历史事件相关，以其重要的历史价值入选 20 世纪建筑遗产。例如长沙的"新民学会旧址"和衡阳的"湘南学联旧址"就属于这一类。

新民学会旧址建于 1918 年，本来是长沙市郊区的一栋普通的农民住宅，完全就是传统民居的一般式样（图 1）。它并不能代表 20 世纪初期先进的或者特殊风格的建筑，完全是因为 20 世纪初，青年毛泽东、蔡和森等人在这里从事革命活动，并在这里组织了早期的革命

图 1　长沙新民学会旧址

组织新民学会，于是这里成了一座有历史纪念意义的建筑，入选了
20 世纪建筑遗产。

衡阳的湘南学联旧址，始建于 1902 年，其建筑式样是一座传统
四合院民居，也是因为早年夏明翰、毛泽东等人在这里从事革命活
动，具有重要的历史纪念意义，而被列入了 20 世纪建筑遗产。

二、西洋文化的传入

1840 年鸦片战争后西洋文化传入中国，尤其是 19 世纪后半期
洋务运动以后，中国逐渐对外开放，西洋文化大规模传播，西洋建筑
作为一种文化也随之在中国大量流行。到 20 世纪初，正是西洋建筑
文化在中国大规模传播的时期。特别是辛亥革命推翻清王朝以后，进
入新的时代，各种新事物和新的建筑类型更是成批地出现。工厂、车
站、学校、医院、银行、商场等，各种过去没有过的新的建筑类型大
量出现，取代了数千年以来的传统生产和生活方式。这确实是一个新
时代，这些建筑也确确实实是新时代的建筑。

湖南在近代前期思想保守，自我封闭，拒绝接受外来文化，长
沙那时被称为"铁门之城"。后来思想改变了，1904 年长沙主动开
埠，对外开放。近代工商业和外来文化大量涌入，工矿、铁路、洋

行、银行、教会、学校、医院成批地出现。在湖南的 20 世纪建筑遗产中，这一类建筑也是数量最多的类型之一：岳州海关大楼、岳阳教会学校、湖南省立第一师范学校、湖南大学早期建筑群中的部分建筑、树德山庄（唐生智公馆）、黄埔军校第二分校旧址、祁阳县重华学堂大礼堂（现祁阳二中重华楼）、长沙国货陈列馆等。这些只是已经入选 20 世纪建筑遗产名录的，没有入选的更是数量巨大。自 1904 年长沙开埠，湖南正式对外开放以后，在近半个世纪的时间内，西洋式建筑基本成了这一个时代的潮流。西洋式建筑的流行不仅仅是当时一些新的经济行业和社会实用的需要，例如医院、学校、工厂、车站、银行、商场等社会性公共建筑，即使在纯个人兴趣爱好的居住建筑领域，也出现了西洋化的趋势。这一时期上流社会的公馆住宅，几乎都是清一色的西洋式风格。不仅长沙的名人公馆都是西洋式建筑，即使远在东安县的唐生智公馆（已被列入 20 世纪建筑遗产）也都建成了西洋式建筑（图 2）。

　　这时代西洋式建筑的流行，还有一个原因是建筑学科本身的发展。因为中国古代是有建筑而没有建筑学科，是师傅带徒弟做建筑，没有正规的建筑学教育。建筑学科是随着西洋文化传入而传入的，中国的建筑学科也是一批早年在国外学习建筑学的年轻人留学回国后建立起来的，最早是 1923 年从日本留学回国的柳士英在苏州工业专门学校创办的苏州工专建筑科。随后一批从欧美留学回国的建

图 2　唐生智公馆

图 3　湖南第一师范学院（左）
图 4　湖南大学科学馆（今校办公楼）北立面（右）

筑学人在各个学校创办了中国早期的一批建筑学专业。因为最早的建筑学科就是学的西洋建筑，所以在中国那个时代所做的正规的建筑设计当然也就都是西洋建筑了。这也是这一时代特殊的历史背景。

　　在湖南的 20 世纪建筑遗产中，西洋建筑这一类要么就是直接学习国外的，甚至是从国外直接借用的设计图；要么就是中国建筑师学习西洋建筑而作的设计。例如毛泽东早年就学的湖南省立第一师范学校（后改为湖南第一师范学院），就是一组完全的西洋式建筑，是仿照日本一所青山学校的式样建造的（图 3）；湖南大学早期建筑群中的科学馆，就是日本留学回国的蔡泽奉先生设计的，他的设计风格就是完全的西洋古典主义（图 4）；长沙的国货陈列馆是 20 世纪 30 年代，湖南最大的一座商业建筑也是完全的罗马式建筑（图 5）。

图 5　1935 年长沙国货陈列馆（赵元任摄影）

三、民族复兴的精神

　　湖南的 20 世纪建筑遗产中有一类是民族形式类，即以中国传统的宫殿式大屋顶为主要造型和风格特征。总的来说，这类民族形式的建筑是在外来文化流行的时代中国民族文化复兴的产物。清朝灭亡以后，西洋建筑和西洋文化作为一种新文化在中国大地上广为流行，中国传统文化呈现没落之势。部分知识界人士呼吁复兴民族文化，包括当时的政府上层也有意提倡，例如南京国民政府制定《首都计划》之初就明确提出，在国家重要建筑上必须采用"中国固有之形式"。以南京中山陵为代表的一批重要建筑都采用了"民族形式"的建筑风格。接着1929 年制定的大上海中心区规划，又再一次提倡民族形式。在今天的江湾五角场当时建起了上海市政府办公大楼和上海市图书馆、上海市博物馆等一些重要的公共建筑，都是中国宫殿式大屋顶建筑。

由于知识界和政府的提倡和推动，中国民族形式建筑也成为 20 世纪上半叶中国流行的重要建筑思潮之一。甚至当时一些在中国从事建筑设计的外国建筑师也在很大程度上迎合中国的这一思潮，他们纷纷设计中国宫殿式建筑。例如湖南的湘雅医院和雅礼中学、南京的金陵大学和金陵女子大学、北京的燕京大学、成都的华西医院等都是外国人设计的中国式建筑。

1949 年中华人民共和国成立，民族复兴的热情再一次高涨。20世纪 50 年代初建筑界提倡的口号就是"民族形式加社会主义内容"，使得全国范围内掀起了一场建造民族形式建筑的高潮。以北京的人民英雄纪念碑、四部一会办公楼、友谊宾馆，重庆市人民大礼堂等为代表的一大批中国民族形式的大型公共建筑出现在全国各地。50 年代中期来了一场反浪费运动，批判并停止了建造民族形式的建筑，毕竟建造宫殿式大屋顶还是比较浪费的。然而到 50 年代末，1959 年是国庆 10 周年大庆，北京建造人民大会堂、北京火车站等建筑（后被评为"北京十大建筑"）纪念国庆，再一次掀起了民族形式建筑的高潮。

以上所述是民族复兴精神影响下所出现民族形式建筑的三种情况，或者说三种不同背景：中国知识界和民国政府的提倡；外国建筑师迎合中国人文化精神的需要；中华人民共和国成立后民族复兴热情的高涨。这三种情况在湖南入选的 20 世纪建筑文化遗产中都有体现。

湘雅医院大楼是 1915 年由美国著名建筑师墨菲设计的（图6），模仿中国

图 6　湘雅医院

图 7　衡山忠烈祠

宫殿式大屋顶，成了他后来设计的一大特点。他后来长期在中国从事建筑设计，包括金陵大学、金陵女子大学、燕京大学以及后来到南京做国民政府《首都计划》的顾问，所有设计作品都是中国的宫殿式大屋顶。南岳衡山的忠烈祠是国民政府为纪念抗日阵亡将士而建造的一组大型纪念建筑（图 7），纪念为国捐躯的民族英雄，当然就要用民族形式的建筑，也正符合当时国民政府所提倡的"中国固有之形式"建筑思想。"湖南大学早期建筑群"里的大礼堂（图 8）和老图书馆，以及湖南省粮食局办公楼（图 9）都是 20 世纪 50 年代初提倡"民

图 8　湖南大学大礼堂（左）
图 9　湖南省粮食局办公楼
（右）

族形式加社会主义内容"时期的作品。这类作品在大开发建设的年代被拆掉了一些，现存的已经不多了，所以极其珍贵。

四、现代主义的建筑时代

这里所说的现代主义建筑时代，实际上分为两个阶段，也是两种类型：一种是指建筑风格流派意义上的"现代主义"；一种是指纯粹时间上的现代。实际上早在 20 世纪 30 年代就已经有西方早期的现代主义建筑思潮和流派传进了中国，只是数量不多，绝大多数中国人都不知道这一情况。早期现代主义建筑传入数量不多的原因主要还是战争。30 年代外国的早期现代主义刚传进中国不太久就爆发了抗日战争，发展的进程被打断了。抗战中几乎就没有做什么大的建设，更谈不上有什么思潮流派的建筑。抗战胜利后，紧接着又是解放战争，所以西方早期现代主义建筑思潮和流派在中国传播的链条就断裂了。

1949 年中华人民共和国成立以后，又由于种种国际政治的原因，致使中华人民共和国和整个西方基本上断绝了来往，西方的建筑思潮基本不可能进入中国。这一时代除了不长的一段时间中学习苏联以外，其他的时间段就基本上不存在所谓风格流派的现代主义艺术了，只是按照简单的现代方式来建造普通的建筑了，即纯粹时间上的现代，而不是建筑学理论上所说的"现代主义"思潮和流派了。直到改革开放，中国恢复了与西方世界的交往，西方现代主义建筑流派才再一次传入中国。

1949 年中华人民共和国成立以后的现代建筑时期中，有一个比较特殊的阶段，即"文革"时期。这一时期的建筑有一个共同的特点，即具有革命的形象，所谓革命形象即采用某些代表性的政治符号，例如太阳、葵花、火炬、党旗等，来表达一定的政治意义。这种具有革命形象的建筑是那一个时代的特征，也只有那个时代才有。

在湖南入选 20 世纪建筑遗产的作品中，民国时期的早期现代主义思潮流派的和 1949 年以后新时代的现代建筑，以及革命年代的建

图 10　湖南大学工程馆（左）
图 11　长沙火车站（右）

筑等这几种类型都有。例如湖南大学早期建筑群中的工程馆，就属于早期现代主义思潮流派的作品之一（图 10）。设计者柳士英先生本来就那个年代少有的现代主义建筑师，他在湖南大学校园内留下的众多作品，大部分都是这种现代主义风格的造型。长沙中苏友好馆和湖南宾馆主楼，都是 50 年代的现代建筑。这类建筑谈不上严格意义上的现代主义思潮流派，但却是比较简单的现代建筑造型，代表了那个时代的特征。湖南宾馆大楼建造于 1959 年，9 层楼，带电梯，曾经保持着长沙市层数最高纪录 27 年，直到改革开放以后才有建筑超过了它的高度。建于 1977 年的长沙火车站，是革命年代建筑的典型代表。1977 年虽然"文革"已经结束，但是它的设计是在 1975 年的"文革"之中。作为毛主席家乡的火车站，当时设计建成为全国第二大（北京火车站第一大）火车站。车站建筑本身设计得非常好，功能布局合理，人行流线简单明了，建筑各部分比例适当，造型美观，特别是中央塔楼突出的火炬造型，代表了那个革命年代的典型特征（图 11）。我认为这是一座代表时代特征的不可多得的优秀作品，最早提出将它列为文物，并获得批准。当它被批准列为文物的时候，建成还不到 40 年，这可能是当时中国最年轻的一座文物建筑。而且这座车站仍然还在正常使用中，这也从另一个方面纠正了人们常有的错误观念，用事实说明列为文物保护的建筑并不影响它的正常使用。

五、工农业建设高潮中的建筑遗产

在中华人民共和国的历史上，有过几次建设高潮。虽然中间有过一些政治运动的波折，但是建设的高潮还是不断的，尤其是工农业生产这类关系国计民生的领域，常有大规模的建设工程项目。工农业生产无疑是中华人民共和国建设中最重要的内容之一，在这些建设中也产生了不少值得纪念的、具有保存价值的建筑遗产。由于过去在文物和建筑遗产的保护方面较少关注这类与工农业生产相关的建筑，于是这类建筑在过去被列入保护的较少。最近这些年来在这方面加强了关注，于是列入文物和文化遗产的工农业生产类的建筑相对多起来，但是总的数量比别的类型的建筑还是少多了。

湖南的 20 世纪建筑遗产中，在最近这些年列入了一些重要的工农业生产和交通设施建设的项目。

韶山灌区是 20 世纪中期湖南中部地区建造的一项大型水利综合工程。主要功能是农业灌溉，但是包含有工业供水、发电、航运等其他用途（图 12）。面积覆盖了湖南中部的湘乡、湘潭、宁乡三个县 2500 多平方公里范围，使 100 多万亩良田受益。工程于 1966 年建成，沿用至今已经近 60 年，灌区工程各种设施依然完好，正常使用，仍然在发挥着重要的作用，使这一范围内的农田至今少受旱涝灾害。确实是一项了不起的水利工程。

长沙湘江大桥建成于 1972 年，全长 1250 米，为一座大型钢筋混凝土双曲拱桥，是长沙市横跨湘江的第一座大桥（图 13）。工程难度大，建筑质量好，建成至今已 50 多年，一直正常使用，是那个年代交通设施建设的典范工程。

湖南省内的 20 世纪建筑遗产涵盖了公共建筑、民用建筑、纪念建筑、工农业生产以及交通类建筑等各种类型。在时间上，跨越了大半个世纪中不同的历史时代。在建筑风格式样上都具有那一个时代的典型特征，确实是一批宝贵的、值得永久保存的建筑遗产。

图 12 韶山灌区洙津渡渡槽（柳司航摄影）

图 13 1972 年 9 月 30 日长沙湘江大桥通车

东北地区 20 世纪建筑遗产示例

杨 宇

19 世纪至 20 世纪，伴随着沙俄与日本先后在东北进行的漫长殖民侵略，客观上开启了东北近代都市化的先河。至今，各国建筑师在东北所遗留的建筑遗产成为东北地区 20 世纪建筑遗产的重要组成部分。如哈尔滨，一个有"东方莫斯科"之称的城市，教堂、寺庙并立，建筑的艺术风格交相辉映，在我国 20 世纪经典建筑中独树一帜。20 世纪初期，在长春陆续出现了具有现代主义早期风格特征的建筑。在其历史进程中，长春成为中国 20 世纪 30 年代城市化建设最快，乃至全亚洲现代化水平最高的都市之一，而这种现代规划的思想基于理性分析和技术手段，其空间格局、街区肌理、路网结构、绿地系统、基础设施及城市景观轴线等，都奠定了长春市中心城区的基本骨架。现存历史街区及建筑遗存是 20 世纪初世界"首都城市"规划的早期实践和成功探索。中华人民共和国成立以后，长春涌现的长春第一汽车制造厂和发展完善的长春电影制片厂等一批工业建筑均成为中华人民共和国建设成功的标志。

杨宇，1980 年生，吉林长春人。中国 20 世纪建筑遗产委员会东北片区总主编。吉林省社科院满铁研究中心特约研究员，吉林省建筑遗产与建筑保护研究会秘书长。研究方向：东北近现代建筑遗产保护利用，历史建筑数字化信息研究，革命旧址与红色旅游保护研究。

沈阳虽是清王朝的奠基之地，是奉系军阀的发迹之地，也是各国列强的觊觎角逐之地。沈阳建筑风格的多元化，直观而鲜明地展现了这座城市所承载的丰富历史内涵，其中华人民共和国不断完善的重工业体系乃至当今活化的工业遗产，都为这座城市的发展注入了新活力。大连及旅顺地区最早由沙俄开埠，后经日本开发，其建筑形式和风格大体上有俄式与日式两种，也吸收了欧洲古典主义元素，大连及旅顺地区现存 20 世纪建筑遗产是国内唯一同时具有俄日建筑风格的集中并存地，也体现出此地建筑发展的痕迹。

一、新中国汽车工业的摇篮——长春第一汽车制造厂早期建筑

　　长春第一汽车制造厂（以下简称"一汽"）是中国第一个大型汽车生产基地，一汽是国家"一五"计划重点建设项目之一，1953 年奠基，1956 年建成投产并制造出第一辆解放牌卡车，1958 年制造出新中国第一辆东风牌小轿车和第一辆红旗牌高级轿车。被誉为"新中国汽车工业的摇篮"。一汽的建成，开创了新中国汽车工业的光辉历史。

　　一汽早期建筑除全国重点文物保护单位 2 处 110 栋外，另有市级文物保护单位 15 栋、历史建筑 2 栋、历史街巷 8 条（图 1）。一汽历史文化街区采用当时苏联轴线的布局方式，厂区车间按照工艺流程进行对称布置，规模宏伟。

图 1　一汽厂区鸟瞰图

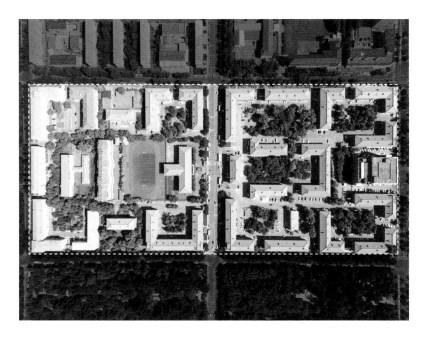

图 2　一汽住区卫星位图

厂区内建筑多为矩形平面，清水红砖墙。厂房为框架结构、轻钢屋架，立面简洁，开高窗，中式风格突出，并附有俄式建筑构件和符号。居住区所有建筑均为砖瓦混合结构，三层或四层，清水红砖墙、木屋架、坡屋顶、翘檐斗拱出椽，瓦屋面，红砖绿檐灰瓦相映，建筑多开小窗，厨卫等房间多配以八角形窗，阳台、门口等细部统一装饰形式与构件，窗套上也有回纹装饰，格协调一致，建筑质量较高，体现出浓郁的传统民族特色。区域内的重要文物建筑有：位于锦程大街 15 号 66 栋楼的江泽民旧居，位于迎春南路 29—1 号 32 栋的李岚清旧居。区域内建筑从建成至今，一直作为厂房或是民居，用途始终未发生过变化，现保存完好（图 2）。

一汽是中国汽车工业发展的重要历史见证；是功能环境延续性良好的工业遗产聚集地；它的建立是新中国在努力实现工业化进程中的标志性历史事件；是新中国重大经济建设成就与社会主义时代精神风貌的集中体现；是具有鲜明中国特色的"单位大院"居住空间建设的典范，其居住空间蕴含着集体生活丰富记忆并且延续至今。

二、新中国电影事业的摇篮——长春电影制片厂早期建筑

1938 年春，日本东京 P.C.L（照相化学研究所，1937 年更名为东宝电影制片厂）开始"满映"新厂建设，由增古麟（后任日本宝丽多董事长兼社长）主持设计，新厂整体基本仿照了德国乌发（UFA）电影制片厂的规模、布局和建筑形式。工程于 1937 年 4 月开始，1939 年 11 月竣工，整组建筑包括摄影棚 6 个，录音室 1 座，洗印车间和办公楼各 1 座，还有道具场等附属设施。

1945 年，东北电影公司在"满映"原址成立，1946 年 5 月迁往合江省兴山市（今黑龙江省鹤岗市），同年 10 月改名东北电影制片厂。1948 年 10 月迁回长春现址，1955 年 2 月改名长春电影制片厂。改名后的长春电影制片厂（简称"长影"），在苏联援助下建造了第 7 号摄影棚，面积超过 1200 平方米，加上原来"满映"时期留下的 1-6 号摄影棚，其总建筑面积达到 61433 平方米。在这里诞生了如《刘三姐》《冰山上的来客》《英雄儿女》等一大批优秀的电影作品，国内电影工业的专业人才在长影得以集聚、培养并被输送到国内其他电影厂，因此，长影被誉为"新中国电影的摇篮"（图 3）。

2000 年，长春电影制片厂改制为长影集团有限责任公司。2011年 7 月，长影老厂区改造工程正式启动，至 2013 年改造基本完工；

图 3 长影厂区鸟瞰图

图 4　长影旧址博物馆

2014 年 4 月由第 12 放映室、第 4~6 号摄影棚改造而成的"长影电影院"开始营业；2014 年 8 月，由办公楼、第 1 摄影棚及第 1~3 号摄影棚走廊空间改造而成的"长影旧址博物馆"（图 4）正式对外开放。在一系列改造后，许多原有建筑被拆除，仅剩西北部的核心区域和"小白楼"，现存主要建筑有办公楼 1 座、摄影棚 2 栋（7 间，含录音室）、洗印车间 1 栋、"小白楼"1 座，总建筑面积约为 35000 平方米。

　　1945 年以来，长影作为"新中国电影的摇篮"，在影片拍摄、人才培养等方面为中国电影事业的成长与发展作出了开拓性的贡献，也为长春带来了"电影城"的美誉。

三、草原式风格的代表

"满洲中央银行"俱乐部

　　"满洲中央银行"俱乐部（以下简称"中银俱乐部"）是为银行职员提供休闲、娱乐、聚会的场所。远藤新的设计理念是试图"打算以长城的一小片来建俱乐部"。在这种设计思想指导下，位于岗地上的俱乐部被设计成细长的形式，长达 60 米，宽只有 15 米，实现了建筑外观的横向感和整体性。外墙贴横条面砖，并将外墙的饰面材料大量引入室内通廊和门厅，以体现草原式住宅质朴的风格。中银俱乐部

图5　中银俱乐部

从外观上看，它与罗比住宅有着非常高的相似度。远藤新设计的"满洲中央银行"俱乐部系列作品充分展现了赖特的思想精髓。

中银俱乐部建筑规模虽然不大，但它却是当时长春为数不多的充分考虑周围环境、地理特点，因地制宜来设计的建筑（图5）。它的建成对以后的长春殖民时期官邸建筑的设计产生了深远影响。该建筑地上2层，总建筑面积1960平方米。1934年5月动工，1934年11月竣工。门廊设计成半封闭式，出口为半圆形拱门。利用场地的高差，将入口车道设计得较低，需要通过10级台阶才能到达入口，形成较好的视觉效果，在入口下还建有玻璃花棚。

为了充分利用岗地的地势，以表达其设计思想，远藤新在建筑的南侧设计了一条长达70余米的长廊，春夏之季，长廊上爬满各种植物，从这里可以俯瞰南边的白山公园。东南侧的长廊与建筑共同围合成为一个内向型空间的庭院。利用这个"亲合"空间，远藤新设计了

图6　中银俱乐部室外环境

一个方形游泳池，同建筑室外平台相连接。在中银俱乐部的设计中，远藤新实现了中国传统建筑中的围合空间与赖特有机建筑理论体系的完美结合（图 6~ 图 8 ）。

图 7　中银俱乐部室内空间

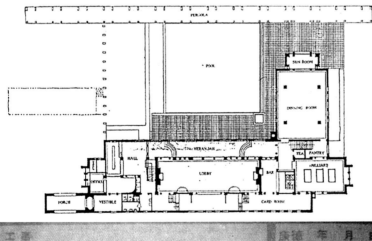

图 8　中银俱乐部设计图与图纸题签

赖特蜀葵之家的长春版本

1915 年，赖特受邀到日本设计前东京帝国饭店，在该建筑的设计中，他尝试使用了中美洲玛雅金字塔的堆叠形式，同时在装饰图案中融入了墨西哥传统艺术的某些特征，此时赖特的设计风格已开始进入"玛雅复兴"时期的风格。

赖特鄙视洛杉矶西班牙殖民复兴建筑中"俗气的西班牙中世纪主义"，转而关注前西班牙时期的建筑。上墙的明显倾斜类似于墨西哥南部帕伦克宫殿的倾斜，浇筑混凝土装饰与赖特所欣赏的玛雅外墙的密集图案有关。

在长春市老净水厂旧址的"一净"车间，蜀葵装饰的安放位置、造型几乎是蜀葵屋的简化版——两条长茎并排直立，花朵相背而开，大小两种水泥块分别代表骨朵与盛开的花，包括立面中央窗户两侧的柱子和装饰带（图 9）。这些元素是赖特蜀葵植物的风格化表现。尽管这组建筑十分渺小，渺小到甚至没有留下建筑师的名字，但却体现了设计者对那个时代前沿思潮的一种回应。

在东京工作期间，有数名日本建筑师协助赖特进行工程监理。后来，赖特收下了三位弟子，还把他们带回美国，在自己创立的乌托邦一般的工作总部塔里埃森学习，远藤新是其中最著名的一个。赖特本人一生从未踏足中国，而他的学生远藤新将草原式风格住宅带到了中国东北。远藤新可以说是赖特有机建筑理念在亚洲最忠实的实践者和传播者。

图 9　蜀葵之家与净水厂旧址

四、斯科里莫夫斯基与大连城市规划

大连中山广场历史建筑群

每一位来到大连的人，都会被城市中大小不一、气质独特的众多广场所吸引。这种不同于中国传统城市的空间布局，形成了大连城市个性十足的街区肌理、历史文脉和传统风貌。中山广场无疑是大连城市最耀眼的地标，是结构城市空间的核心与灵魂。1899 年 5 月，毕业于俄罗斯圣彼得堡艺术学院的建筑师斯科里莫夫斯基来到大连湾畔，受命制定达里尼城市（今大连市）规划图。他参考巴黎、柏林等欧洲城市规划，从青泥洼地形地貌的实际出发，把选定隆起的地方作为广场，并把这些广场彼此连起来以后，得出了一个辐射形的街道网络，其纵剖面呈弓形，非常漂亮。这样就能避开那些把街道弄得丑陋不堪的凸起之处，小心翼翼地顺应地形特点，节省了大量不必要的人力和财力。显而易见，斯科里莫夫斯基的规划逻辑是，先定位广场，然后将其相连形成道路，广场成为构建城市路网和区域的核心，是城市空间布局的"四梁八柱"，这正是欧洲城市规划史上惯用的布局系统。其特点是，整体构图风景如画，呈现自由开放格局，更适合青泥洼这样的丘陵地形地貌，以及实行自由港政策和建设全世界重要贸易中心的目标；道路顺势而为，既保护了生态、节约了工程成本，又利于城市排水；交通便捷高效，从广场步行到达火车站、港口、市场等城市任何一个枢纽站点，不超过 1500 米，即构成了一个 15 分钟生活圈。当然，这种"蛛网"布局，容易使陌生人迷路，而聪明的规划师在广场及其周围设计的许多不同的教堂、博物馆、车站等标志性建筑，起到了定位导航的作用，自然弥补了这一缺陷（图 10）。

斯科里莫夫斯基制定的城市规划中，共有大小 15 个广场，而其中的尼古拉耶夫广场（今中山广场）位于中央，是最先被确定的广场，起到了定盘星的作用。其直径达 213 米，为全市面积最大的广场。其他根据功能和位置设定的广场均由道路与其通连，整个路网好似一张巨大的蛛网，均围绕尼古拉耶夫广场（今中山广场）这个中央"网眼"织就。

斯科利莫夫斯基规划的尼古拉耶夫广场（今中山广场），周围共设计了警察厅、邮局、银行、城市管理局、大剧院等十大公共建筑。

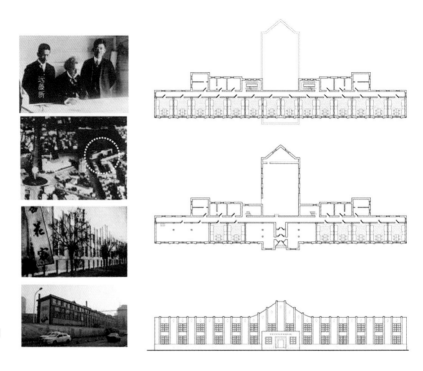

图 10　达里尼商港城市规划
图（1903）

1904 年之前，广场的土地平整等基础工程已完成。1907 年，从日俄战争中胜利的日本殖民当局将尼古拉耶夫广场改名大广场（今中山广场），紧锣密鼓地开始了广场及其周围标志性建筑的建设。

1. 直面"弧形＋辐射状道路"的设计挑战

彼时，建筑师遇到的第一道难题，是面对圆形广场的建筑布局问题。因为中国和日本国内传统的城市没有广场，而面前的弧形地块＋辐射状道路，非容易设计的方块状规则地形，对其提出了挑战。好在有俄罗斯建筑师设计并已建成的市政厅等建筑做样板。从广场周边建筑的形成过程，可以看出其面对圆弧形地块所显示的建筑设计逻辑。从第一栋建筑大连民政署（今辽阳银行大连分行）开始，建筑平面布局就设定成扇形，以提高土地的利用率。特别值得注意的是，广场周围建筑扇形平面分割的演变过程，从第一栋建筑大连民政署的前部一个长方形大楼＋后部的梯形大楼的"积木组合"，到解放前最后一栋东洋拓殖株式会社（今交通银行大连分行）"V"字形浑然一体；从四大银行超大型营业大厅的功能性设计，到大和旅馆豪华宴会厅的布设；从前三部大楼旋转楼梯均位于建筑前部塔尖的设置，到之后大楼的楼梯被置于建筑的中部；从第一栋没有地下室，第二栋部分设置地下室，到后来全部设计地下室；从大连历史上第一部电梯在大和旅馆（今大连宾馆）的使用，到中华人民共和国成立后人民文化俱乐部大跨度圆形穹顶的造型……可看出十大建筑平面布局和空间结构的演变，设计更为流畅，布局更加合理，也显示出建筑师的设计水准日臻提升（图 11）。

2. 建筑风格异彩纷呈

1910 年前后，中山广场建筑群陆续开建，世界建筑潮流已经进入折中主义、新古典主义，以及与现代主义风格交织的新阶段，这也必然影响其对大连建筑风格的设计定位。广场的第 1 栋建筑大连民政署采用哥特式文艺复兴风格；第 2 栋建筑横滨正金银行大连支店采用文艺复兴后期法国古典主义风格，其间融入拜占庭特点和巴洛克装饰手法；第 3 栋建筑大清银行大连市分行主要采用文艺复兴风格，间

图 11　中山广场建筑群

以拜占庭手法为主；第 4 栋建筑大和旅馆为文艺复兴风格与巴洛克装饰风格相交织；第 5 栋建筑英国领事馆为扶壁柱式英国古典风格（1995 年拆除后，2000 年在原址矗立起一栋现代主义建筑——大连金融大厦）；第 6 栋建筑关东州递信局系巴洛克风格夹杂日本和式元素；第 7 栋建筑大连市役所系巴洛克风格与和式风格的完美结合；第 8 栋建筑朝鲜银行大连支行为文艺复兴风格，被凸显的一圈罗马柱所淹没；第 9 栋建筑东洋拓殖株式会社属新古典主义到现代主义的过渡，将古典的雅致和现代的简约完美体现；1951 年建成的人民文化俱乐部，外立面则采用了 20 世纪中期刚刚兴起的简约式对称设计风格。确切说来，中山广场周围的建筑每栋都以某种建筑风格为主，辅之以其他风格，即总体上属折中主义建筑风格。

五、碑塔之王巴吉赤与哈尔滨苏式建筑

哈尔滨防洪胜利纪念塔

哈尔滨防洪胜利纪念塔的建设源于 1957 年特大洪水的肆虐。在那个风雨如磐的时刻，哈尔滨市人民顽强抵抗，最终战胜了洪水。为了纪念这次胜利，以及英勇的抗洪战士们，政府决定于 1958 年建成这座纪念塔。苏联设计师巴吉赤·兹耶列夫和哈尔滨工业大学第二代建筑师李光耀共同参与了设计。

纪念塔于 1958 年 11 月 1 日落成。塔身背临松花江南沿，面向并垂直于中央大街，形成景观通廊。纪念塔分塔基、塔座、塔身三部分，塔高 22.5 米。塔基由毛石砌筑，南向由半圆形的双层高差不同的音乐水池环绕，北向为半圆形矮墙，外围环以 70 米直径的半圆形围廊。塔座为方形，由花岗石砌筑，上刻有"哈尔滨市人民防洪胜利纪念塔"字样，塔身采用圆形的混凝土空心柱，分为上下两部分，上部形似西方的多立克柱身，有着明显的上下收分，并环刻有凹槽。下部是高 2.2 米，长 10 米的环形浮雕，雕刻着修筑防洪纪念塔时施工的场景。塔顶设置有 3.5 米的工农兵、知识分子青铜群像。塔下阶表示海拔标高 119.72 米，标志洪水淹没哈尔滨时的最高水位；上阶表示海拔标高 120.30 米，标志 1957 年全市人民战胜大洪水时的最高水位。

图 12　哈尔滨防洪胜利纪念塔

　　哈尔滨防洪胜利纪念塔对于哈尔滨市和全国都具有重要的意义和价值。它见证了哈尔滨市人民战胜洪水的历史时刻，现已成为哈尔滨最著名的城市地标（图 12）。

原东北农学院主楼

　　现为黑龙江中医药大学主楼，1958 年竣工，巴吉赤参与设计。为响应当时的号召，主楼采用边建成边投入使用的方式，1956 年主楼东侧即交工使用，仅东侧教学楼建筑面积就达到 8035 平方米，总建筑面积在 1 万平方米以上。主楼呈现出简洁的现代主义风格，在局部融合有苏联社会主义民族形式，立面横向五段式划分，中段六层高于其他部分的五层，中段窗间有科林斯柱头的壁柱，一层入口门厅及灯座与黑龙江中医大学主楼形似。中段屋顶起 2 层高塔，高塔上设尖

图 13 原东北农学院主楼

顶，尖顶顶部是一颗五角星，平面呈王字形分布，教室位于中部，两端为实验室（图 13）。后期由于学校办学规模扩大，教室面积不足，于是建筑整体都增建了一层，建筑体量增高，塔楼的设计比例整体失衡，中段的苏维埃塔显得十分低矮。

1. 碑塔与建筑融合的实践者

在巴吉赤的建筑作品中使用了他在碑塔设计中所采用的设计手法，可以说巴吉赤的建筑作品就像是一座纪念碑。例如巴吉赤设计的长春苏联红军烈士纪念塔、沈阳苏联红军将士阵亡纪念碑、哈尔滨苏联红军烈士纪念塔、东北抗日暨爱国自卫战争烈士纪念塔等都采用了装饰艺术建筑风格中叠退和竖向线条的设计手法，而在黑龙江中医大学主楼与哈尔滨青年宫也采用了这种手法，寻求建筑体块、线脚的叠合，有着碑塔那样向上的动势，虽然这些建筑作品并不高。同时，从巴吉赤设计的碑塔中也能看到他建筑作品的影子，如在 1958 年竣工的哈尔滨防洪胜利纪念塔上，能看到 1952 年竣工的黑龙江中医大学主楼中段圆形塔楼的影子，做到了建筑与碑塔设计的随意转换。

2. 苏联建筑技术引入中国的重要意义

早在 1946 年巴吉赤设计秋林俱乐部冰室凉亭的工程时，就使用了预制薄壳结构，之后的哈尔滨青年宫、黑龙江中医大学主楼的设计项目中还采用了大跨穹顶、连续混凝土券、钢结构、混凝土薄壳等当时新锐的技术结构形式，在当时的中国是十分超前的。显然对这些技术形式渊源的探究和力学关系的解析，对研究苏联建筑技术引入中国有着非同寻常的意义。

3. 苏联建筑形式的参考范式

无论是巴吉赤的碑塔设计，还是建筑设计作品，都是新中国早期的设计作品，对后来国内的纪念塔和苏联社会主义民族形式建筑的样式影响很大，《建筑学报》曾集中于 1959 年刊载了巴吉赤的大量作品，如《评东北地区部分纪念塔建筑的造型艺术》《哈尔滨市人民防汛纪念塔设计介绍》《哈尔滨建筑实录》《哈尔滨市青年宫设计简介》等，虽然这些文章中未曾提及巴吉赤的名字（图 14），但他的设计为当时国内的中国建筑师提供了参考范式，之后很多纪念塔和苏联社会主义民族形式建筑都能看到巴吉赤作品的影子。

图 14　巴吉赤

附　录

中国 20 世纪建筑遗产认定标准

2014 年 8 月（试行），2021 年 8 月（修订）

1 编制说明

1.1 依据

《中国 20 世纪建筑遗产认定标准（试行稿）》（以下简称《认定标准》）是根据联合国教科文组织《实施保护世界文化与自然遗产公约的操作指南》（2007）、国家文物局《关于加强 20 世纪建筑遗产保护工作的通知》（2008）、国际古迹遗址理事会 20 世纪遗产科学委员会《20 世纪建筑遗产保护办法马德里文件》（2011）、《中华人民共和国文物保护法》（2017）等法规及文献基础上完成的。

本《认定标准》是由中国文物学会 20 世纪建筑遗产委员会（Chinese Society of Cultural Relics，Committee on Twentieth-Century Architectural Heritage，简称 CSCR-C20C）编制完成，最终解释权归 CSCR-C20C 秘书处。

1.2 原则

中国 20 世纪建筑遗产是按时间段予以划分的遗产集合，它包括 20 世纪历史进程中产生的不同种类建筑的遗产。20 世纪建筑遗产主要界定为：1900—1999 年设计建成的中国近现代建筑。世界的文化遗产多样性对中国 20 世纪建筑遗产的认定是一个丰富的精神源泉，具有重要的指导与借鉴作用。中国 20 世纪建筑遗产项目不同于传统文物建筑，其可持续利用是对文化遗产中"活"态的尊重及最本质的传承，保护并兼顾发展与利用是中国 20 世纪建筑遗产的主要特点。研究并认定 20 世纪建筑遗产重在传承中国建筑设计思想、梳理中国建筑作品，不仅是敬畏历史，更是为繁荣当今的建筑创作服务。

1.3　价值

　　城市和建筑的发展历程是人类文明的重要组成部分。建筑设计不仅是创造世界上没有的东西，而是对所提出的问题做出基于传承的创新方案。坚持建筑本质、树立文化自觉与自信是开展 20 世纪建筑遗产推介认定的使命之一。无论是历史研究评估，还是通过评估认定建筑群的历史价值、艺术价值、科学价值等，都不严苛建筑的建成年代，而要充分关注它们是否对社会及城市曾产生或正在产生深远影响，如是否存在某些方面"开中国之先河"等。此外还要特别研究、评估那些有潜在价值的建筑，如是否具备未来可能获得提升或拓展的价值（诸如建筑美学价值、规划设计特点、建筑造型、材料质感、色彩运用、细部节点、科技与工艺创新等）。

2　认定标准

　　世界遗产语境下的遗产名录是基于"突出的普遍价值"而设立的，其含义是纪念性建筑物或建筑群应从历史、艺术以及科技的视角发现其具有怎样的普遍价值。完成中国 20 世纪建筑遗产项目的认定推介并登录，要明确对中国新型城镇化建设、城市更新行动中 20 世纪建筑遗产项目的保护、修缮、再利用乃至公众参与及明晰产权关系。政府与企业与社会各方的积极支持均有重要意义。

　　在中国 20 世纪建筑遗产认定推介中坚持文化遗产的普遍性、多样性、真实性、完整性原则要注意如下文化遗产特征的应用。

　　该建筑应是创造性的杰作；具有突出的影响力；文明或文化传统的特殊见证；20 世纪历史阶段的标志性作品；具有历史文化特征的居住建筑；与传统或理念相关联的建筑（如红色建筑经典及重要事件建筑等均属该类项目）。

　　凡符合下列条件之一者即具备申报"中国 20 世纪建筑遗产"项目的资格。

　　2.1　在近现代中国城市建设史上有重要地位，是重大历史事件的见证，是体现中国城市精神的代表性作品。

2.2　能反映近现代中国历史且与重要事件相对应的建筑遗迹、红色经典、纪念建筑等，是城市空间历史性文化景观的记忆载体。同时，也要重视改革开放时期的历史见证作品，以体现建筑遗产的当代性。

2.3　反映城市历史文脉，具有时代特征、地域文化综合价值的创新型设计作品，也包括"城市更新行动"中优秀的有机更新项目。

2.4　对城市规划与景观设计诸方面产生过重大影响，是技术进步与设计精湛的代表作，具有建筑类型、建筑样式、建筑材料、建筑环境、建筑人文乃至施工工艺等方面的特色及研究价值的建筑物或构筑物。

2.5　在中国产业发展史上有重要地位的作坊、商铺、厂房、港口及仓库等，尤其应关注新型工业遗产的类型。

2.6　中国著名建筑师的代表性作品、国外著名建筑师在华的代表性作品，包括 20 世纪建筑设计思想与方法在中国的创作实践的杰作，或有异国建筑风格特点的优秀项目。

2.7　体现"人民的建筑"设计理念的优秀住宅和居住区设计，完整的建筑群，尤其应保护新中国经典居住区的建筑作品。

2.8　为体现 20 世纪建筑遗产概念的广泛性，认定项目不仅包括单体建筑，也包括公共空间规划、综合体及各类园区；20 世纪建筑遗产认定除了建筑外部与内部装饰外，还包括与建筑同时产生并共同支撑创作文化内涵的有时代特色的室内陈设、家具设计等。

2.9　为鼓励建筑创作，凡获得国家级设计与科研优秀奖，并具备上述条款中至少一项的作品。

3　认定理由说明

3.1　20 世纪建筑遗产认定是一项权威性、科学性、文化历史性极强的工作，因此要考虑所选项目具有如下特征。

- 可达性：建筑与城市道路、交通枢纽的位置关系，反映人们到达建筑的便捷性；
- 可视性：建筑要有风貌特点及环境景观价值（质量、风貌、色彩）；

• 可用性：建筑的功能使用安全状况及现在的完好程度；

• 关联性：建筑融于城市设计并与周边项目的整体协调性。

3.2　20 世纪建筑遗产类型十分丰富，至少涉及文教、办公、博览、体育、居住、医疗、商业、科技、纪念、工业、交通等建筑物或构筑物。

3.3　认定推介理由示例。

以进入联合国教科文组织《世界遗产名录》的部分近现代建筑为例：

● **城市类型**

• 1930—1950 年建成的特拉维夫项目（2003 年入选），在空地建起的白色建筑群"白城"体现了现代城市规划的准则，成为欧洲现代主义艺术运动理念传播到的最远地域。

• 1948 年建成的墨西哥路易斯·巴拉干故居及工作室（2004 年入选），属"二战"后建筑创意工作的杰出代表，将现代艺术与传统艺术、本国风格与流行风格相结合，形成一种全新的特色，其影响力促进了风景园林设计的当代发展与品质。

• 1956 年建成巴西利亚项目（1987 年入选），其城市格局充满现代理念，建筑构思新颖别致，雕塑寓意丰富。

• 1958 年建成的广岛和平纪念公园（1996 年入选），伴随着"二战"的意义，广岛和平纪念公园成为人类半个世纪以来为争取世界和平所作努力的象征地。

• 1999 年建成的墨西哥大学城（2007 年入选），该建筑群别具特色，将现代工程、园林景观及艺术元素有机融于一体，成为 20 世纪现代综合艺术体的世界独特范例。

● **著名建筑师类型**

• 美国建筑师赖特（1867—1959），在 2019 年 43 届世遗大会上，有团结教堂（伊利诺伊州，1906—1909 年）、罗比之家（伊利诺伊州，1910 年）、流水别墅（宾夕法尼亚州，1936—1939 年）、纽约古根海姆美术馆（纽约,1956—1959 年）等共计 8 个项目入选。

• 法国建筑师勒·柯布西耶（1887—1965），在 2016 年 40 届世遗大会上，有跨越七个国家的印度昌迪加尔国会建筑群、日本东京国立西洋美术馆、法国马赛公寓等 17 个项目入选《世界遗产名录》。

- 德国建筑师沃尔特·格罗皮乌斯（1883—1969），1911 年设计的德国法古斯工厂于 2011 年第 35 届世遗大会入选。
- 德国建筑师密斯·凡德罗（1886—1969），设计的德国布尔诺的图根德哈特别墅（1928—1938 年设计），在 2001 年第 25 届世遗大会入选。
- 丹麦建筑师约翰·伍重（1918—2008），由他设计，1973 年建成的悉尼歌剧院，在 2007 年第 31 届世遗大会入选。

4 使用说明

鉴于《认定标准》是彰显中国 20 世纪优秀建筑作品、传承建筑师设计思想这一宏大工程的标志性文件，而认定实践尚缺少可借鉴性，所以本标准的使用原则是，在按照标准认定的同时，要做到边使用、边完善、边实践。

4.1 严格按照《认定标准》的条目进行，通过调研、分析、发现、判断、甄别认定那些有价值（含潜在价值）且必须保护和传承的 20 世纪建筑遗产项目，旨在形成不同建筑类型、不同事件背景下的预备名单。

4.2 认定过程要视不同类型的 20 世纪建筑遗产做必要的工作流程设计，即每届推介评选认定都需编制与主题相适合的工作计划及《评选认定手册》。

4.3 专家评选认定工作需要提交的申报材料清单（略）。

中国 20 世纪建筑遗产大事纪要（2014—2024）

2014 年

　　4 月 29 日，在北京故宫博物院，召开中国文物学会 20 世纪建筑遗产委员会成立大会，会议选举马国馨、单霁翔为会长，郭旃、路红、金磊等为副会长，金磊兼任秘书长。单霁翔会长指出：20 世纪建筑遗产委员会的成立，不仅为建筑师看文化遗产提供"时空"平台，更是文博专家充分理解并传承建筑师设计思想的好契机，极其重要的 20 世纪建筑遗产保护工作从此有了专家工作团队。

4 月 29 日，中国文物学会 20 世纪建筑遗产委员会成立大会

8 月 1 日，故宫博物院举办了以"设计遗产与设计博物馆"为主题的建筑师茶座活动

9 月 17 日，"反思与品评——新中国 65 周年建筑的人和事"座谈会合影

8 月 1 日，《中国建筑文化遗产》《建筑评论》编辑部在故宫博物院举办了以"设计遗产与设计博物馆"为主题的建筑师茶座活动。

9 月 17 日，由中国建筑学会建筑师分会、中国文物学会 20 世纪建筑遗产委员会主办，《中国建筑文化遗产》《建筑评论》编辑部承办，以"反思与品评——新中国 65 周年建筑的人和事"为主题的建筑师座谈会，在中国建筑技术集团有限公司举行。

2015 年

3 月 12 日，由中国建筑西南设计研究院有限公司主办，《中国建筑文化遗产》编辑部承办，纪念徐尚志大师百年诞辰"作品·思想·文化——回望徐尚志大师座谈会"在成都的举行。

3 月 12 日，"作品·思想·文化——回望徐尚志大师座谈会"合影　　《中国建筑文化遗产 15》封面

2016 年

1 月，由天津市国土资源和房屋管理局、中国文物学会 20 世纪建筑遗产委员会联合编著，《问津寻道——天津历史风貌建筑保护十周年历程》由天津大学出版社正式出版。该书为纪念《天津市历史风貌建筑保护条例》颁布实施十周年而出。

6 月 18—21 日，"敬畏自然　守护遗产　大家眼中的西溪南——重走刘敦桢古建之路徽州行暨第三届建筑师与文学艺术家交流会"在黄山脚下的西溪南镇举行。此次活动由中国文物学会、黄山市人民政府联合主办，中国文物学会 20 世纪建筑遗产委员会、北京大学建筑与景观设计学院、东南大学建筑学院等机构联合承办。

9 月 7 日，国际著名建筑师勒·柯布西耶（1887—1965）设计，分别建于 7 个国家的 17 座建筑入选世界遗产名录后，中国文物学会 20 世纪建筑遗产委员会与中国建筑技术集团有限公司联合主办以"审视与思考：柯布西耶设计思想的当代意义"为主题的建筑师茶座活动。

重走刘敦桢古建之路徽州行考察合影

9 月 7 日"审视与思考：柯布西耶设计思想的当代意义"建筑师茶座活动　首届中国 20 世纪建筑遗产项目公布活动（2016 年 9 月 29 日·故宫博物院宝蕴楼）

　　9 月 29 日，在北京故宫博物院宝蕴楼，召开"致敬百年建筑经典：首届中国 20 世纪建筑遗产项目发布暨中国 20 世纪建筑思想学术研讨会"。会议公布了 98 项"首批中国 20 世纪建筑遗产名录"，推出《中国 20 世纪建筑遗产名录（第一卷）》图书，同时宣布第二批中国 20 世纪建筑遗产项目的评选工作正式启动。中国科学院、中国工程院两院院士吴良镛，中国文物学会会长单霁翔，中国建筑学会理事长修龙，国家文物局副局长顾玉才，中国工程院院士马国馨、张锦秋、孟建民，全国工程勘察设计大师刘景樑、柴裴义、汪大绥、周恺、庄惟敏、张宇，周岚、伍江等领导专家参加了活动。会上宣读了《中国 20 世纪建筑遗产保护与发展建议书》。

　　12 月 17—19 日，由中国文物学会 20 世纪建筑遗产委员会、中国三线建设研究会联合主办，重庆市涪陵区人民政府等机构承办的"致敬中国三线建设的符号'816'暨 20 世纪工业建筑遗产传承与发展研讨会"在重庆市涪陵区举行。活动通过了《为明天播种希望——中国重庆 816 共识·致敬中国三线建设的符号"816"暨 20 世纪工业建筑遗产传承与发展研讨会宣言》。

"致敬中国三线建设的符号'816'暨 20 世纪工业建筑遗产传承与发展研讨会"会议现场

致敬中国建筑经典：中国 20 世纪建筑遗产事件·作品·人物·思想展览（2017 年·威海）

2017 年

9 月 15 日，由中国文物学会 20 世纪建筑遗产委员会策划的"致敬中国建筑经典：中国 20 世纪建筑遗产的事件·作品·人物·思想展览"，亮相威海国际人居节并受到业内外赞誉。此次展览围绕"致敬中国建筑经典"的主题，以横跨百年的时间为轴，在贯穿 20 世纪时代主线的背景下，将时代、作品、人物、思想等要素融为一体，展现经典建筑的建设过程。

2018 年

3 月 29 日，在北京举行"笃实践履改革图新以建筑与文博的名义纪念改革：我们与城市建设的四十年"北京论坛，在北京嘉德艺术中心举行，以此拉开了"改革开放四十年系列论坛"的序幕。

4 月 21—23 日，《中国建筑文化遗产》《建筑评论》编辑部与陕西省土木建筑学会建筑师分会联合举办了"重走洪青之路婺源行"活动。

5 月 20 日，2018 年中国建筑学会年会分论坛之九"新中国 20 世纪建筑遗产的人和事学术研讨会"，在泉州海外交通史博物馆举行。

6 月 26 日，"以建筑设计的名义纪念改革开放 40 年：深圳、广州双城论坛"在深圳市举行。

11 月 24 日，在南京东南大学，举行了"致敬百年建筑经典：第三批中国 20 世纪建筑遗产项目公布"学术活动。中国建筑学会理事长修龙，中国工程院院士张广军、钟训正，全国工程勘察设计

"笃实践履改革图新以建筑与文博的名义纪念改革：我们与城市建设的四十年"北京论坛　　"重走洪青之路婺源行"考察活动合影

"新中国 20 世纪建筑遗产的人和事学术研讨会"嘉宾及观众合影　　　5 月 17–31 日，在泉州市威远楼广场举办的第一批、
　　　　　　　　　　　　　　　　　　　　　　　　　　　　　　第二批中国 20 世纪建筑遗产展览

"以建筑的名义纪念改革开放 40 年：深圳、广州双城论坛"嘉宾合影　　　　　考察香厂地区

"致敬百年建筑经典：第三批中国 20 世纪建筑遗产项目公布"学术活动嘉宾与师生合影

大师刘景樑及江苏省、南京市有关方面的领导、专家、学者参加了
活动。

　　12 月 18 日，《中国 20 世纪建筑遗产大典（北京卷）》首发暨学
术研讨会在北京故宫博物院举行。

2019 年

　　4 月 3 日，"感悟润思祁红·体验文化池州——《悠远的祁红——
文化池州的"茶"故事》首发式"在故宫博物院建福宫花园举行。

"感悟润思祁红·体验文化池州——《悠远的祁红——文化池州的"茶"故事》首发式"嘉宾合影（2019 年 4 月 3 日）

《悠远的祁红——文化池州的"茶"故事》（英国版）封面

《悠远的祁红——文化池州的"茶"故事》封面

4 月 29 日—5 月 11 日，受国际古迹遗址理事会 20 世纪遗产科学委员会等机构的邀请，由中国文物学会 20 世纪建筑遗产委员会秘书处策划组织，组成"中国 20 世纪建筑遗产考察团"，赴新西兰、澳大利亚考察 20 世纪建筑遗产经典项目，并与当地专家进行研讨交流。

8 月 19—23 日，中国文物学会 20 世纪建筑遗产委员会组织专家团队，赴黑龙江省大庆市、齐齐哈尔市、黑河市、哈尔滨市，开展对 20 世纪建筑遗产项目的考察，包括大庆油田工业遗产、中俄铁路近现代建筑遗存、齐齐哈尔及黑河抗战遗址、哈尔滨市 20 世纪建筑遗产等项目。

9 月 16 日，《人民日报》海外版刊登了题为"20 世纪能留下多少建筑遗产"的专题文章，通过对中国文物学会 20 世纪建筑遗产委员会的采访，向读者阐述了中国 20 世纪建筑遗产不可替代的独特性、保护与利用现状等命题。

以建筑设计的名义纪念新中国 70 周年暨《中国建筑历程 1978—2018》发布座谈会嘉宾合影

第四批中国 20 世纪建筑遗产项目公布会场

12 月 3 日，"致敬百年建筑经典：第四批中国 20 世纪建筑遗产项目公布暨新中国 70 年建筑遗产传承创新研讨会"在北京市建筑设计研究院有限公司举行，有 98 项中国 20 世纪建筑遗产入选。会议宣读并通过了由中国文物学会 20 世纪建筑遗产委员会发出的《聚共识·续文脉·谋新篇 中国 20 世纪建筑遗产传承创新发展倡言》。

2020 年

1 月 14 日，《中国建筑文化遗产》编委会迎新春建筑学人文化聚会在入选中国 20 世纪建筑遗产名录的北京工人体育场举行。几个月后，这项跻身 20 世纪 50 年代"北京十大建筑"行列的著名建筑，被以"保护性修复"的名义拆除重建。

4 月，中国出版协会颁发了第七届中华优秀出版物奖提名奖。由中国文物学会 20 世纪建筑遗产委员会承编、天津大学出版社出版的《中国 20 世纪建筑遗产名录（第一卷）》继 2019 年荣获天津市委宣传部等单位颁发的"天津市优秀图书奖"后，又获得第七届中华优秀出版物奖提名奖。

6 月 6 日，中国文物学会 20 世纪建筑遗产委员会作为主组稿方，在《当代建筑》杂志社推出"20 世纪建筑遗产传承与创新"专刊，秘书处应邀作为该期主编，并撰写卷首语：《中国 20 世纪建筑遗产乃遗产新类型》。

9 月 24 日，《人民日报》刊登由中国文物学会 20 世纪建筑遗产委员会署名的文章"珍视二十世纪建筑遗产"。

1月14日，《中国建筑文化遗产》编委会迎新春建筑学人文化聚会
嘉宾合影

《中国 20 世纪建筑遗产名
录（第一卷）》封面

第七届中华优秀出版物奖
获奖证书

　　10月3日，在辽宁省锦州市义县奉国寺举行了"千年奉国寺·辽代建筑遗产研究与保护传承学术研讨会暨第五批中国 20 世纪建筑遗产项目公布推介学术活动"。中国文物学会、中国建筑学会联合推介了"第五批中国 20 世纪建筑遗产"项目共 101 项。

　　10月24日，在四川美术学院八十周年校庆之际，由中国文物学会 20 世纪建筑遗产委员会、重庆市城市规划学会历史文化名城专业委员会、四川美术学院公共艺术学院联合主办、承办，以"重庆城市建筑思考：建筑·艺术·遗产"为主题的学术研讨会，在四川美术学院举行。

　　11月9日，受中国文物学会单霁翔会长的委派，20 世纪建筑遗产委员会秘书处赴北京市东城区东四八条 111 号朱启钤旧居进行调研，与朱启钤先生曾孙朱延琦先生就建筑遗产保护及相关人物、事件进行了交流。

　　12月10日，CAH 微信即 20 世纪建筑遗产委员会公众号的全新升级版"慧智观察"（Archiculture Insights）平台首次"亮相"。

单霁翔会长等领导参观
"慈润山河—奉国寺千年
华诞大展"

"千年奉国寺·辽代建筑遗产研究与保护传承"学术
研讨会嘉宾合影

"重庆城市建筑思考：建筑·艺术·遗产"与会部分嘉宾合影　　《当代建筑》"20 世纪建筑遗产传承与创新"专刊封面

2021 年

4 月 9 日，在中国文物学会 20 世纪建筑遗产委员会指导下，天津大学出版社建筑邦平台推出"致敬中国 20 世纪红色建筑经典"栏目，入选国家新闻出版署"百佳数字出版精品项目献礼建党百年专栏"之一。

5 月 21 日，"深圳改革开放建筑遗产与文化城市建设研讨会"在被誉为深圳改革开放纪念碑的标志性建筑——深圳国贸大厦召开。会议在中国文物学会、中国建筑学会支持下，由中共深圳市委组织部、中共深圳市委宣传部、深圳市规划和自然资源局、深圳市文化广电旅游体育局、中共深圳市龙华区委、龙华区人民政府、中国文物学会 20 世纪建筑遗产委员会主办。

7 月 12 日，由国际建筑师协会、巴西里约世界建筑师大会组委会、北京市人民政府、中国建筑学会联合举办的第 27 届世界建筑师大会中巴合作论坛暨中国建筑展在北京城市副中心张家湾未来设计园区顺利开幕。作为论坛的重要组成部分，中国文物学会 20 世纪建筑遗产委员会应邀完成"中国 20 世纪建筑遗产"特展板块。

9 月 16 日，作为 2021 北京国际设计周"北京城市建筑双年展"的重要板块，由中国建筑学会、中国文物学会学术指导，中国建筑学会建筑文化学术委员会、中国文物学会 20 世纪建筑遗产委员会主办，北京市建筑设计研究院有限公司、《中国建筑文化遗产》《建筑评论》编辑部承办的"致敬百年经典——中国第一代建筑师的北京实践"系列学术活动正式启动。9 月 16 日先期组织专家对原真光电影院（中

"深圳改革开放建筑遗产与文化城市建设研讨会"与会嘉宾合影

中国儿童剧院考察专家合影

7 月 12 日"中国 20
世纪建筑遗产"特展

《中国 20 世纪建筑
遗产名录（第二卷）》

"致敬百年经典——中国第一代建筑师的北京实践"会议合影

国儿童艺术剧院）（沈理源作品）、北京体育馆（杨锡锣作品）等项目
展开了学术考察。

9 月 26 日上午，"致敬百年经典——中国第一代建筑师的北京
实践研讨沙龙"及"致敬百年经典——中国第一代建筑师的北京实践
（奠基·谱系·贡献·比较·接力）"展览在北京市建筑设计研究院有
限公司同时举行。

2022 年

2 月 25 日，在影响中国城市建设的先驱、被周恩来总理视为珍宝的爱国老人朱启钤先生辞世 58 周年的前一天，中国文物学会 20 世纪建筑遗产委员会等举办了"朱启钤与北京城市建设——北京中轴线建筑文化传播研究与历史贡献者回望"学术沙龙活动。

7 月 18 日，"20 世纪与当代遗产：事件 + 建筑 + 人"建筑师茶座活动在北京市建筑设计研究院有限公司举行。

8 月 26 日，"第六批中国 20 世纪建筑遗产项目推介公布暨建筑遗产传承与创新研讨会"在武汉洪山宾馆举行。主办机构向全国正式发布了"第六批中国 20 世纪建筑遗产项目推介"名单，共 100 项。活动发布了《中国 20 世纪建筑遗产传承与发展·武汉倡议》，并举行了《世界的当代经典建筑　深圳国贸大厦建设印记》首发式，举办了"建筑遗产传承与创新研讨会"。

9 月 2 日，《建筑师的家园》由三联书店正式出版发行。该书是继《建筑师的童年》(2014)、《建筑师的自白》(2016)、《建筑师的大学》(2017)中国建筑师"三部曲"之后，中国建筑师文化的又一力作。

2 月 25 日，"朱启钤与北京城市建设——北京中轴线建筑文化传播研究与历史贡献者回望"学术沙龙活动

"20 世纪与当代遗产：事件 + 建筑 + 人"建筑师茶座活动嘉宾合影

第六批中国 20 世纪建筑遗产项目推介公布暨建筑遗产传承与创新研讨会专家领导合影

《建筑师的家园》首发式合影

2023 年

2月8—13日，由中国文物学会 20 世纪建筑遗产委员会、《中国建筑文化遗产》编辑部等组成的建筑文化考察组一行九人，赴云南开启为期 6 天的"云南 20 世纪建筑遗产考察"，在走访的 26 个建筑遗产项目中 20 世纪建筑遗产占到 80%。

2月16日，在广东茂名举行了"文化城市建设中的文化遗产保护与传承研讨会暨第七批中国 20 世纪建筑遗产项目推介公布活动""茂名历史文化遗产保护与利用研讨会"，公布推介了 100 个"第七批中国 20 世纪建筑遗产"项目。

2月17日，应池州市委、市政府邀请，中国文物学会 20 世纪建筑遗产委员会陪同单霁翔等专家，参加"池州市老池口历史文化街区保护和城市更新研讨会"，单霁翔会长受聘成为"池州市文旅发展

2月8日，建筑文化考察组在云南大学合影

2月16日，"文化城市建设中的文化遗产保护与传承研讨会暨第七批中国 20 世纪建筑遗产项目推介公布活动""茂名历史文化遗产保护与利用研讨会"嘉宾合影

2 月 17 日，池州市老池口历史文化街区保护与城市更新研讨会

首席顾问"，并在会上提出举办"首届中国池州世界三大高香茶暨茶文化产业国际博览会"倡议。

5 月 9 日，《建筑评论》编辑部与北京市建筑设计研究院有限公司联合举办的"'好建筑·好设计'主题系列"活动正式开启。

9 月 7 日，天津历史街区与工业遗存活化利用交流会在天津棉 3 创意街区举行。单霁翔、金磊分别围绕 20 世纪建筑遗产理念与新中国工业遗产"活化利用"作了主旨演讲。

9 月 16 日，"第八批中国 20 世纪建筑遗产项目推介暨现当代建筑遗产与城市更新研讨会"在四川大学望江校区举行。本研讨会在中国文物学会、中国建筑学会的指导下，由四川大学、四川省建筑设计研究院有限公司、中国文物学会 20 世纪建筑遗产委员会联合主办。第八批中国 20 世纪建筑遗产项目推介名录公布，共101 项。

"第八批中国 20 世纪建筑遗产项目推介暨现当代建筑遗产与城市更新研讨会"与会嘉宾合影

10 月 8 日，"20 世纪建筑遗产的中国实践和现代文明载体论坛"嘉宾合影（上海）

　　10 月 8 日，中国文物学会 20 世纪建筑遗产委员会与上海市建筑学会联合举办了"20 世纪建筑遗产的中国实践和现代文明载体论坛"，并发布《新中国 20 世纪建筑遗产项目活化利用·上海倡议》。

　　11 月 18 日，"光阴里的建筑——20 世纪建筑遗产保护利用"学术活动在江苏南京举行，单霁翔、周岚、王建国、金磊等同台出席并展开学术对话。

　　11 月 19 日，"中国安庆 20 世纪建筑遗产文化系列活动"在安庆举行，活动汇聚了建筑规划、遗产文博、高校等领域的百余名专家。中国文物学会单霁翔会长以"让文化遗产活起来"为题作主旨演讲；中国文物学会 20 世纪建筑遗产委员会金磊秘书长、安庆师范大学彭凤莲校长分别做主题发言；中国文物学会 20 世纪建筑遗产委员

11 月 18 日，"光阴里的建筑——20 世纪建筑遗产保护利用"学术活动

三本图书首发式及赠书仪式

与会嘉宾在安庆师范大学红楼前合影

会策划主编的《历史与现代的安庆：中国近现代建筑遗产》《高等教
育珍贵遗存：走进安庆师范大学敬敷书院旧址·红楼》和《20 世纪
建筑遗产导读》召开首发式及赠书仪式;《中国安庆 20 世纪建筑遗产
文化系列活动·安庆倡议》在活动中发布。

2024 年

2 月 26 日，在中国文物学会、中国建筑学会指导下，由中国文
物学会 20 世纪建筑遗产委员会与北京市建筑设计研究院股份有限公
司联合主办的"与国同行·都城设计——走进北京建院'院史馆'暨
《朱启钤与北京》首发座谈会"在北京市建筑设计研究院股份有限公
司举行。

3 月 10 日，由中国文物学会 20 世纪建筑遗产委员会与浙江摄
影出版社，联合在 2024 年第 3 期的《浙江画报》推出大篇幅"浙风
流韵：中国 20 世纪建筑遗产"长篇文化专版。

《朱启钤与北京》封面

《浙江画报》文化专版"浙风流韵：中国 20 世纪建筑遗产"

院士大师参观马国馨院士图书展

"马国馨：我的设计生涯——建筑文化图书展"开幕式合影

3 月 20 日，由天津大学、中国建筑学会、中国文物学会、中国工程院土木水利与建筑工程学部指导，"马国馨：我的设计生涯——建筑文化图书展"系列文化活动（展览开幕·研讨会·北洋大讲堂）在天津大学卫津路校区举行。

2024 年 4 月 27 日，"公众视野下的 20 世纪遗产——第九批中国 20 世纪建筑遗产项目推介暨 20 世纪建筑遗产活化利用城市更新优秀案例研讨会"在天津市第二工人文化宫隆重举行。

5 月 18 日晚，美国宾夕法尼亚大学韦茨曼设计学院的毕业典礼上，举行了林徽因入学宾大百年暨建筑学学位追授庆典，正式向林徽因颁发建筑学学士学位以表彰她作为中国现代建筑先驱所作出的卓越贡献。林徽因的外孙女于葵代表林徽因从韦茨曼设计学院院长弗里茨·斯坦纳手中接过了这份迟到近百年的学位证书。

5 月 21—23 日，中国文物学会 20 世纪建筑遗产委员会秘书处组织专家团队赴延安考察延安鲁艺文化传承项目在内的多项 20 世纪红色建筑遗产经典项目。

第九批中国 20 世纪建筑遗产项目推介会现场

"时代之境十载春秋——中国 20 世纪建筑遗产全纪录特展"开幕式合影

20 世纪遗产建筑师 "英雄谱"

　　编者按：建筑师、工程师是伟大建筑遗产的创造者，在"人和建筑"一起保护的时代大势下，梳理为中国 20 世纪建筑遗产作出贡献的设计师们是极其必要的。这里归纳并梳理了 1~9 批中国 20 世纪建筑遗产贡献建筑师、工程师的"英雄谱"，尽管尚不全面，但意在展示他们作为设计榜样之力，表现他们为中国现代建筑与文化传承作出的贡献。

董大酉
（1899—1973）

沈理源
（1890—1951）

柳士英
（1893—1973）

吕彦直
（1894—1929）

杨锡镠
（1899—1978）

梁思成
（1901—1972）

林徽因
（1904—1955）

杨廷宝
（1901—1982）

陈植
（1899—1989）

张镈
（1911—1999）

黎伦杰
（1912—2001）

华揽洪
（1912—2012）

徐中
（1912—1985）

张开济
（1912—2006）

洪青
（1913—1979）

张家德
（1913—1982）

莫伯治
（1915—2003）

冯纪忠
（1915—2009）

徐尚志
（1915—2007）

陈登鳌
（1916—1999）

林乐义
（1916—1988）

贝聿铭
（1917—2019）

巫敬桓
（1919—1977）

戴念慈
（1920—1991）

宋融
（1927—2002）

关肇邺
（1929—2022）

钟训正
（1929—2023）

熊明
（1931—2023）

彭一刚
（1932—2022）

赵冬日
（1914—2005）

龚德顺
（1923—2007）

莫宗江
（1916—1999）

欧阳骖
（1922—2003）

孙秉源
（1911—？）

孙培尧
（1919—？）

严星华
（1921- ？ ）

杨宽麟
（1891—1971）

郁彦
（1914—？ ）

张德沛
（1925—2015）

茅以升
（1896—1989）

刘铨法
（1889—1957）

奚福泉
（1902—1983）

陆谦受
（1904—1992）

朱兆雪
（1900—1965）

林克明
（1900—1999）

虞福京
（1923—2007）

徐敬直
（1906—1982）

吴观张
（1933— 2021 ）

吴良镛
（1922— ）

白德懋
（1923— ）

金祖怡
（1929—2024）

齐康
（1931— ）

程泰宁
（1935— ）

费麟
（1935— ）

李拱辰
（1936— ）

张锦秋
（1936— ）

孙国城
（1937年— ）

何镜堂
（1938— ）

刘景樑
（1941— ）

柴裴义
（1942— ）

马国馨
（1942— ）

唐玉恩
（1944— ）

崔愷
（1957— ）

庄惟敏
（1962— ）

周恺
（1962— ）

张宇
（1964— ）

胡越
（1964— ）

邵韦平
（1962— ）

刘晓钟
（1962— ）

崔彤
（1962— ）

桂学文
（1963— ）

屈培青
（1959— ）

郭卫兵
（1967— ）

朱铁麟
（1967— ）

范欣
（1970— ）

第一批至第九批中国 20 世纪建筑遗产项目名录

第一批中国 20 世纪建筑遗产名录（98 项）

序号	项目名称	地点（省 + 市）	年代
1	人民大会堂	北京市	1959
2	民族文化宫	北京市	1959
3	人民英雄纪念碑	北京市	1958
4	中国美术馆	北京市	1958
5	中山陵	江苏省南京市	1929
6	重庆市人民大礼堂	重庆市	1954
7	北京火车站	北京市	1959
8	清华大学早期建筑	北京市	1916—20 世纪 30 年代
9	天津劝业场大楼	天津市	1928
10	上海外滩建筑群	上海市	20 世纪初—20 世纪 30 年代
11	中山纪念堂	广东省广州市	1931
12	北京展览馆	北京市	1953
13	中央大学旧址	江苏省南京市	1933
14	北京饭店	北京市	1919、1954、1974
15	国际饭店	上海市	1934
16	中国革命历史博物馆	北京市	1959
17	天津五大道近代建筑群	天津市	
18	集美学村	福建省厦门市	1913 年起
19	厦门大学早期建筑	福建省厦门市	1921 年起
20	北京协和医学院及附属医院	北京市	1925
21	武汉国民政府旧址	湖北省武汉市	1921
22	孙中山临时大总统府及南京国民政府建筑遗存	江苏省南京市	1930
23	清华大学图书馆	北京市	1919、1931、1991
24	北京友谊宾馆	北京市	1954
25	武汉大学早期建筑	湖北省武汉市	1936
26	鉴真纪念堂	江苏省扬州市	1963
27	武昌起义军政府旧址	湖北省武汉市	1910
28	香山饭店	北京市	1982
29	国立紫金山天文台旧址	江苏省南京市	1934
30	未名湖燕园建筑群	北京市	1926
31	汉口近代建筑	湖北省武汉市	20 世纪 20—30 年代
32	北京和平宾馆	北京市	1953
33	白天鹅宾馆	广东省广州市	1983
34	毛主席纪念堂	北京市	1977
35	徐家汇天主堂	上海市	1910
36	北京大学红楼	北京市	1918
37	长春第一汽车制造厂早期建筑	吉林省长春市	
38	北京电报大楼	北京市	1956
39	圣索菲亚教堂	黑龙江省哈尔滨市	1932
40	北京"四部一会"办公楼	北京市	1955
41	上海展览中心	上海市	1955
42	雨花台烈士陵园	江苏省南京市	1988
43	黄花岗七十二烈士墓园	广东省广州市	1921
44	阙里宾舍	山东省曲阜市	1983
45	钱塘江大桥	浙江省杭州市	1937
46	重庆人民解放纪念碑	重庆市	1947
47	西泠印社	浙江省杭州市	1904

序号	项目名称	地点（省＋市）	年代
48	金陵大学旧址	江苏省南京市	1937
49	松江方塔园	上海市	1981
50	钓鱼台国宾馆	北京市	1959
51	侵华日军南京大屠杀遇难同胞纪念馆（一期）	江苏省南京市	1985
52	首都剧场	北京市	1953
53	武汉长江大桥	湖北省武汉市	1957
54	北京天文馆及改建工程	北京市	1957
55	陕西历史博物馆	陕西省西安市	1991
56	国家奥林匹克体育中心	北京市	1990
57	北京市百货大楼	北京市	1955
58	北京工人体育场	北京市	
59	南岳忠烈祠	湖南省衡阳市	1943
60	延安革命旧址	陕西省延安市	20 世纪 30—40 年代
61	江汉关大楼	湖北省武汉市	1924
62	上海鲁迅纪念馆	上海市	1956
63	广州白云山庄	广东省广州市	1962
64	东方明珠上海广播电视塔	上海市	1995
65	天安门观礼台	北京市	1954
66	北洋大学堂旧址	天津市	1903
67	建设部办公楼	北京市	1954
68	天津大学主楼	天津市	1954
69	北京菊儿胡同新四合院	北京市	20 世纪 90 年代
70	北京儿童医院	北京市	1954
71	武夷山庄	福建省武夷山市	
72	中国共产党第一次全国代表大会会址	上海市	

序号	项目名称	地点（省＋市）	年代
73	西汉南越王墓博物馆	广东省广州市	
74	佘山天文台	上海市	1900
75	国民政府行政院旧址	江苏省南京市	1930
76	同济大学文远楼	上海市	1954
77	曹杨新村	上海市	1953
78	首都体育馆	北京市	1968
79	金茂大厦	上海市	1999
80	泮溪酒家	广东省广州市	
81	中国营造学社旧址	四川省宜宾市	
82	南京长江大桥桥头堡	江苏省南京市	1968
83	重庆黄山抗战旧址群	重庆市	
84	国民参政会旧址	重庆市	
85	清华大学 1~4 号宿舍楼	北京市	
86	西安人民大厦	陕西省西安市	1953
87	北京自然博物馆	北京市	1958
88	华新水泥厂旧址	湖北省黄石市	1907—
89	中国国际展览中心 2~5 号馆	北京市	1985
90	西安人民剧院	陕西省西安市	1954
91	北京大学图书馆	北京市	1920，20 世纪 70、90 年代
92	同盟国中国战区统帅部参谋长官邸旧址	重庆市	
93	重庆抗战兵器工业旧址群	重庆市	
94	南泉抗战旧址群	重庆市	
95	马可·波罗广场建筑群	天津市	1908—1916
96	新疆人民会堂	新疆维吾尔自治区乌鲁木齐市	1985
97	南京西路建筑群	上海市	
98	成都锦江宾馆	四川省成都市	1961

第二批中国 20 世纪建筑遗产名录（100 项）

序号	项目名称	地点（省 + 市）	年代
1	国立中央博物院（旧址）	江苏省南京市	1951
2	鼓浪屿近现代建筑群	福建省厦门市	19 世纪末—20 世纪中期
3	开平碉楼	广东省江门市	20 世纪初
4	黄埔军校旧址	广东省广州市	20 世纪 30 年代
5	中国人民革命军事博物馆	北京市	1959
6	故宫博物院宝蕴楼	北京市	1915
7	金陵女子大学旧址	江苏省南京市	1922—1934
8	全国农业展览馆	北京市	1959
9	北平图书馆旧址	北京市	1931
10	青岛八大关近代建筑	山东省青岛市	20 世纪 30 年代
11	云南陆军讲武堂旧址	云南省昆明市	1909—1928
12	民族饭店	北京市	1959
13	国立中央研究院旧址	江苏省南京市	20 世纪 30—40 年代
14	国民大会堂旧址	江苏省南京市	1936
15	三坊七巷和朱紫坊建筑群	福建省福州市	明清—20 世纪初
16	中东铁路附属建筑群	内蒙古自治区呼伦贝尔市、黑龙江省哈尔滨市、吉林省长春市、辽宁省沈阳市等	20 世纪 10 年代
17	广州沙面建筑群	广东省广州市	19 世纪末—20 世纪初
18	马尾船政	福建省福州市	19 世纪中后期—20 世纪 30 年代
19	南京中山陵音乐台	江苏省南京市	1933
20	重庆大学近代建筑群	重庆市	20 世纪 30 年代
21	北京工人体育馆	北京市	1961
22	梁启超故居和梁启超纪念馆（饮冰室）	天津市	1914、1924
23	石景山钢铁厂	北京市	1919
24	中国银行南京分行旧址	江苏省南京市	1923、1933
25	中央体育场旧址	江苏省南京市	1931
26	西安事变旧址	陕西省西安市	1936
27	保定陆军军官学校	河北省保定市	1912
28	大邑刘氏庄园	四川省成都市	20 世纪 20 年代
29	湖南大学早期建筑群	湖南省长沙市	20 世纪 20—50 年代
30	北戴河近现代建筑群	河北省秦皇岛市	19 世纪末—20 世纪 40 年代
31	国民党"一大"旧址（包括革命广场）	广东省广州市	20 世纪 10 年代
32	北京国会旧址	北京市	1913
33	京张铁路，京张铁路南段至八达岭段	北京市、河北省张家口市	1909
34	齐鲁大学近现代建筑群	山东省济南市	20 世纪 20 年代
35	东交民巷使馆建筑群	北京市	1912
36	庐山会议旧址及庐山别墅建筑群	江西省九江市	20 世纪 30 年代中期
37	马迭尔宾馆	黑龙江省哈尔滨市	1913
38	上海邮政总局	上海市	1925
39	四行仓库抗战旧址	上海市	1935
40	望海楼教堂	天津市	1904（重建）
41	长春电影制片厂早期建筑	吉林省长春市	20 世纪 30 年代
42	798 近现代建筑群	北京市	20 世纪 50 年代
43	大庆油田工业建筑群	黑龙江省大庆市	1959
44	国殇墓园	云南省保山市	1945
45	蒋氏故居	浙江省宁波市	20 世纪 20 年代末

序号	项目名称	地点（省＋市）	年代	序号	项目名称	地点（省＋市）	年代
46	天津利顺德饭店旧址	天津市	19 世纪末 20 世纪初	73	茂新面粉厂旧址	江苏省无锡市	1948（重建）
47	京师女子师范学堂	北京市	1909	74	于田艾提卡清真寺	新疆维吾尔自治区和田地区	民国
48	南开学校旧址	天津市	1906—20 世纪 30 年代	75	大连中山广场近代建筑群	辽宁省大连市	1908—1936
49	广州白云宾馆	广东省广州市	1976	76	旅顺监狱旧址	辽宁省大连市	1907
50	旅顺火车站	辽宁省大连市	20 世纪初	77	唐山大地震纪念碑	河北省唐山市	1984
51	上海中山故居	上海市	20 世纪初	78	中苏友谊纪念塔	辽宁省大连市	1956
52	西柏坡中共中央旧址	河北省石家庄市	1970（复建）	79	金陵兵工厂	江苏省南京市	20 世纪 30 年代中期
53	百万庄住宅区	北京市	1955	80	天津广东会馆	天津市	1907
54	马勒住宅	上海市	1936	81	南通大生纱厂	江苏省南通市	19 世纪末—20 世纪初
55	盛宣怀住宅	上海市	1900	82	张学良旧居	辽宁省沈阳市	1914—1930
56	四川大学早期建筑群	四川省成都市	20 世纪 10—50 年代	83	中华民国临时参议院旧址	江苏省南京市	1910
57	中央银行、农民银行暨美丰银行旧址	重庆市		84	汉冶萍煤铁厂矿旧址	湖北省黄石市	1908
58	井冈山革命遗址	江西省吉安市	1867、20 世纪 30 年代	85	甲午海战馆	山东省威海市	1995
59	青岛火车站	山东省青岛市	1900、1994	86	国润茶业祁门红茶旧厂房	安徽省池州市	20 世纪 50 年代初
60	伪满皇宫及日伪军政机构旧址	吉林省长春市	1938	87	本溪湖工业遗产群	辽宁省本溪市	1905
61	中国共产党代表团办事处旧址（梅园新村）	江苏省南京市		88	哈尔滨防洪纪念塔	黑龙江省哈尔滨市	1958
62	百乐门舞厅	上海市	1932	89	哈尔滨犹太人活动旧址群	黑龙江省哈尔滨市	20 世纪初—30 年代
63	哈尔滨颐园街一号欧式建筑	黑龙江省哈尔滨市	1919	90	武汉金城银行（现市少年儿童图书馆）	湖北省武汉市	1931
64	宣武门天主堂	北京市	1904	91	民国中央陆军军官学校（南京）	江苏省南京市	20 世纪 20—30 年代
65	郑州二七罢工纪念塔和纪念堂	河南省郑州市	1971	92	沈阳中山广场建筑群	辽宁省沈阳市	1913 年起
66	北海近代建筑	广西壮族自治区北海市	19 世纪末—20 世纪初	93	抗日胜利芷江洽降旧址	湖南省怀化市	1946
67	首都国际机场航站楼群	北京市	1958、1980、1999	94	山西大学堂旧址	山西省太原市	1904
68	天津市解放北路近代建筑群	天津市	19 世纪末—20 世纪初	95	北京大学地质学馆旧址	北京市	1935
69	西安易俗社	陕西省西安市	1917（1964 改建）	96	杭州西湖国宾馆	浙江省杭州市	20 世纪 50 年代（改建）
70	816 工程遗址	重庆市	1984	97	杭州黄龙饭店	浙江省杭州市	1986
71	大雁塔风景区三唐工程	陕西省西安市	1988	98	淮海战役烈士纪念塔	江苏省徐州市	1965
72	茅台酒酿酒工业遗产群	贵州省遵义市	清朝、民国、1949 年后	99	罗斯福图书馆暨重庆中央图书馆旧址	重庆市	1941
				100	第一拖拉机制造厂早期建筑	河南省洛阳市	1959

第三批中国 20 世纪建筑遗产名录（100 项）

序号	项目名称	地点（省＋市）	年代	序号	项目名称	地点（省＋市）	年代
1	杨浦区图书馆	上海市	1934—1935	26	马鞍山钢铁公司	安徽省马鞍山市	1953
2	北京体育馆	北京市	1955	27	云南大学建筑群（东陆校区）	云南省昆明市	20 世纪 20 年代
3	北京长途电话大楼	北京市	1976	28	黑龙江图书馆旧址	黑龙江省齐齐哈尔市	1930
4	之江大学旧址	浙江省杭州市	民国	29	浙江兴业银行旧址	浙江省杭州市	1923
5	新疆人民剧场	新疆维吾尔自治区乌鲁木齐市	1956	30	友谊剧院	广东省广州市	1965
6	秦皇岛港口近代建筑群	河北省秦皇岛市	清朝—民国	31	西开天主教堂	天津市	1916
7	首都饭店旧址	江苏省南京市	1933	32	湖南省立第一师范学校旧址	湖南省长沙市	民国
8	国家图书馆总馆南区	北京市	1987	33	天津工商学院主楼旧址	天津市	1924
9	天津西站主楼	天津市	1910	34	京汉铁路总工会旧址	湖北省武汉市	1923
10	广州天河体育中心	广东省广州市	20 世纪 80 年代	35	重庆市清华中学旧址	重庆市	1953
11	人民剧场	北京市	1955	36	国立美术陈列馆旧址	江苏省南京市	1936—1937
12	中国西部科学院旧址	重庆市	1935—1949	37	华侨大厦（现华夏大酒店）	广东省广州市	1957 年以来
13	北京国际饭店	北京市	1987	38	百老汇大厦（现上海大厦）	上海市	1934
14	原胶济铁路济南站近现代建筑群	山东省济南市	1904—1915	39	国民政府中央广播电台旧址	江苏省南京市	1932
15	广东咨议局旧址	广东省广州市	清朝—民国	40	哈尔滨工业大学历史建筑群	黑龙江省哈尔滨市	1906—20 世纪 50 年代
16	吉林大学教学楼旧址	吉林省吉林市	1929	41	遵义会议会址	贵州省遵义市	1935
17	北极阁气象台旧址	江苏省南京市	1928	42	容县近代建筑	广西壮族自治区玉林市	清朝—民国
18	北京友谊医院	北京市	1954	43	北京大学女生宿舍	北京市	1936
19	东北大学旧址	辽宁省沈阳市	20 世纪 30 年代	44	哈尔滨文庙	黑龙江省哈尔滨市	1926—1929
20	陶溪川陶瓷文化创意园老厂房	江西省景德镇市	20 世纪 50 年代至今	45	中央广播大厦（现中央广播电视总局）	北京市	1958
21	蒙自海关旧址	云南省红河哈尼族彝族自治州	清朝—民国	46	炎黄艺术馆	北京市	1991
22	深圳蛇口希尔顿南海酒店（原深圳南海酒店）	广东省深圳市	1986	47	国民政府外交部旧址	重庆市	1938—1946
23	深圳国际贸易中心	广东省深圳市	1985				
24	黄埔军校第二分校旧址	湖南省邵阳市	1938				
25	中央医院旧址	江苏省南京市	1933				

序号	项目名称	地点（省＋市）	年代
48	湘雅医院早期建筑群（含门诊大楼、小礼堂、外籍教师楼、办公楼）	湖南省长沙市	1915
49	华南工学院建筑群（原国立中山大学）	广东省广州市	1930—1958
50	潘天寿纪念馆	浙江省杭州市	1991
51	河南留学欧美预备学校旧址	河南省开封市	民国
52	地王大厦	广东省深圳市	1996
53	中山纪念中学旧址	广东省中山市	1936
54	辽宁总站旧址（原京奉铁路沈阳总站）	辽宁省沈阳市	1930
55	北京林业大学历史建筑群（原北京林学院）	北京市	1960
56	深圳少年儿童图书馆（原深圳图书馆）	广东省深圳市	1983
57	盐业银行旧址	天津市	1926
58	笕桥中央航校旧址	浙江省杭州市	民国
59	外语教学与研究出版社办公楼	北京市	1997
60	北京航空航天大学历史建筑群	北京市	1954
61	广州中苏友好大厦旧址	广东省广州市	1955
62	国泰电影院（原国泰大戏院）	上海市	1932
63	西安第三纺织厂建筑群	陕西省西安市	20 世纪50 年代
64	上海体育场	上海市	1997
65	万字会旧址	山东省济南市、青岛市	民国
66	太原天主堂	山西省太原市	1905
67	国民政府立法院、司法院及蒙藏委员会旧址	重庆市	1937—1946
68	抗战胜利纪念堂	云南昆明市	民国
69	上海音乐厅（原南京大戏院）	上海市	1930
70	耀华玻璃厂旧址	河北省秦皇岛市	1922
71	北京外国语大学历史建筑群（原北京外国语学院）	北京市	1955

序号	项目名称	地点（省＋市）	年代
72	烟台山近代建筑群	山东省烟台市	清朝—民国
73	湖北省立图书馆旧址	湖北省武汉市	1936
74	保卫中国同盟总部旧址	重庆市	1936
75	爱群酒店	广东省广州市	1937
76	中国农业大学历史建筑群（原北京农学院）	北京市	1955
77	广东国际大厦	广东省广州市	1991
78	济南纬二路近现代建筑群	山东省济南市	1901—1932
79	张裕公司酒窖	山东省烟台市	1905
80	武汉钢铁公司历史建筑群	湖北省武汉市	20 世纪50 年代
81	广州火车站	广东省广州市	1975
82	永安公司大楼	上海市	1918、1936
83	北京科技大学历史建筑群（原北京钢铁学院）	北京市	1954
84	天津体育馆	天津市	1994
85	深圳发展银行大厦（现平安银行大厦）	广东省深圳市	1996
86	河朔图书馆旧址	河南省新乡市	1935
87	关东厅博物馆旧址	辽宁省大连市	民国
88	通化葡萄酒厂地下贮酒窖	吉林省通化市	1937—1983
89	南京大华大戏院旧址	江苏省南京市	1936
90	鞍山钢铁厂早期建筑	辽宁省鞍山市	1920—1977
91	渤海大楼	天津市	1936
92	华侨大学陈嘉庚纪念堂	福建省泉州市	1983
93	南昌钢铁厂旧址（现方大特钢工业旅游景区）	江西省南昌市	1958 年至今
94	中央民族大学历史建筑群（原中央民族学院）	北京市	1954
95	钢花影剧院	重庆市	1958
96	美琪大戏院	上海市	1941
97	五峰精制茶厂	湖北省宜昌市	1938
98	中国人民银行总行旧址	河北省石家庄市	1948
99	上海总会大楼（现东风饭店）	上海市	1901—1910
100	北京理工大学历史建筑群（原北京工业学院）	北京市	1955

第四批中国 20 世纪建筑遗产名录（98 项）

序号	项目名称	地点（省＋市）	年代
1	双溪别墅	广东省广州市	1963
2	原新华信托银行大楼（现新华大楼）	天津市	1934
3	莫干山别墅群	浙江省湖州市	清朝—民国
4	建国门外外交公寓	北京市	
5	中国儿童艺术剧院	北京市	1921、1992（改扩建）
6	重庆市委会办公大楼（现重庆市文化遗产研究院）	重庆市	1950—1952
7	东吴大学旧址（现苏州大学校本部）	江苏省苏州市	晚清—民国1900—1930
8	义县老火车站及铁路桥	辽宁省锦州市	20 世纪初
9	利华大楼	天津市	1939
10	前门饭店	北京市	1956
11	中共中央党校礼堂	北京市	1959
12	重庆市体育馆	重庆市	1955
13	扬子饭店旧址	江苏省南京市	1914
14	大光明电影院	上海市	1933
15	全国政协礼堂（旧楼）	北京市	1954—1956
16	哈尔滨秋林商行	黑龙江省哈尔滨市	1908
17	幸福村小区	北京市	1956
18	大新公司（现上海一百）	上海市	1934—1936
19	拉萨饭店	西藏自治区拉萨市	1985
20	池州东至周氏家族新建材（洋灰）建筑遗存	安徽省池州市	清末民国初
21	中国矿业大学历史建筑群（原北京矿业学院）	北京市	1953
22	中国石油大学历史建筑群（原北京石油学院）	北京市	20 世纪50 年代

序号	项目名称	地点（省＋市）	年代
23	矿泉别墅	广东省广州市	1976
24	顺德糖厂早期建筑	广东省佛山市	1934
25	武汉剧院	湖北省武汉市	1959
26	岳阳教会学校	湖南省岳阳市	1910
27	西安中日友好纪念性建筑：阿倍仲麻吕纪念碑、青龙寺空海纪念碑院	陕西省西安市	1978—1979
28	佛采尔计划之宁波海防工事	浙江省宁波市	明朝—抗日战争初期
29	敦煌国际大酒店	甘肃省敦煌市	1996
30	哈尔滨工程大学历史建筑群（原中国人民解放军军事工程学院）	黑龙江省哈尔滨市	1953
31	大智门火车站旧址	湖北省武汉市	1903
32	上海银行公会大楼	上海市	1925
33	上海虹桥疗养院旧址	上海市	20 世纪二三十年代
34	张园	天津市	1916
35	芜湖老海关大楼	安徽省芜湖市	1919
36	中国地质大学历史建筑群（原北京地质学院）	北京市	20 世纪50 年代
37	故宫博物院延禧宫建筑群	北京市	1909 年至今
38	云谷山庄	安徽省黄山市	1987
39	北京劳动保护展览馆	北京市	1958
40	广州花园宾馆	广东省广州市	1985
41	琼海关旧址	海南省海口市	1937
42	拉贝旧居	江苏省南京市	1934—1938
43	潞河中学	北京市	1901
44	天一总局旧址	福建省漳州市	1911—1921
45	厦门高崎国际机场	福建省厦门市	1983
46	洛阳西工兵营	河南省洛阳市	1914

序号	项目名称	地点（省＋市）	年代	序号	项目名称	地点（省＋市）	年代
47	八七会议会址	湖北省武汉市	1927	73	八路军西安办事处旧址	陕西省西安市	1937—1946
48	洪山宾馆	湖北省武汉市	1957	74	宏道书院	陕西省咸阳市	1900
49	国际联欢社（现南京饭店）	江苏省南京市	1936、1947（重建）	75	陕西省建筑工程局办公大楼	陕西省西安市	1954
50	交通银行南京分行旧址	江苏省南京市	1933 年	76	中国科学院办公楼	北京市	1956
51	和顺图书馆旧址	云南省保山市	民国	77	中华全国总工会旧址	广东省广州市	1925—1927
52	鸡街火车站	云南省红河哈尼族彝族自治州市	1918	78	粤海关旧址	广东省广州市	1916
53	南浔张氏旧宅建筑群	浙江省湖州市	1899—1906	79	坊子德日建筑群	山东省潍坊市	1898—1945
54	安徽大学红楼及敬敷学院旧址	安徽省安庆市	1897，1935	80	西安建筑科技大学历史建筑群	陕西省西安市	20 世纪60 年代
55	北京福绥境大楼	北京市	1958	81	上海浦东机场一期	上海市	1999
56	辅仁大学本部旧址	北京市	1930	82	天津市人民体育馆	天津市	
57	台阶式花园住宅	北京市	1986	83	上海华东医院	上海市	1951
58	八路军重庆办事处旧址	重庆市	1938—1946	84	扬子大楼	上海市	1918—1920
59	重庆南开中学近代建筑群	重庆市	1936	85	首都宾馆	北京市	1988
60	156 项目工程西安工业建筑群（华山机械厂等）	陕西省西安市	20 世纪 50—60 年代	86	临夏东公馆与蝴蝶楼	甘肃省临夏回族自治州	1938—1947
61	西安报话大楼	陕西省西安市	1963	87	华北烈士陵园	河北省石家庄市	1954
62	原开滦矿务局大楼	天津市	1919—1921	88	半坡遗址博物馆	陕西省西安市	1956
63	北京医学院历史建筑群（现北京大学医学部）	北京市	20 世纪50 年代	89	谦祥益绸缎庄旧址	天津市	1917
64	兰州饭店	甘肃省兰州市	1956	90	石龙坝水电站	云南省昆明市	1912
65	广州大元帅府旧址	广东省广州市	民国	91	中国政法大学历史建筑群（原北京政法学院）	北京市	20 世纪50 年代
66	鸡公山近代建筑群	河南省信阳市	1903—1949	92	国际大厦	北京市	1985
67	原英国乡谊俱乐部	天津市	1925	93	石家庄火车站旧址	河北省石家庄市	1987
68	天津大光明影院	天津市	1929	94	天津市北戴河工人疗养院	天津市	1951
69	原中央美术学院陈列馆	北京市	1953	95	常德会战阵亡将士纪念公墓	湖南省常德市	1946
70	邯郸钢铁总厂建筑群	河北省邯郸市	20 世纪60 年代	96	西安钟鼓楼广场及地下工程	陕西省西安市	1995—1998
71	洛阳涧西苏式建筑群	河南省洛阳市	1954	97	青木川魏氏庄园	陕西省汉中市	1927—1934
72	祁阳县重华学堂大礼堂（现祁阳二中重华楼）	湖南省永州市	1947—1948	98	自贡恐龙博物馆	四川省自贡市	1986

第五批中国 20 世纪建筑遗产名录〔101 项〕

序号	项目名称	地点（省＋市）	年代	序号	项目名称	地点（省＋市）	年代
1	暨南大学历史建筑群	广东省广州市	1906	24	中山大学中山医学院历史建筑群	广东省广州市	1909—1950
2	广西医科大学历史建筑群（原广西医学院）	广西壮族自治区南宁市	1936	25	哈尔滨市工人文化宫	黑龙江省哈尔滨市	1957
3	京华印书局	北京市	1905	26	内蒙古自治区博物馆	内蒙古自治区呼和浩特市	1957
4	南通博物苑	江苏省南通市	1905	27	清陆军部和海军部旧址	北京市	
5	重庆市劳动人民文化宫	重庆市	1952	28	先施公司附属建筑群旧址	广东省广州市	1913
6	安礼逊图书楼	福建省泉州市	1927	29	商丘市第一人民医院	河南省商丘市	1912
7	南开大学主楼	天津市	1959	30	包头钢铁公司建筑群	内蒙古自治区包头市	20 世纪50 年代
8	通崇海泰总商会大楼	江苏省南通市	1920	31	中国人民银行吉林省分行（原伪满洲国中央银行）	吉林省长春市	1938
9	西安第四军医大学历史建筑群	陕西省西安市	20 世纪60 年代	32	成都量具刃具厂	四川省成都市	20 世纪50 年代
10	梧州近代建筑群	广西壮族自治区梧州市	清朝—民国	33	西安仪表厂	陕西省西安市	1954
11	天津市第一工人文化宫（原回力球场）	天津市	1933	34	中国钢铁工业协会办公楼（原冶金部办公楼）	北京市	1966
12	原中原公司办公楼	天津市	1927	35	东北农业大学主楼（原东北农学院）	黑龙江省哈尔滨市	1953
13	中南民族大学历史建筑	湖北省武汉市	20 世纪50 年代	36	无锡荣氏梅园	江苏省无锡市	1912
14	湖南图书馆	湖南省长沙市	1904	37	保定市方志馆（光园）	河北省保定市	民国
15	哈尔滨莫斯科商场旧址	黑龙江省哈尔滨市	1906	38	武汉农民运动讲习所旧址	湖北省武汉市	1927
16	旅顺红十字医院旧址	辽宁省大连市	1900	39	曲阜师范学校旧址	山东省曲阜市	1905—1931
17	桂园（诗城博物馆）	重庆市		40	丰润中学校旧址	河北省唐山市	1925
18	张家口市展览馆	河北省张家口市	20 世纪60 年代	41	国际礼拜堂	上海市	1924
19	天津市耀华中学历史建筑群	天津市	20 世纪20 年代	42	龙山虞氏旧宅建筑群	浙江省宁波市	1916—1929
20	大连火车站	辽宁省大连市	20 世纪30 年代	43	青岛圣米埃尔教堂	山东省青岛市	1934
21	八一南昌起义纪念馆（原江西大旅社）	江西省南昌市	1927	44	韶山火车站	湖南省湘潭市	1967
22	东北烈士纪念馆（伪满洲国哈尔滨警察厅）	黑龙江省哈尔滨市	20 世纪30 年代	45	中国建筑东北设计研究院有限公司 20 世纪50 年代办公楼	辽宁省沈阳市	1954
23	北京新侨饭店（老楼）	北京市	1954				

序号	项目名称	地点（省 + 市）	年代	序号	项目名称	地点（省 + 市）	年代
46	全国供销合作总社办公楼	北京市	20 世纪50 年代	73	天津友谊宾馆	天津市	1973
47	黄鹤楼（复建）	湖北省武汉市	1985	74	碧色寨车站	云南省红河哈尼族彝族自治州	1909
48	利济医学堂旧址	浙江省温州市	20 世纪初	75	太原化肥厂	山西省太原市	1960
49	华东电力大楼	上海市	1988	76	白沙沱长江铁路大桥	重庆市	1960
50	武汉青山区红房子历史街区	湖北省武汉市	20 世纪50 年代	77	阎家大院	山西省忻州市	1913（始建）
51	洛阳博物馆（老馆）	河南省洛阳市	1958	78	清华大学 9003 精密仪器大楼	北京市	1966
52	乌鲁木齐人民电影院	新疆维吾尔自治区乌鲁木齐市	20 世纪 50 年代，90 年代（改扩建）	79	浙江省体育馆旧址（现杭州市体育馆）	浙江省杭州市	1969
53	广汉三星堆博物馆	四川省德阳市	20 世纪80 年代	80	中国大酒店	广东省广州市	1984
54	航空烈士公墓	江苏省南京市	1932	81	中国科学院陕西天文台	陕西省西安市	1989—1993
55	雅安明德中学旧址	四川省雅安市	1922	82	汉口新四军军部旧址	湖北省武汉市	20 世纪30 年代
56	圣雅各中学旧址	安徽省芜湖市	20 世纪10 年代	83	天津大礼堂	天津市	1959
57	辽宁工业展览馆楼	辽宁省沈阳市	1960	84	大名天主堂	河北省邯郸市	1921
58	广州美术学院主楼	广东省广州市	1958	85	西安邮政局大楼	陕西省西安市	1958 — 1960
59	南京五台山体育馆	江苏省南京市	1975	86	八路军武汉办事处旧址	湖北省武汉市	1937
60	中国出口商品交易会流花路展馆	广东省广州市	1974	87	文昌符家宅	海南省文昌市	1917
61	原基泰大楼	天津市	1928	88	岳州关	湖南省岳阳市	1901
62	郑州第二砂轮厂	河南省郑州市	1964	89	中共北京市委党校教学楼	北京市	20 世纪50 年代
63	安徽省博物馆陈列展览大楼	安徽省合肥市	1956	90	合肥稻香楼宾馆	安徽省合肥市	1956
64	大理天主教堂	云南省大理市	1931	91	华夏艺术中心	广东省深圳市	1991
65	八一剧场	新疆维吾尔自治区乌鲁木齐市	20 世纪50 年代	92	宁园及周边建筑	天津市	1986
66	大箕玫瑰圣母教堂	山西省晋城市	1914	93	锦州市工人文化宫	辽宁省锦州市	1960
67	中华全国文艺界抗敌协会旧址	湖北省武汉市	1921	94	肇新窑业厂区	辽宁省沈阳市	1923
68	天香小筑（原苏州图书馆古籍部）	江苏省苏州市	1935	95	武汉中共中央机关旧址	湖北省武汉市	20 世纪初
69	广西壮族自治区展览馆	广西壮族自治区南宁市	1957	96	昆明邮电大楼	云南省昆明市	1959
70	太原工人文化宫	山西省太原市	1958	97	浦口火车站旧址及周边	江苏省南京市	1908
71	淮安周恩来纪念馆	江苏省淮安市	1989—1992	98	西藏博物馆	西藏自治区拉萨市	1999
72	国民革命军遗族学校	江苏省南京市	1928—1929	99	怀远教会建筑旧址（现怀远一中内）	安徽省蚌埠市	1903
				100	无锡县商会旧址	江苏省无锡市	1915
				101	奉天驿建筑群	辽宁省沈阳市	1910

第六批中国 20 世纪建筑遗产名录（100 项）

序号	项目名称	地点（省＋市）	年代	序号	项目名称	地点（省＋市）	年代
1	西南联大旧址（云南师范大学、蒙自校区及龙泉镇住区）	云南省昆明市	1938	22	中国民主促进会成立旧址	上海市	1945
2	鸭绿江断桥（含中朝友谊桥）	辽宁省丹东市	20 世纪初中期	23	东北民主联军前线指挥部旧址	黑龙江省哈尔滨市	1946
3	毛泽东同志旧居	湖北省武汉市	1967	24	湘鄂西革命根据地旧址	湖北省荆州市	1930—1932
4	重庆大田湾体育场建筑群（含跳伞塔）	重庆市	1956	25	哈尔滨电机厂	黑龙江省哈尔滨市	1951
5	詹天佑故居	湖北省武汉市	1912	26	成渝铁路	四川省成都市、重庆市	1952
6	中华苏维埃共和国临时中央政府大礼堂	江西省赣州市	1934	27	人民日报社旧址	北京市	1980 年后
7	双清别墅	北京市	1949	28	浙江兴业银行天津分行大楼	天津市	1922
8	安源路矿工人俱乐部旧址	江西省萍乡市	1922	29	中国共产党第三次全国代表大会会址	广东省广州市	1923
9	中国共产党第二次全国代表大会会址	上海市	1915	30	内蒙古自治政府成立大会会址	内蒙古自治区兴安盟	1947
10	列宁公园	江西省上饶市	1932	31	北京积水潭医院	北京市	1954
11	抗美援朝纪念馆及改扩建工程	辽宁省丹东市	1958	32	文化部办公楼	北京市	1957
12	榕湖饭店	广西壮族自治区桂林市	1953	33	上海科学会堂	上海市	1958
13	武汉中山公园	湖北省武汉市	1910	34	中国社会主义青年团中央机关旧址	上海市	1921
14	罗布林卡建筑群	西藏自治区拉萨市	1922—1959	35	吉海铁路总站旧址	吉林省吉林市	1929
15	中国福利会少年宫	上海市	1953	36	先施公司旧址	上海市	1917
16	红色中华通讯社旧址	江西省赣州市	1924	37	中国共产党第五次全国代表大会会址	湖北省武汉市	1913
17	北大营营房旧址	辽宁省沈阳市	1907	38	布里留法工艺学校旧址	河北省张家口市	1917—1919
18	中国左翼作家联盟成立大会会址	上海市	1924	39	汉口中华全国总工会旧址	湖北省武汉市	1926—1927
19	"九·一八"历史博物馆（旧馆）	辽宁省沈阳市	1991	40	中共代表团驻地旧址	重庆市	20 世纪40 年代
20	北京自来水厂近现代建筑群	北京市	1908	41	秦始皇兵马俑博物馆	陕西省西安市	1979
21	长沙火车站	湖南省长沙市	1977	42	北京昆仑饭店	北京市	1986
				43	国民政府财政部印刷局旧址	北京市	1908

序号	项目名称	地点（省＋市）	年代	序号	项目名称	地点（省＋市）	年代
44	蒲园	上海市	1942	72	北京国际俱乐部	北京市	1972
45	黄河第一铁路桥旧址	河南省郑州市	1903	73	龙华烈士陵园	上海市	1995
46	临江楼	福建省龙岩市	1929	74	汉口新泰大楼旧址	湖北省武汉市	1924
47	杭州华侨饭店	浙江省杭州市	1959	75	湘南学联旧址	湖南省衡阳市	1919
48	北京市第二十五中学历史建筑群	北京市	1864	76	中南大学历史建筑群	湖南省长沙市	20 世纪 30—50 年代
49	原中法大学	北京市	20 世纪 30 年代	77	武汉理工大学余家头校区建筑群	湖北省武汉市	20 世纪 50 年代
50	江桥抗战纪念地	黑龙江省齐齐哈尔市	1931	78	四川展览馆历史建筑	四川省成都市	1969
51	中国华录电子有限公司	辽宁省大连市	1993	79	昆明饭店历史建筑	云南省昆明市	1958
52	新民学会旧址	湖南省长沙市	1918	80	西北民族学院历史建筑群	甘肃省兰州市	20 世纪 50 年代
53	同盟国驻渝外交机构旧址群	重庆市	1938—1946	81	贵州省展览馆	贵州省贵阳市	1970
54	浙江图书馆孤山馆舍	浙江省杭州市	1903—1912	82	深圳大学历史建筑群	广东省深圳市	1984
55	西安交通大学历史建筑群	陕西省西安市	20 世纪 50 年代	83	太湖工人疗养院	江苏省无锡市	1952—1956
56	天津交通饭店	天津市	1928	84	惠中饭店	天津市	1930
57	兰心大戏院	上海市	1931	85	山西省立第三中学旧址	山西省大同市	1921
58	建国饭店	北京市	1982	86	锦江小礼堂	上海市	20 世纪 50 年代
59	《新华日报》营业部旧址	重庆市	1940—1946	87	威海英式建筑	山东省威海市	1900—1901
60	锦堂学校旧址	浙江省宁波市	1909	88	北京方庄居住区	北京市	20 世纪 80 年代
61	西北大学历史建筑群	陕西省西安市	1902	89	滕王阁（复建）	江西省南昌市	1989
62	中国医科大学附属第一医院内科门诊病房楼	辽宁省沈阳市	1928	90	中日青年交流中心	北京市	1990
63	天津市第二工人文化宫建筑群	天津市	1952	91	文华大学礼拜堂	湖北省武汉市	1870
64	羊城宾馆（现东方宾馆）	广东省广州市	1961	92	泉州糖厂建筑群	福建省泉州市	1950
65	广东省立中山图书馆	广东省广州市	1912	93	南京农业大学历史建筑群	江苏省南京市	1954
66	天津日报社旧址	天津市	1954	94	青岛朝连岛灯塔	山东省青岛市	1903
67	杭州新新饭店	浙江省杭州市	20 世纪 10—30 年代	95	北京长城饭店	北京市	1984
68	兰州黄河大桥	甘肃省兰州市	1909	96	建水朱家花园	云南省红河哈尼族彝族自治州	清朝
69	湖南宾馆历史建筑	湖南省长沙市	1959	97	瓦窑堡革命旧址	陕西省延安市	1935
70	武汉防汛纪念碑	湖北省武汉市	1969	98	杭州铁路新客站	浙江省杭州市	1999
71	宁夏展览馆	宁夏回族自治区银川市	1987	99	内蒙古大学建筑群	内蒙古自治区呼和浩特市	1957
				100	清心女子中学旧址	上海市	1921

第七批中国 20 世纪建筑遗产名录（100 项）

序号	项目名称	地点（省＋市）	年代	序号	项目名称	地点（省＋市）	年代
1	梁思成先生设计墓园及纪念碑等（梁启超墓、林徽因墓、任弼时墓、王国维纪念碑等）	北京市	20 世纪 20—50 年代	20	岭南画派纪念馆（广州美术学院内）	广东省广州市	20 世纪 90 年代
2	天津原法国公议局旧址	天津市	1931	21	周恩来邓颖超纪念馆	天津市	1997
3	四川美术学院历史建筑群	重庆市	20 世纪 50 年代	22	北京电影制片厂近现代建筑群	北京市	20 世纪 50 年代
4	鄂豫皖苏区首府烈士陵园及博物馆	河南省信阳市	1957—1988	23	华中师范大学历史建筑	湖北省武汉市	20 世纪 50 年代
5	张謇故居（濠阳小筑）	江苏省南通市	1917	24	首都国际机场 T3 航站楼	北京市	2009
6	国家植物园北园展览温室（含历史建筑）	北京市	20 世纪 50—90 年代	25	上海新新公司旧址	上海市	1926
7	苏州博物馆新馆	江苏省苏州市	2006	26	上海古猗园（部分改扩建工程）	上海市	20 世纪 50 年代—20 世纪末
8	西安中山图书馆（亮宝楼）	陕西省西安市	1926	27	"卫星人民公社"旧址	河南省驻马店市	1958
9	原圣约翰大学历史建筑（现华东政法大学部分建筑）	上海市	20 世纪 10 年代—1952	28	重庆交通银行旧址	重庆市	1935
10	北京恩济里住宅小区	北京市	1994	29	西安市委礼堂	陕西省西安市	1953
11	新疆维吾尔自治区驻京办事处	北京市	1956	30	平津战役纪念馆	天津市	1997
12	敦煌石窟文物保护研究陈列中心	甘肃省敦煌市	1994	31	上海博物馆（新馆）	上海市	1996
13	兰州大学历史建筑	甘肃省兰州市	1909	32	北京焦化厂历史建筑	北京市	1958
14	上海交通大学早期建筑	上海市	19 世纪末—20 世纪 20 年代末	33	广东迎宾馆历史建筑	广东省广州市	1956
15	广州流花宾馆	广东省广州市	1972	34	陕西师范大学历史建筑	陕西省西安市	1960
16	北京同仁医院（老楼）	北京市	20 世纪 50 年代	35	上海宾馆（深圳）	广东省深圳市	1984
17	成吉思汗陵	内蒙古自治区鄂尔多斯市	1955	36	海瑞纪念馆（海口）	海南省海口市	1984
18	北京中山公园	北京市	1914	37	广东茂名露天矿生态公园与"六百户"民居及建筑群	广东省茂名市	20 世纪 50 年代中后期
19	北京大学百周年纪念讲堂	北京市	2000	38	河南大学历史建筑	河南省开封市	1912—1936
				39	北京鲁迅故居及鲁迅纪念馆	北京市	1924
				40	武汉二七纪念馆	湖北省武汉市	1988
				41	黄河三门峡大坝及黄河三门峡展览馆	河南省三门峡市	1957—1961，20 世纪 90 年代
				42	中国美术学院南山校区	浙江省杭州市	2003

序号	项目名称	地点（省＋市）	年代
43	天津大学冯骥才文学艺术研究院	天津市	2001
44	哈尔滨量具刃具厂	黑龙江省哈尔滨市	1954
45	武汉原三北轮船公司办公楼	湖北省武汉市	20 世纪20 年代
46	中国医科大学老校区建筑群	辽宁省沈阳市	1921
47	广州华侨新村	广东省广州市	1954
48	云南艺术剧院	云南省昆明市	1956
49	三线火箭炮总装厂旧址	湖北省襄阳市	1970
50	上海市华业公寓	上海市	1928
51	天津团结里住宅	天津市	1956
52	江西龙南解放街（黄道生骑楼老街）	江西省赣州市	20 世纪10 年代
53	陈独秀纪念园（纪念馆区及墓园区）	安徽省安庆市	20 世纪90 年代以来
54	江湾体育场	上海市	1935
55	北京北潞春住宅小区	北京市	1999
56	中国人民银行总行办公楼	北京市	1990
57	华南土特产展览交流大会场馆（现广州文化公园）	广东省广州市	1951
58	丹江口水利枢纽一期工程	湖北省十堰市	1958
59	广州宾馆	广东省广州市	1968
60	西安钟楼饭店	陕西省西安市	1980
61	深圳赛格广场	广东省深圳市	1999
62	大清邮政津局大楼（现天津邮政博物馆）	天津市	1884
63	新疆大学历史建筑群	新疆维吾尔自治区乌鲁木齐市	1954
64	深圳站	广东省深圳市	1992
65	无锡太湖饭店	江苏省无锡市	1986
66	上海金城银行（现交通银行上海分行）	上海市	1927
67	广州市八和会馆（复建）	广东省广州市	20 世纪40 年代
68	长春南湖宾馆历史建筑	吉林省长春市	1958
69	南方大厦	广东省广州市	1954

序号	项目名称	地点（省＋市）	年代
70	第二汽车制造厂	湖北省十堰市	20 世纪70 年代
71	郑州大学历史建筑	河南省郑州市	20 世纪50—60 年代
72	中国人民解放军第一军医大学（南方医科大学）	广东省广州市	1951
73	天津自然博物馆	天津市	1998
74	字林西报大楼（现美国友邦保险公司）	上海市	1924
75	杭州屏风山疗养院	浙江省杭州市	1954
76	上海大剧院	上海市	1998
77	中国科学院图书馆	北京市	2002
78	保定稻香村总店	河北省保定市	20 世纪20 年代
79	长江饭店	安徽省合肥市	1956
80	郑州友谊宾馆历史建筑	河南省郑州市	20 世纪60 年代
81	中国现代文学馆（新馆）	北京市	1999
82	上海图书馆	上海市	1996
83	三门峡市博物馆	河南省三门峡市	1988
84	中国科技大学校园建筑	安徽省合肥市	20 世纪60—70 年代
85	四川化工厂	四川省成都市	1956
86	重庆谈判旧址群	重庆市	1945
87	湛江国际海员俱乐部	广东省湛江市	20 世纪50 年代
88	民族团结碑与光明广场	宁夏回族自治区银川市	20 世纪80 年代
89	杭州饭店	浙江省杭州市	1956、1986
90	中国人民解放军海军诞生地纪念馆	江苏省泰州市	1999
91	天津体院北居住区	天津市	1988
92	天津水晶宫饭店	天津市	1987
93	武汉体育馆	湖北省武汉市	1956
94	五星街天主教堂	陕西省西安市	19 世纪末
95	重庆特园	重庆市	1931—1946
96	中山温泉宾馆	广东省中山市	1980
97	黑龙江省速滑馆	黑龙江省哈尔滨市	1995
98	徐州博物馆	江苏省徐州市	1959、1999
99	上海铁路新客站	上海市	1987
100	洪山礼堂	湖北省武汉市	1954

第八批中国 20 世纪建筑遗产名录（101 项）

序号	项目名称	地点（省＋市）	年代
1	西交民巷近代银行建筑群	北京市	清朝—民国
2	哈尔滨友谊宫	黑龙江省哈尔滨市	1955
3	中国大戏院	天津市	1934
4	汉口华商总会旧址	湖北省武汉市	1922
5	石河子军垦旧址	新疆维吾尔自治区石河子市	1952
6	长富宫饭店	北京市	1990
7	南京大校场机场旧址	江苏省南京市	20 世纪 30—90 年代
8	津浦铁路淮河大铁桥	安徽省蚌埠市	1911
9	广州湾法国公使署旧址和法军指挥部旧址	广东省湛江市	1903
10	江苏省扬州中学树人堂	江苏省扬州市	20 世纪 30 年代
11	个碧临屏铁路公司旧址	云南省红河哈尼族彝族自治州	1915
12	中国建筑西南设计研究院有限公司旧办公楼	四川省成都市	1957
13	黎明公司历史建筑	辽宁省沈阳市	1921
14	国民政府军事委员会政治部第三厅暨文化工作委员会旧址	重庆市	1938—1946
15	武汉里份建筑同兴里	湖北省武汉市	1932
16	汪氏小苑	江苏省扬州市	清末—民国
17	重庆交通大学（南岸校区）历史建筑	重庆市	1953—1954
18	新疆乌鲁木齐红山邮政大楼	新疆维吾尔自治区乌鲁木齐市	1959
19	杭州幼儿师范学院历史建筑	浙江省杭州市	1953
20	西安新城黄楼	陕西省西安市	20 世纪 20 年代
21	江厦潮汐试验电站	浙江省台州市	1979
22	人原兵工厂	山西省太原市	1927
23	云南省石屏第一中学	云南省红河哈尼族彝族自治州	1923
24	朱启钤旧居（东四八条 111 号及赵堂子胡同 3 号）	北京市	民国初
25	南京艺术学院历史建筑	江苏省南京市	1912
26	起士林餐厅	天津市	1940
27	兰州自来水公司第一水厂	甘肃省兰州市	1955
28	大上海大戏院	上海市	1932—1933
29	北京发展大厦	北京市	1989
30	钱业会馆	浙江省宁波市	1926
31	恩泽医局旧址	浙江省台州市	1901—1951
32	江都水利枢纽	江苏省扬州市	20 世纪 50 年代至今
33	华中农业大学历史建筑	湖北省武汉市	20 世纪 50 年代
34	第一届西湖博览会工业馆旧址	浙江省杭州市	1928
35	福州美丰银行旧址	福建省福州市	1922
36	江淮大戏院主体建筑	安徽省合肥市	1956
37	苏州中山堂	江苏省苏州市	1933
38	石屏会馆	云南省昆明市	1921
39	察哈尔都统署旧址	河北省张家口市	1914—1928
40	国营江南无线电器材厂旧址	江苏省无锡市	1960
41	长沙中山亭	湖南省长沙市	1930
42	上海复旦大学邯郸路校区历史建筑建筑群	上海市	1922
43	三街两巷骑楼建筑群	广西壮族自治区南宁市	民国
44	深圳科学馆	广东省深圳市	1987

序号	项目名称	地点（省＋市）	年代	序号	项目名称	地点（省＋市）	年代
45	孔祥熙故居（孔家大院）	山西省晋中市	1925	73	广西民族大学（相思湖校区）历史建筑	广西壮族自治区南宁市	1952
46	福州大学（怡山校区）	福建省福州市	1958	74	昆明理工大学（莲华校区）历史建筑	云南省昆明市	20 世纪 50 年代至今
47	黑龙江大学	黑龙江省哈尔滨市	1959	75	"二十四道拐"抗战公路	贵州省黔西南布依族苗族自治州	1936
48	梅园水厂工业遗址	江苏省无锡市	1954	76	西安高压开关厂历史建筑	陕西省西安市	20 世纪 50 年代
49	中国国货银行旧址	江苏省南京市	1935	77	大栅栏商业建筑	北京市	清朝一民国
50	保定天主教堂	河北省保定市	1905（扩建）	78	聂耳故居及聂耳墓	云南省玉溪市、昆明市	清末、1980
51	黑龙江督军署旧址	黑龙江省齐齐哈尔市	1912	79	深圳博物馆	广东省深圳市	1988 年以来
52	瑞金宾馆	江西省赣州市	20 世纪 60 年代	80	小盘谷	江苏省扬州市	1904（重修）
53	江苏省苏州中学	江苏省苏州市	1904	81	树德山庄	湖南省永州市	1927
54	遵义第一人民医院信息科办公楼	贵州省遵义市	1956	82	建川博物馆聚落	四川省成都市	20 世纪 90 年代至今
55	山东艺术学院红楼建筑	山东省济南市	1958	83	西安汉阳陵博物馆	陕西省西安市	2000
56	广西南宁育才学校总部旧址	广西壮族自治区南宁市	1951	84	招商局蛇口工业大厦	广东省深圳市	1983
57	湖南师范大学早期建筑	湖南省长沙市	20 世纪 50 年代	85	漳州宾馆历史建筑	福建省漳州市	1956
58	广州海珠桥	广东省广州市	1933（建成）2013（大修）	86	天津站铁路交通枢纽	天津市	1988
59	安徽省委省政府原办公楼	安徽省合肥市	20 世纪 50 年代	87	广东省农业展览馆旧址	广东省广州市	1960
60	长安大华纺织厂原址（现大华·1935）	陕西省西安市	20 世纪 30 年代	88	韶山灌区建筑遗存	湖南省湘潭市	1965
61	沈阳音乐学院教学楼	辽宁省沈阳市	20 世纪 50 年代	89	陶行知纪念馆	江苏省南京市	1951
62	安徽医科大学历史建筑	安徽省合肥市	20 世纪 50 年代	90	郑州黄河饭店	河南省郑州市	1975
63	光明戏院	河北省沧州市	1934	91	云南美术馆	云南省昆明市	1984
64	西安电子科技大学主教学楼	陕西省西安市	1958	92	橘子洲大桥	湖南省长沙市	1972
65	八街坊	湖北省武汉市	1956	93	中苏友好馆旧址	湖南省长沙市	20 世纪 50 年代
66	天津第一机床厂	天津市	1951	94	巴公房子	湖北省武汉市	1910
67	金陵饭店（一期）	江苏省南京市	1983	95	广东美术馆	广东省广州市	1997
68	人民礼堂	广东省佛山市	1959	96	星海音乐厅	广东省广州市	1998
69	国货陈列馆旧址	湖南省长沙市	1933	97	中央美术学院美术馆	北京市	2007
70	山西铭贤学校旧址	山西省晋中市	1907	98	全国妇联机关办公楼及改扩建工程	北京市	1993 年至今
71	中兴煤矿旧址	山东省枣庄市	1896 年至今	99	中铁大桥局办公楼	湖北省武汉市	1955
72	陈氏宗祠	云南省红河哈尼族彝族自治州	1925	100	湖南省粮食局办公楼	湖南省长沙市	20 世纪 50 年代
				101	交通运输部办公楼	北京市	20 世纪 90 年代

第九批中国 20 世纪建筑遗产图录（102 项）

序号	项目名称	地点（省＋市）	年代
1	旧上海特别市政府大楼	上海市	1933
2	沪江大学近代建筑群	上海市	1906—1948
3	静园	天津市	1921
4	五四宪法起草地旧址	浙江省杭州市	1953—1954
5	梁启超故居及梁启超纪念馆	广东省江门市	晚清、2001
6	哈尔滨北方大厦	黑龙江省哈尔滨市	1959
7	南通市图书馆	江苏省南通市	1914
8	戴蕴珊别墅	贵州省贵阳市	1925
9	宁波市人民大会堂	浙江省宁波市	1954
10	安徽劝业场旧址（现前言后记新华书店）	安徽省安庆市	1912
11	福建师范大学仓山校区历史建筑群	福建省福州市	1907
12	开远发电厂旧址	云南省红河哈尼族彝族自治州	1956
13	广州市府合署大楼	广东省广州市	1934
14	呼和浩特清真大寺	内蒙古自治区呼和浩特市	清朝—民国
15	宁波商会旧址	浙江省宁波市	1928
16	凤凰山天文台近代建筑	云南省昆明市	1939
17	六星街	新疆维吾尔自治区伊犁哈萨克自治州	1934—1936
18	嘉业堂藏书楼及小莲庄	浙江省湖州市	1924
19	广州友谊商店	广东省广州市	1959
20	中正图书馆旧址	浙江省宁波市	1925
21	青岛中山路近代建筑群	山东省青岛市	1897—1949
22	天津第三棉纺厂旧址	天津市	20 世纪 20 年代
23	江西省美术馆	江西省南昌市	1968
24	北京西苑饭店	北京市	1984
25	中国女排腾飞馆	福建省漳州市	1994
26	西南大学历史建筑群	重庆市	1906
27	江北天主教堂	浙江省宁波市	1872
28	绿房子	上海市	1938
29	广西人民会堂	广西壮族自治区南宁市	1996
30	昆明卢氏公馆	云南省昆明市	1933
31	八路军驻新疆办事处旧址	新疆维吾尔自治区乌鲁木齐市	1937—1942
32	大连沙河口净水厂旧址	辽宁省大连市	1917
33	第一个核武器研制基地旧址	青海省海北藏族自治州	1957—1995
34	温州天主教总堂	浙江省温州市	1890
35	野寨抗日阵亡将士公墓	安徽省安庆市	1942
36	刘冠雄旧居	天津市	1922
37	吉化化肥厂造粒塔	吉林省吉林市	20 世纪 50—60 年代
38	扶轮中学旧址	天津市	1919—1921
39	中国通商银行宁波支行大楼旧址	浙江省宁波市	1930
40	满铁大连医院旧址（现大连大学附属中山医院）	辽宁省大连市	1926
41	通益公纱厂旧址	浙江省杭州市	1897
42	新疆昆仑宾馆中楼	新疆维吾尔自治区乌鲁木齐市	1960
43	甘肃省博物馆	甘肃省兰州市	1939
44	云南水泥厂立窑	云南省昆明市	1940
45	寿宁县廊桥群	福建省宁德市	1937—1967
46	呼和浩特天主教堂	内蒙古自治区呼和浩特市	1924
47	上海市文联办公楼	上海市	20 世纪 20—30 年代
48	北京国际金融大厦	北京市	1998

序号	项目名称	地点（省＋市）	年代
49	沈阳市同泽女子中学旧址	辽宁省沈阳市	1928
50	黎平会议会址	贵州省黔东南苗族侗族自治州	1934
51	王店粮仓群	浙江省嘉兴市	20 世纪50 年代
52	中国伊斯兰教经学院	北京市	1957
53	中国银行温州支行旧址	浙江省温州市	1935
54	台湾义勇队成立地	浙江省金华市	1939
55	爱日庐	浙江省宁波市	1930
56	孙科住宅	上海市	20 世纪30 年代
57	西北师范学院教学楼（现西北师范大学）	甘肃省兰州市	1912
58	无锡县图书馆旧址	江苏省无锡市	1914
59	上海联谊大厦	上海市	1985
60	私立甬江女子中学旧址	浙江省宁波市	1844
61	陕西省人民政府办公楼	陕西省西安市	1988
62	敦睦中学旧址	江苏省无锡市	1938
63	西北农林科技大学教学主楼	陕西省西安市	20 世纪30 年代
64	营口百年气象陈列馆	辽宁省营口市	1907
65	浙江省温州中学	浙江省温州市	1902
66	韬奋纪念馆	上海市	1958
67	西安和平电影院	陕西省西安市	1955
68	济南经四路基督教堂	山东省济南市	1926
69	荆江分洪闸	湖北省荆州市	1953
70	西山抗战遗址群	重庆市	1939—1941
71	青岛里院早期建筑群	山东省青岛市	1897—1914
72	大连棒棰岛国宾馆	辽宁省大连市	1961
73	中山纪念图书馆旧址	广东省中山市	1933
74	桐城中学	安徽省桐城市	1902
75	深圳福田区政府办公大楼	广东省深圳市	1998
76	固镇县委县政府办公大院	安徽省蚌埠市	1965
77	哈尔滨医科大学	黑龙江省哈尔滨市	1926、1954

序号	项目名称	地点（省＋市）	年代
78	北京前三门住宅	北京市	1978
79	燕莎友谊商城	北京市	1992
80	天津机场地区近现代建筑群	天津市	1940 年至今
81	辽宁大厦	辽宁省沈阳市	1959
82	金威啤酒厂	广东省深圳市	1984、2022（改造）
83	天津古文化街（津门故里）	天津市	明朝、1985（重修）
84	贵阳达德学校旧址	贵州省贵阳市	1901—1950
85	蒙古国驻呼和浩特总领事馆旧址	内蒙古自治区呼和浩特市	1955
86	南通市劳动人民文化宫	江苏省南通市	1952
87	秦皇岛西港	河北省秦皇岛市	1898
88	北京大学校史馆	北京市	2001
89	无锡一中八角红楼	江苏省无锡市	1954
90	西山钟楼	重庆市	1931
91	江西师范大学青山湖校区历史建筑群（中央南昌飞机制造厂旧址等）	江西省南昌市	1935
92	三都近代建筑群	福建省宁德市	清朝—民国
93	天门河水电厂旧址	贵州省遵义市	1943
94	贵州博物馆旧址（现贵州美术馆）	贵州省贵阳市	1958
95	嘉兴文生修道院与天主堂	浙江省嘉兴市	1903、1930
96	南宁市人民公园（镇宁炮台、革命烈士纪念碑、毛主席接见广西各族人民纪念馆）	广西壮族自治区南宁市	1918—1978
97	邕宁电报局旧址（现广西电信博物馆）	广西壮族自治区南宁市	1884
98	蛇口大厦	广东省深圳市	1994
99	天津市原市公安局办公大楼	天津市	1955
100	刘氏梯号	浙江省湖州市	1905—1908
101	青海省委旧址	青海省西宁市	1951
102	上海交响音乐博物馆	上海市	20 世纪20 年代

图书在版编目（CIP）数据

中国 20 世纪建筑遗产论纲 = THE OUTLINE OF CHINA'
S 20th-CENTURY ARCHITECTURAL HERITAGE / 中国文物学
会 20 世纪建筑遗产委员会 , 马国馨 , 金磊主编 . -- 北京：
中国建筑工业出版社 , 2024.8. -- ISBN 978-7-112
-30207-9

Ⅰ . TU-87

中国国家版本馆 CIP 数据核字第 2024K929N3 号

责任编辑：朱晓瑜　张智芊　张礼庆
责任校对：赵　力

中国 20 世纪建筑遗产论纲
THE OUTLINE OF CHINA'S 20th-CENTURY ARCHITECTURAL HERITAGE
中国文物学会 20 世纪建筑遗产委员会
Chinese Society of Cultural Relics Committee on 20th-Century Architectural Heritage
马国馨　金　磊　主编
Ma Guoxin　Jin Lei Ed.

*
中国建筑工业出版社出版、发行（北京海淀三里河路 9 号）
各地新华书店、建筑书店经销
北京雅盈中佳图文设计公司制版
北京富诚彩色印刷有限公司印刷
*
开本：787 毫米 ×1092 毫米　1/16　印张：$18\frac{1}{2}$　字数：293 千字
2024 年 9 月第一版　2024 年 9 月第一次印刷
定价：160.00 元
ISBN 978-7-112-30207-9
　　　（43613）